普通高等教育机械类国家级特色专业系列规划教材

机械原理与机械设计实验教程

闫玉涛　李翠玲　张风和　主编

科学出版社

北　京

内 容 简 介

本书是在机械原理与机械设计课程教学体系及内容改革研究和实践的基础上编写而成的，紧密结合机械原理与机械设计课程实验教学，以培养学生的创新能力和实践动手能力为目标，加强学生对机械原理与机械设计的基本理论的理解，提高学生的基本技能。

全书共分6章。第1章阐述了实验课程的意义、性质、任务和要求；第2章介绍常用传感器、测量误差和实验数据的分析和处理方法；第3章介绍机械原理课程实验；第4章介绍机械设计课程实验；第5章介绍虚拟设计与仿真实验；第6章介绍科技创新实践。许多综合型、设计型、创新型的实验项目及科技实践为培养全面素质的创新型人才提供了基础。

本书可作为高等工科学校本科机械类专业机械原理和机械设计课程的实验教材，也可作为有关教师、工程技术人员和科研人员的参考书。

图书在版编目(CIP)数据

机械原理与机械设计实验教程 / 闫玉涛，李翠玲，张风和主编. —北京：科学出版社，2015.8

普通高等教育机械类国家级特色专业系列规划教材

ISBN 978-7-03-045323-5

Ⅰ.①机… Ⅱ.①闫… ②李… ③张… Ⅲ.①机构学–实验–高等学校–教材②机械设计–实验–高等学校–教材 Ⅳ.①TH111-33②TH122-33

中国版本图书馆 CIP 数据核字(2015)第 184559 号

责任编辑：毛　莹　张丽花 / 责任校对：桂伟利
责任印制：徐晓晨 / 封面设计：迷底书装

科　学　出　版　社出版
北京东黄城根北街 16 号
邮政编码：100717
http://www.sciencep.com

北京京华虎彩印刷有限公司 印刷
科学出版社发行　　各地新华书店经销
*
2015 年 8 月第 一 版　　开本：787×1092 1/16
2016 年 6 月第二次印刷　　印张：14
字数：340 000

定价：42.00 元
(如有印装质量问题，我社负责调换)

前　言

　　机械原理与机械设计课程实验教学是培养学生基本实验技能和创新设计能力，以及高等工科学校机械类专业教学中不可缺少的实践性教学环节。为培养能够适应现代化建设需要的高级工程技术人员，机械原理与机械设计课程实验需要不断的深化改革，探索出一条新路。为便于机械原理与机械设计课程实验教学，编者基于多年的教学经验和教学改革成果，编写了这本具有特色的实验教材。

　　本书以培养学生动手能力、创新能力和综合设计能力为目标，以机械原理和机械设计课程实验系统为主线，对实验教学体系进行新的构建。通过对实验项目重新开发和配置，改革原有的单一验证型实验项目，开发了综合型、设计型、创新型及研究型的实验项目，实现了实验内容由单一型、局部型向综合型、设计型的转变，实验测试手段实现了手动测试和计算机辅助测试的综合。

　　全书共6章。第1章和第2章为机械原理和机械设计课程设计实验基础理论，包括绪论、常用传感器及数据处理方法；第3章和第4章包括基本型、设计型、综合型、创新型实验项目18项；第5章为虚拟实验项目；第6章为研究型项目。

　　本书由闫玉涛、李翠玲、张风和担任主编，参加编写的还有孟祥志、宋万里、杨强、马交成、张禹、郭瑜、印明昂等。本书由东北大学孙志礼教授主审。在本书编写过程中得到了东北大学机械工程与自动化学院现代传动与数字化技术研究所教师和机械基础实验中心教师的积极配合和全力支持，在此一并表示感谢。

　　由于编者水平有限，书中若存在不妥之处，殷切希望广大读者批评指正，以便再版时修改。

编　者

2015年3月

目　　录

第 1 章　绪　　论

1.1　实验课程的目的和意义

实验教学是理工科教学中的重要环节，是学生获取知识的重要途径，对培养学生实际工作能力、科学研究能力和创新能力具有非常重要的意义。教育部《国家教育事业发展第十二个五年规划》指出，面向当今世界的大发展、大调整、大变革时期和科技创新的新突破，迎接日益加剧的全球人才、科技和教育竞争，迫切需要全面提高教育质量，加快拔尖创新人才培养，提高高等教育学校的自主创新能力，推动"中国制造"到"中国创造"的转变。实施"本科教学工程"，加大教学投入。加强图书馆、实验室、实践教学基地、工程实训中心等基本建设，加强社会实践、岗位实习和学生参与科学研究等关键环节。实验教学是学生实践的重要部分，关系到学生创新能力的培养。

实验一般多指科学实验，按照一定的目的，运用相关的仪器设备，在人为控制条件下，模拟自然现象进行研究，认识自然界事物的本质和规律。实验是纯化、简化或强化和再现科学研究对象，延缓或加速自然过程，为理论概括准备充分可靠的客观依据，可以超越现实生产所及的范围，缩短认识周期。纵观机械的发展史，人类从使用原始工具到原始机械、古代机械、近代机械到今天的智能机器人、宇航飞机等现代机械，都历经了科学实验的探索和验证。随着科学技术的发展，科学实验的广度和深度不断拓展，科学实验具有越来越重要的作用，成为自然科学理论的直接基础。许多伟大的发现、发明和突破性理论都是来自科学实验。据文献统计，诺贝尔物理奖自 1901 年以来的奖项中，有 72%以上是授予实验项目的。实验工作对理论性极强的物理学都很重要，而对实践素质和能力要求更高的机械工程专业的学生来说，其重要性就更是不言而喻了。

科学实验是理论的源泉、科学的基础、发明的沃土、创新人才的育床，是将新思想、新设想、新信息转化为新技术、新产品的孵化室，甚至是高科技转化为市场的中试基地。高等院校的绝大多数科研成果和高科技产品均是在实验室里诞生的，科学实验是探索未知、推动科学发展的强大武器，对经济持续发展、增强综合国力具有重要意义。

1.2　实验课程的建设体系和内容

机械原理与机械设计课程实验是机械类专业的一门主干技术基础实验课程，在机械本科生教学体系中占有十分重要的地位，是教学中重要的组成部分，对高校实现知识、能力、素质并重的培养目标起着关键作用。随着教学改革的不断深入，培养学生的实践动手能力越来越重要，国内重点学校正逐步将其列为独立的实践教学环节。因此，为了适应教学发展的需要，提高课程的教学质量，必须配有独立的实验教材与之相适应，对学生在实验方法和实验内容上进行全面的指导，使学生能够在一定的时间内掌握课程的基本内容，以提高综合设计和创新的能力。通过多年实验教学的体会和总结以及充分调研，组织了具有实验教学经验的教师编写本书，本书既符合我校的实验教学情况，又具有很好的使用价值，主要对实验项目的实验目的、实验原理、实验设备和仪器、实验内容、实验要求等进行详细的分析和阐述，能够充分调动学生对待实验的积极性，对提高实验教学质量具有很大的帮助。

新的机械原理与机械设计实验课程体系改变了以往实验课仅仅是理论课堂教学复述、实验成绩无法反映学生的实际能力和水平、学生不重视实验的状况，而以培养学生创新能力和综合设计能力为目标，以机械原理与机械设计实验方法自身系统为主线，独立设置课程，采用单独考核方式，重视实验教学与科学研究、生产相结合。新的课程体系将实验分为基本型、综合型、设计型、创新型、虚拟实验、科技创新实验等几个部分。根据实验项目的内容、特点和教学基本要求，将实验项目分为必做和选做两种类型，必做实验和选做实验结合并行，增强了实验内容和选题的柔性和开放性，注重学生的个性化培养，为学生提供更好的锻炼机会和发展空间。

根据课程体系建设，结合学校实验教学及拥有的实验仪器设备的实际情况，共设置24个实验项目，按照教学计划开展实验教学。实验项目的设置及要求如表1.1所示。

表 1.1 实验项目设置及要求

序号	实验项目	实验简介	学时	人数/组	类型	要求
1	机构及零部件认知	了解各种常用机械、机构的基本结构；了解机械、机构的类型、特点、功能及应用；初步了解机械的组成原理，增强对机器的感性认识	2	5	基本	必做
2	机构运动简图测绘与分析	学会观察和分析各种机构中的运动转换及传递过程；根据机构模型或实际机器，学会从运动学的观点来分析、测绘机构运动简图；掌握和巩固机构自由度的计算方法	2	2	基本	必做
3	平面机构组合创新设计与运动分析	熟悉基本杆组的概念，利用若干不同的杆组搭接组成各种不同的机构，进而加深学生对机构组成原理的深刻理解；培养学生机构设计的创新意识，综合设计能力，训练学生的实践动手能力；使学生了解所组装机构的运动特性，提高机构运动分析能力	4	2	创新	选做
4	空间机构创新设计搭接	通过空间机构拼装实验训练，了解空间机构中构件和空间运动副结构的运动特点；培养学生空间机构的结构分析能力，包括空间机构运动简图的绘制、空间机构自由度计算等；培养学生机构设计的创新意识、综合设计能力，训练学生的实践动手能力	4	2	创新	选做
5	轮系创新设计搭接	加深学生对定轴轮系、周转轮系和复合轮系的结构特点、分类依据及方式、分析与运用等基本概念的理解；增强学生对轮系的传动比计算，行星轮系的类型选择、传动效率计算与各齿轮齿数确定等基本设计问题的处理能力；激励学生的学习主动性、培养学生的独立工作能力，引导学生进行积极思维、创新设计、培养学生综合设计能力和实践动手能力	4	2	创新	选做
6	渐开线齿轮范成原理及直齿圆柱齿轮基本参数测量与分析	掌握范成法切制渐开线齿轮的基本方法，了解产生根切现象的原因及避免根切的方法；了解变位齿轮与标准齿轮的异同；掌握渐开线直齿圆柱齿轮基本参数的测量方法；熟练应用理论公式计算齿轮各基本尺寸	2	2	基本	必做

续表

序号	实验项目	实验简介	学时	人数/组	类型	要求
7	凸轮机构运动参数测试	通过测试常见凸轮(盘形、圆柱)的运动参数,了解凸轮机构的运动特点;通过测试几种不同的盘型凸轮机构的运动参数,了解凸轮轮廓对推杆运动的影响;掌握凸轮机构运动参数测试的原理和计算机辅助测试的方法	2	2	综合	必做
8	周转轮系效率测试	测定定轴、行星轮系的传动比,差动轮系输入和输出轴的转速;测定定轴、行星轮系的传动效率;了解定轴轮系、周转轮系(行星轮系和差动轮系)和复合轮系的结构	2	2	综合	必做
9	刚性转子动平衡	了解转子不平衡的危害;了解转子不平衡的利用;掌握用动平衡机进行刚性转子动平衡的原理与方法	2	2	综合	必做
10	典型机械零件失效分析	了解机械零件典型失效形式的特点;掌握机械零件失效分析的一般方法和步骤;了解机械零件失效的原因及提高机械零件承载能力的对策	2	5	基本	必做
11	螺栓连接静、动态测试	了解螺栓连接在拧紧过程中各部分的受力情况;计算螺栓相对刚度,并绘制螺栓连接的受力变形图;验证受轴向工作载荷时,受预紧螺栓连接的变形规律及对螺栓总拉力的影响,分析影响螺栓总拉力的因素;通过螺栓的动载实验,改变螺栓连接的相对刚度,观察螺栓动应力幅的变化,以验证提高螺栓连接强度的措施;通过动载实验,改变被连接件的相对刚度,观察螺栓动应力幅的变化,以验证提高螺栓连接强度的措施	2	2	综合	必做
12	多功能螺栓组连接特性综合测试	测试螺栓组连接在翻转力矩作用下各螺栓所受的载荷;深化课程学习中对螺栓组连接受力分析的认识;初步掌握电阻应变仪的工作原理和使用方法	2	2	综合	必做
13	多种螺旋传动参数与效率测试	了解螺旋传动的几何关系和运动关系;测定螺旋传动效率,掌握测试方法;测定螺旋传动效率和螺旋升角的关系,掌握测试方法;了解测定螺旋传动效率和螺旋升角关系的原理	2	2	综合	必做
14	带传动效率测试分析	观测带传动中的弹性滑动和打滑现象,以及它们与带传递载荷之间的关系;比较预紧力大小对带传动承载能力的影响;比较分析平带、V带和圆带传动的承载能力;测定并绘制带传动的弹性滑动曲线和效率曲线,了解带传动所传递载荷与弹性滑差率及传动效率之间的关系;了解带传动实验台的构造和工作原理,掌握带传动转矩、转速的测量方法	4	2	综合	必做
15	齿轮传动效率测试分析	测定齿轮传动效率,掌握测试方法;了解微机测试传动效率的原理;了解封闭式功率流测定机械传动效率的原理	2	2	基本	必做
16	滚动轴承性能测试	轴承外圈分布载荷的测试;轴承外圈载荷及应力变化规律测试,滚动体及内圈载荷应力变化规律的模拟;对成对组合安装的向心角接触轴承进行载荷分析及当量动载荷、轴承寿命的计算,观察不同载荷下内部轴向力引起的"放松"和"压紧"现象	2	2	综合	必做
17	流体动压滑动轴承性能测试	观察径向滑动轴承流体动压润滑油膜的形成过程和现象;观察载荷和转速改变时径向油膜压力的变化情况;观察径向滑动轴承油膜的轴向压力分布情况;测定和绘制径向滑动轴承径向油膜压力曲线,求轴承的承载能力;了解径向滑动轴承的摩擦系数 f 的测量方法和摩擦特性曲线 λ 的绘制方法	2	2	综合	必做

序号	实验项目	实验简介	学时	人数/组	类型	要求
18	机械传动性能综合测试	通过测试常见机械传动装置(带传动、链传动、齿轮传动、蜗杆传动等)在传递运动与动力过程中的参数(速度、转矩、传动比、功率、传动效率、振动等)及其变化规律,加深对常见机械传动性能的认识和理解;通过测试由常见机械传动组成的不同传动系统的参数曲线,掌握机械传动合理布置的基本要求;通过实验认识智能化机械传动性能综合测试实验台的工作原理,掌握计算机辅助实验的新方法,培养进行设计性实验与创新性实验的能力	4	2	设计	必做
19	连杆机构虚拟设计与仿真	巩固连杆机构的运动分析与设计的相关知识;掌握应用工程软件 ADAMS 建立连杆机构虚拟样机及进行仿真分析的方法;)通过利用自编软件进行连杆机构虚拟设计,熟悉Ⅱ级机构的组成原理与结构分析的实际应用;了解机械工程人才必须掌握的一些基本知识和技能	4	2	虚拟	选做
20	凸轮机构虚拟设计与仿真	巩固凸轮机构设计的相关知识;掌握应用 ADAMS 进行凸轮机构设计的方法;通过利用自编软件进行凸轮机构设计,掌握影响凸轮机构的一些参数;培养应用先进技术解决问题的能力	4	2	虚拟	选做
21	组合机构虚拟设计与仿真	掌握各种机构的特点与设计的相关知识;掌握应用工程软件 ADAMS 建立组合机构虚拟样机及进行仿真分析的方法;通过利用自编软件进行组合机构虚拟设计,了解不同机构组合后的新特性	4	2	虚拟	选做
22	转子平衡虚拟样机仿真分析	巩固刚性转子静平衡和动平衡的相关知识;掌握应用 ADAMS 进行转子平衡的虚拟样机仿真分析与验证方法;培养应用先进技术解决问题的能力	4	2	虚拟	选做
23	摩擦、磨损、润滑实验研究	了解润滑剂的调配方式和评定指标,测试润滑剂的性能方法;了解润滑油添加剂对润滑剂性能的影响;熟悉材料摩擦磨损性能的常用测试和分析方法;掌握典型材料摩擦副的磨损机理及分析方法	16	2	科技	选做
24	慧鱼创新设计与制作	通过对机构的设计及对机械系统整体的布局、机构的装配与调整,以及机、光、电对机械系统的控制等方面的训练,使学生对机械系统有一个整体的认识与了解;加深对各种机构的组合应用以及机械系统中各执行构件实现运动协调性的理解;通过学生的自行设计、安装、调试机构,最终实现机电一体化的机械系统,激发学生的创新意识、培养学生的综合设计能力及动手能力	16	2	科技	选做

1.3　实验课程的性质和任务

机械原理与机械设计实验是一门技术基础课,是教学中重要的实践性教学环节,是深化感性认识、理解抽象概念、运用基础理论的主要方法。本课程要求学生先修完机械制图、机械原理、工程材料与热处理、互换性与技术测量、机械设计及现代测试技术等课程,再按照实验教学计划完成相应的实验项目。

本课程的主要任务有:

(1)了解实验基本方法和力学参数、机械量等测定方法。

(2)加强学生理解、巩固理论知识,接受实验技能基本训练,掌握软件实际操作的基本技能。

(3)培养学生实验动手能力，综合运用知识分析和解决实际问题能力。

(4)提高学生动手能力、观察分析能力和创新能力。

1.4 实验课程的要求和学习方法

1.4.1 实验课程的要求

(1)充分认识科学实验的内涵和意义。

(2)实验前做好充分的实验预习，了解实验设备和仪器、实验目的、实验原理、实验方法、测试技术、数据采集和处理、误差分析及处理方法。

(3)按时上课，不得迟到、早退或缺课，按照科学规律认真独立完成实验项目，遵守操作规程，注意人身和设备仪器的安全，学生不严格遵守实验室安全操作规程、违反操作规程或不听从指导教师造成他人或自身受到伤害的，由本人承担责任，导致仪器损坏的应按照有关规定进行相应赔偿。

(4)实验过程中认真观察实验现象，不放过"异常"现象，要敢于"存疑、探索、创新"，对实验测试实事求是，不允许主观臆断、弄虚作假等。树立实验能验证理论，也能够发展和创造理论的观点。

(5)认真完成实验结果整理、分析和计算，完成实验报告并按要求及时递交。

1.4.2 实验课程学习方法

(1)理论与实践相结合，综合运用所学习的知识。在实验教学学习中，运用理论联系实际的方法分析和解决与课程有关的工程实际问题，巩固所学的理论知识。实验中的综合设计型实验需要多门学科知识的有机结合和应用，实验中要注意多学科理论知识的应用，在理论指导下综合利用各种实验设备和仪器构思创新实验方案，培养实践能力。

(2)重视实践动手能力的培养。机械原理与机械设计实验过程中会使用到多种设备、仪器和工具，要求学生具有较强的实践动手能力。通过实验环节不仅能很好地培养学生学会正确使用各种仪器设备和工具，还能够培养学生注意细节，掌握各种仪器设备和工具的使用规范和注意事项。

(3)培养创新能力。实验课程中要有意识地对实验原理、实验过程、实验结果等进行思考和分析，充分发挥想象力，在培养动手能力的同时，培养创新能力，正确处理独创与继承的关系。

(4)培养团队合作精神。机械原理与机械设计实验课是一门实践性极强的教学环节，与工程实践密切相关，多种综合型、设计型及创新型实验需要学生之间通力合作完成，可以培养学生间的团结协作能力。

第 2 章 常用传感器及数据处理方法

2.1 常用传感器

机械原理与机械设计课程实验中的测试工作主要是对机械量进行测试，有时也对某些热工量进行测试。所谓机械量，通常是指力、力矩、压强、位移、速度、加速度、转速、功率、效率、摩擦系数、磨损量等。热工量主要是指温度、流体压力、流速、流量、物位等。这些物理量可统称为非电量。非电量的测试，现在主要是采用电测方法。因为电测技术具有测量精度高、反应速度快、能连续测量、便于自动记录等优点，所以它广泛应用于机械工程测试中。典型非电量的电测系统如图 2.1(a) 所示。

传感器是把被测的非电量变换成电量的装置，它是测量系统中的关键环节，传感器的敏感程度和获得信息是否正确，将直接影响整个测试系统的精度。测量电路是把传感器的输出变为电压或电流信号，经放大处理后使之能在显示仪表上显示出读数来。指示仪即显示部分，它是将测得的非电量用模拟、数字或图像的方式显示出来。模拟显示的仪表有毫伏表、毫安表、微安表等指针式仪表。数字显示的有数字电压表、数字电流表、数字频率表等。图像显示是用屏幕显示数值或曲线。记录仪是用来自动记录被测信号的变化过程，特别是动态变化过程。常用的自动记录仪有笔式记录仪(如函数记录仪、电平记录仪、电子电位差计等)、光线示波器、磁带记录仪、电传打字机等。数据处理器是在动态信号测试时对信号进行数值分析和处理。所用仪器有频谱分析仪、波形分析仪、实时信号分析仪、快速傅里叶变换仪等。

在上述的电测系统中，传感器、测量电路和指示仪表这三部分是必需的，记录仪和数据处理器这两部分视需要而定。

随着计算机技术的普及，非电量的测试采用计算机测试系统的越来越多，典型的计算机测试系统如图 2.1(b) 所示。

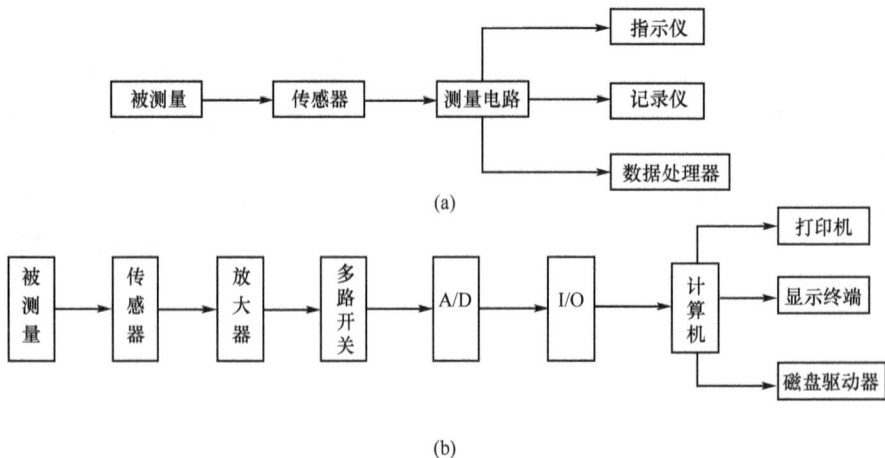

(a)

(b)

图 2.1 测试系统

测试时，传感器的输出经过放大器放大，再经过多路开关、模/数转换器(A/D)、I/O 接口进入计算机进行数据处理。测试结果可在终端显示，打印机输出并保存在磁盘中。

2.1.1　常用传感器分类

传感器种类繁多，同一被测量可用不同类型传感器来检测，同一原理的传感器又可以测试不同的被测量。因此，传感器可按被测对象分类，如位移传感器、速度传感器、压力传感器等；也可按工作原理分类。本章按传感器工作原理分类，介绍传感器的工作原理及其主要应用。常用的将机械量直接转换为电量的传感器有以下几种。

(1)电阻式：如电阻应变计(片)、滑线变阻器等。

(2)电感式：按变换原理有自感式、互感式和电涡流式等；按结构形式有变气隙式、变截面式和螺旋管式等。

(3)电容式：有可变间隙型和可变面积型等。

(4)磁电式：有恒定磁通式和变磁通式。

(5)压电式：有单晶压电晶体和多晶压电陶瓷。

(6)光电式：有模拟式和数字式。

2.1.2　电阻应变式传感器

1. 电阻应变片的结构、特点和分类

电阻应变式传感器的传感元件是电阻应变片。图 2.2 所示为电阻应变片的结构，它是将一根具有高电阻率的金属丝(康铜或镍铬合金等，直径 0.025mm 左右)绕排成栅型，粘贴在绝缘的基片和覆盖层之间，电阻丝的两端焊有引线。应变片的规格一般用使用面积 $l \times b$ 和电阻值来表示，如 $3 \times 10 \text{mm}^2$，$12\,\Omega$。

在测试时，将应变片用黏合剂牢固地粘贴在试件表面上。当试件受力产生应变时，电阻丝也随着变形，因而导致电阻的变化，通过测量电路(如电阻应变仪)将其测量出来。因此电阻应变式传感器可以用于测量应变、力、位移、加速度、扭矩等参量。

电阻应变片是机械量电测技术中非常重要而且应用很广的传感元件，它具有优点为：①灵敏度高，能测到 $1 \sim 2\mu\varepsilon$，精确度高，

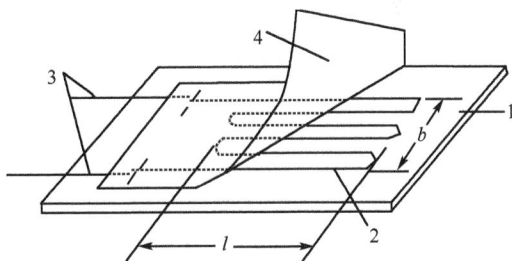

图 2.2　电阻应变片
1-基片；2-电阻丝式敏感栅；3-引线；4-覆盖层

误差小于1%；②测量变形范围大，既可测弹性变形，也可测塑性变形；③动态响应快，不仅可用于静态测量，也可用于动态测量；④尺寸小，重量轻，便于多点测量，使用简便；⑤能适应各种环境，如高温、超低温、高压、水下、强磁场、核辐射等。

2. 金属电阻应变片工作原理

金属丝的电阻 R 与导线长度 L 成正比，与截面积 A 成反比，比例系数为电阻率 ρ，即

$$R = \rho \frac{L}{A} \tag{2.1}$$

当电阻丝随试件受力变形时，L、A、ρ 均将变化，因此电阻的变化为

$$dR = \frac{L}{A}d\rho + \frac{\rho}{A}dL - \frac{\rho L}{A^2}dA \tag{2.2}$$

电阻变化率为

$$dR = \frac{d\rho}{\rho} + \frac{dL}{L} - \frac{dA}{A} \tag{2.3}$$

对于圆形截面电阻丝

$$A = \pi r^2 , \qquad \frac{dA}{A} = 2\frac{dr}{r} \tag{2.4}$$

根据材料力学知识

$$\frac{dr}{r} = -\mu \frac{dL}{L} = -\mu\varepsilon \tag{2.5}$$

式中，$\varepsilon = \dfrac{dL}{L}$ 为电阻丝轴向应变；μ 为电阻丝泊松比。

有

$$\frac{dR}{R} = (1+2\mu)\varepsilon + \frac{d\rho}{\rho} = \left(1+2\mu+\frac{d\rho}{\varepsilon\rho}\right)\varepsilon = k_0\varepsilon \tag{2.6}$$

式中，$k_0 = \left(1+2\mu+\dfrac{d\rho}{\varepsilon\rho}\right)$ 称为金属丝的灵敏系数，其物理意义是单位应变所引起的电阻变化率。对于大多数金属丝，$\dfrac{d\rho}{\varepsilon\rho}$ 变化很小；在弹性限度内 $(1+2\mu)$ 近似为常量，故 k_0 值可近似为常量，则电阻变化率 $\dfrac{dR}{R}$ 与应变 ε 成正比，这就是电阻应变片将机械量-应变转换为电量-电阻变化率的工作原理。通常金属电阻丝的 k_0=1.7～4.6。电阻应变片中的电阻丝被制成丝栅状，由于形状发生了改变，应变片的灵敏度系数一般低于金属丝，记为 k。

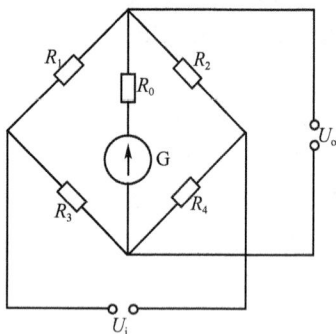

图 2.3 电桥电路

电阻应变片的测量电路通常采用惠斯通电桥，它可有效测量电阻微小的变化，其精度高，稳定性好，又易于进行补偿。

图 2.3 为电桥电路，R_1 代表应变片电阻，R_3、R_4 为比率臂的电阻，R_2 为可精确调节的电阻，G 为检流计，其内阻为 R_0，U_i 为供桥电压，U_o 为输出电压。

当电桥平衡时（U_o=0），应满足

$$\frac{R_1}{R_2} = \frac{R_3}{R_4} \tag{2.7}$$

当试件受力变形使应变片电阻由 R_1 变为 R_1' 时，电桥便失去平衡（$U_o \neq 0$，检流计有电流通过，指针有示值）。欲使电桥重新平衡，可精确调节 R_2，使 R_2 变为 R_2'，满足

$$\frac{R_1'}{R_2'} = \frac{R_3}{R_4} \qquad\qquad (2.8)$$

由此可求得 R_1'，$R_1' - R_1 = \Delta R$。因 $\frac{\Delta R}{R} = k\varepsilon$，则可在电阻应变仪的读数盘上读出微应变值。

3. 半导体应变片工作原理

半导体应变片的工作原理是基于半导体材料的压阻效应，即单晶半导体材料(硅、锗等)受应力作用时，其电阻率发生显著的变化，因而电阻产生变化。

半导体应变片的结构如图 2.4 所示。其使用方法与金属电阻应变片相同，用黏合剂将它粘贴在试件表面上，随试件受力产生应变而发生电阻的变化。

半导体应变片的主要优点是灵敏度高，机械滞后小、横向效应小和本身体积小。主要缺点是温度稳定性差。

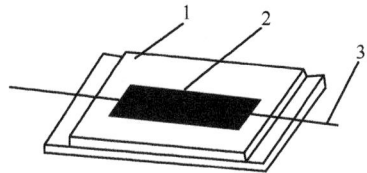

图 2.4　半导体应变片
1-胶膜基片；2-硅片；3-引线

4. 电阻应变式传感器的应用

1) 力测量

电阻应变式测力传感器是将力作用在弹性元件上，弹性元件在力的作用下产生应变，利用贴在其上的应变片，将应变转换成电阻的变化，测得力的大小。

弹性元件有柱形、薄壁环形和梁形三种。柱形弹性元件有圆柱形(图 2.5(a))和圆筒形(图 2.5(b))等几种。薄壁环形弹性元件也可根据需要制成各种形状，在图 2.6 中，图(a)用于测拉力，图(b)用于测压力。图 2.7 是梁形弹性元件。

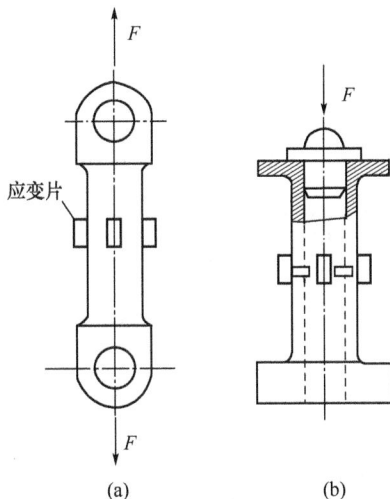

图 2.5　柱形弹性元件

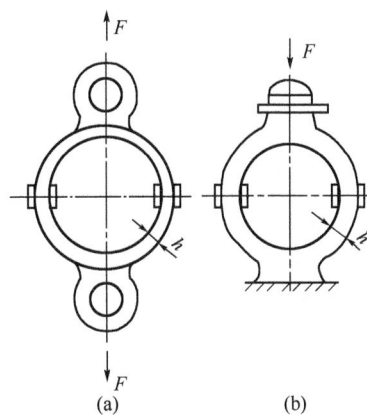

图 2.6　薄壁环形弹性元件

图 2.8 是 BLR-1 型应变式拉(压)力传感器结构图。弹性元件圆筒的两端有螺纹以便传递外力。筒的中间贴有应变片，通过接线座将信号引出。

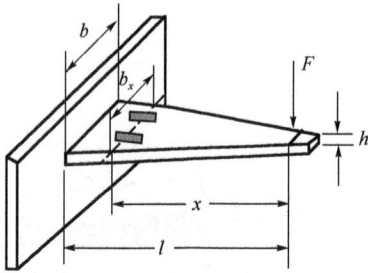

图 2.7　梁型弹性元件

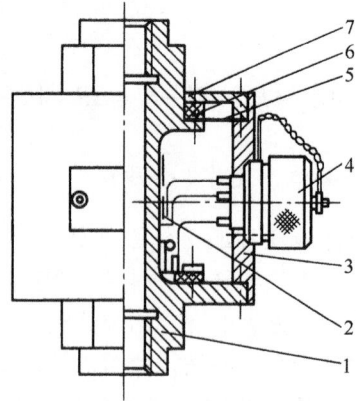

图 2.8　BLR-1 型拉(压)力传感器
1-弹性圆筒；2-应变片；3-壳体；4-接线座；
5-密封圈；6-内压环；7-压盖

2)加速度测量

图 2.9 为 BAR-6 型应变式加速度传感器结构图。在应变梁 2 的一端固定惯性质量块 1，另一端固定在壳体 9 上，在应变梁的正反两面粘贴应变片 5。在测量加速度时，传感器刚性地固定在被测物体上。被测物体受加速度作用时，应变梁上的惯性质量也以同样的加速度运动，产生一个正比于加速度的惯性力 F，使梁产生弯曲变形，并被粘贴在梁表面的应变片所感受，这样测得的应变正比于被测加速度。这种应变式传感器具有较好的低频响应特性，可测直流信号。

图 2.10 是 AⅡ-2 型应变式加速度传感器，它通过测量惯性质量在加速度作用下的位移测量加速度。传感器中包括平行片簧 1，其上固定着惯性质量块 2，通过弹性元件 3 与传感器壳体 5 相连，在弹性元件上固定着应变片 4。

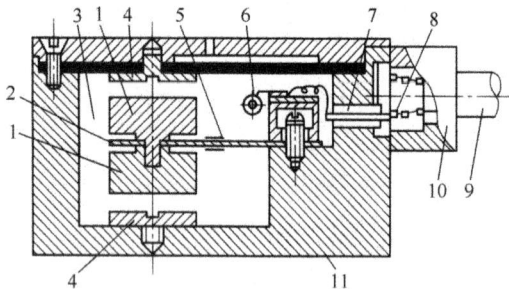

图 2.9　BAR-6 型加速度传感器
1-质量块；2-应变梁；3-硅油阻尼液；4-保护块；5-应变片；
6-温度补偿电阻；7-绝缘套管；8-接线柱；9-壳体；
10-压线板；11-电缆

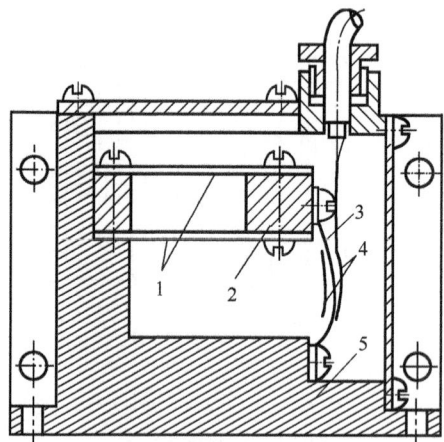

图 2.10　AⅡ-2 型应变式加速度传感器
1-平行片簧；2-惯性质量；3-弹性元件；
4-应变片；5-壳体；

3) 位移测量

应变式位移传感器是把被测位移量转变成弹性元件的变形和应变，然后通过应变计和应变电桥，输出正比于被测位移的电量。它可用来近测或远测静态与动态的位移量。图 2.11 为国产 YW 系列应变式位移传感器结构图。这种传感器采用了悬臂梁-螺旋弹簧串联的组合结构，悬臂梁的一端固定于壳体 3 上，另一端通过弹簧 4 与测杆 5 相连，悬臂梁 1 及贴在其上的应变片 2 将位移转换成电量。这种传感器适用于较大位移(量程>10～100 mm)测量。

2.1.3　电感式传感器

电感式传感器基于电磁感应原理，使位移、振动、压力、应变，流量、相对密度等参量变换为电感量。电感式传感器种类很多，按变换方式的不同，可分为自感式和互感式两类。自感式传感器有变气隙式、变截面式和螺管式等；互感式也有变气隙式和螺管式等。通常所说电感式传感器是指自感式传感器(包括可变磁阻式和涡流式)。而互感式传感器由于利用变压器原理，并常制成差动式，故常称为差动变压器。

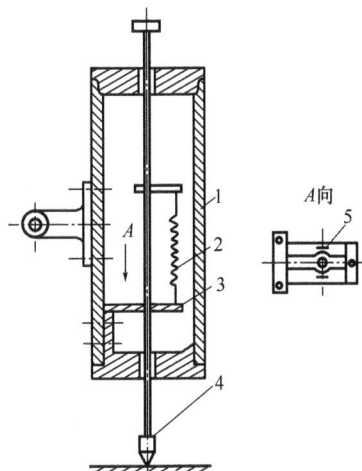

图 2.11　应变式位移传感器
1-悬臂梁；2-应变片；3-壳体；4-弹簧；5-测杆

电感式传感器的优点有：①分辨率较高，最小刻度值可达 0.1μm；②测量精度高，输出的线性度可达±0.1%；③零点稳定，最高为 0.1μm；④输出信号较大，不用放大器时也有 0.1～5V/mm 的输出值；⑤结构简单，可靠，电磁吸力小。

电感式传感器的缺点主要是：传感器本身频率响应低，不适于快速动态测量；测量范围大时分辨率低。

1. 自感型电感传感器

图 2.12(a)所示为变隙式自感传感器的结构原理图，传感器主要由铁心、线圈和衔铁组成。在铁心与衔铁之间有空气隙 δ。衔铁与被测件相连，当被测件产生位移时，气隙 δ 发生变化使磁路的磁阻发生变化，从而使线圈电感值发生变化。若线圈匝数为 N，气隙导磁面积为 A_0，空气磁导率为 μ_0，忽略铁心磁阻，则自感电量为

$$L = \frac{N^2}{R_{\mathrm{m}}} = \frac{N^2}{2\delta/(\mu_0 A_0)} \tag{2.9}$$

式中，$R_{\mathrm{m}} = 2\delta/(\mu_0 A_0)$ 为磁路的磁阻。由式(2.9)可知，自感 L 与气隙 δ 成反比。

改变气隙截面积 A_0，也可改变自感 L，如图 2.12(b)所示。

2. 互感型差动变压器

图 2.13(a)所示为变隙式互感型差动变压器，中间衔铁与试件相连，当衔铁位于气隙中

间（$\delta_1=\delta_2$）时，因两边线圈完全一样，则电感量 L_1 和 L_2 相同。当衔铁受试件位移或变形的牵连在气隙中位置发生变化时，由于 $\delta_1 \neq \delta_2$，使 $L_1 \neq L_2$，可由 L_1 和 L_2 的变化测得试件的位移或变形。

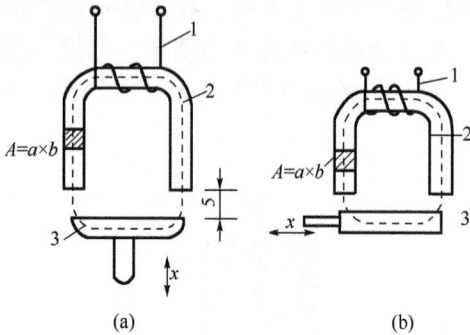

图 2.12　自感传感器
1-线圈；2-铁心；3-衔铁

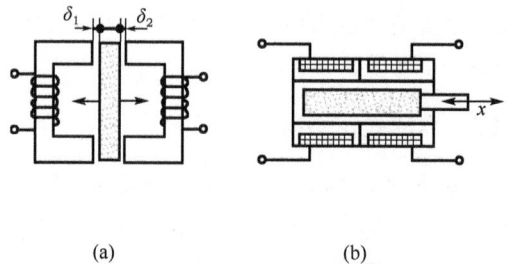

图 2.13　互感型差动变压器

图 2.13（b）所示为双螺管线圈互感差动变压器，当铁心在线圈中运动时，将改变磁阻，使线圈自感发生变化。被用于电感测微计上，其测量范围为 $0\sim300\mu m$，最小分辨率为 $0.5\mu m$。互感型差动变压器作为传感器，测量精度高，线性范围大，稳定性好，被广泛用于测量直线位移或由此而反映的压力、重量等参量。

3. 电涡流式传感器

电涡流式传感器是利用导体在交变磁场中的电涡流效应。如图 2.14 所示，将一块金属板放在一个线圈附近，使其间距为 δ。当线圈中通一高频正弦交变电流 i 时，便产生正弦交变磁场 H，处于该磁场中的金属板就产生电涡流 i_1。此电涡流也将产生交变磁场 H_1，H_1 的方向与 H 相反，即 H_1 对 H 有抵抗作用。由于涡流磁场的反作用，使通电线圈的有效阻抗 Z 发生变化。

影响高频线圈阻抗 Z 的因素有间距 δ、金属板电阻率 ρ、磁导率 μ、激励电流频率 ω 和线圈几何参数等。变化 δ，可进行位移、振动测量；变化 ρ 或 μ，可进行厚度测量、材质鉴别或探伤等。

电涡流式传感器可用于动态非接触测量，测量范围为 $0\sim1500\mu m$，分辨率可达 $1\mu m$。这种传感器结构简单，使用方便，不受油污等介质影响。近几年涡流式位移和振动测量仪、测厚仪、无损探伤仪等在机械、冶金行业中得到广泛应用。

图 2.15 为电涡流式压力传感器结构图。压力 p 通过测量孔作用在膜片上，改变它与线圈之间的距离 d，引起线圈阻抗的变化，变化后的阻抗再经测量电路转换成电量，实现对压力的测量。

电涡流式压力传感器具有良好的动态特性，适合在爆炸等极其恶劣的条件下工作。

4. 电感式传感器应用

电感式传感器类型较多，特点是频响低，适用于静态或变化缓慢压力的测量。

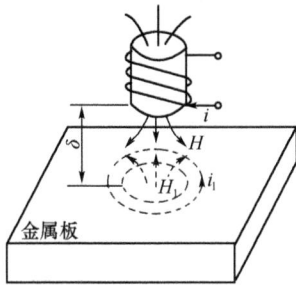

图 2.14　电涡流式传感器工作原理

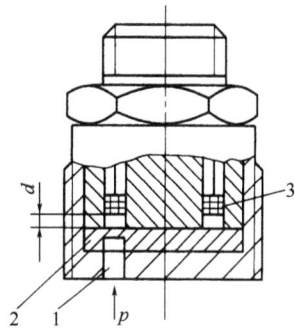

图 2.15　电涡流式压力传感器

1-测量孔；2-膜片；3-线圈

1）位移测量

电感测微仪主要用于位移测量，如测量零件的移动、伸长等，其位移测量范围为 $-3\sim$ 1000μm。

图 2.16 是螺管差动型位移传感器结构图。测端 10 与被测体相接触，被测体的微小位移使衔铁 3 在差动线圈中移动，造成线圈电感值的变化，将此电感变化接到交流电桥，由电桥电压的变化来反映位移的变化。电感测微仪测量电路的方框图如图 2.17 所示。

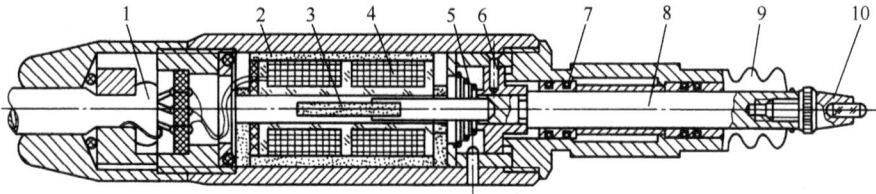

图 2.16　螺管差动型位移传感器

1-引线；2-固定磁筒；3-衔铁；4-线圈；5-测力弹簧；6-防转销；7-导轨；8-测杆；9-密封套；10-测端

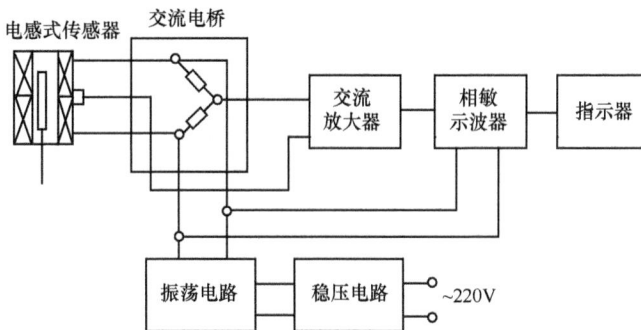

图 2.17　电感测微仪测量电路的方框图

2）振动和加速度测量

利用差动变压器加悬臂梁弹性支承，可以构成测量振动的互感型加速度传感器加速度计，如图 2.18 所示。这种传感器一般用在 150Hz 以下。高频时加速度测量多采用压电晶体传感器。

3)压力测量

电感式压力传感器是将压力转换成电感变化，通过测量电路将电感变成电量，实现压力测量。图2.19是膜片电感压力传感器结构图，当力 p 作用于传感器时，膜片1与铁心2之间的距离发生变化，改变了线圈的电感。

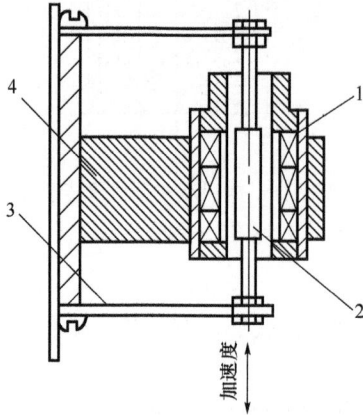

图 2.18　互感型加速度传感器

1-差动变压器线圈；2-衔铁；3-簧片；4-壳体

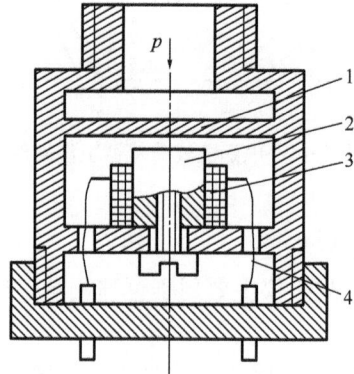

图 2.19　膜片电感压力传感器

1-膜片；2-铁心；3-线圈；4-导线

图 2.20 是测量压差的传感器，中间膜片 1 在压差 $\Delta p = p_1 - p_2$ 的作用下产生位移，通过连杆带动铁心移动，将压力差 Δp 转换成变压器的电压输出。

2.1.4　电容式传感器

1. 电容式传感器工作原理

电容式传感器是用可变电容器作为传感元件，将被测量变换成电容变化量。图2.21所示为平板电容器，由物理学知，其电容量为

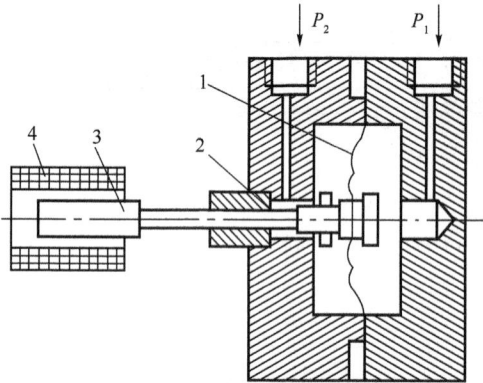

图 2.20　测量压差的传感器

1-中间膜片；2-连杆；3-铁心；4-差动变压器

$$C = \frac{\varepsilon\,\varepsilon_0 A}{\delta} \qquad (2.10)$$

式中，A 为极板覆盖面积，mm^2；δ 为两极板间距离，mm；ε_0 为真空中介电常数，$\varepsilon_0 = 8.85 \times 10^{-12}\mathrm{F/m}$；$\varepsilon$ 为极板间介质的相对介电系数，空气中 $\varepsilon = 1\,\mathrm{F/m}$。

由式(2.10)可知，A、δ、ε 任何一项发生变化时，电容 C 都将发生变化。改变 δ 称为变间隙式；改变 A 称为变面积式；改变 ε 称为变介质式。在实际中，变间隙式和变面积式应用较广。变介质式常用于固体或液体的物位测量以及各种介质的湿度、密度的测量。

变间隙式电容传感器，其灵敏度与间隙的平方成反比，间隙越小，灵敏度越高。但间隙过小电容器易被击穿。极板间隙变化范围通常取为 $\Delta\delta/\delta \approx 0.1$。变间隙式电容传感器的优点是可进行动态非接触式测量，对被测系统的影响小，灵敏度高，适于较小位移（0.01μm～

数百微米)测量。但这种传感器为非线性特性,传感器的分布电容对灵敏度和测量精度都有影响,与传感器配合使用的电路也较复杂,因此应用受到一定限制。

变面积式电容传感器有移动型(图 2.21(a)、(c))和转动型(图 2.21(b))。它们的优点是输出与输入呈线性关系,但灵敏度较低,适于较大移动和转动的测量。

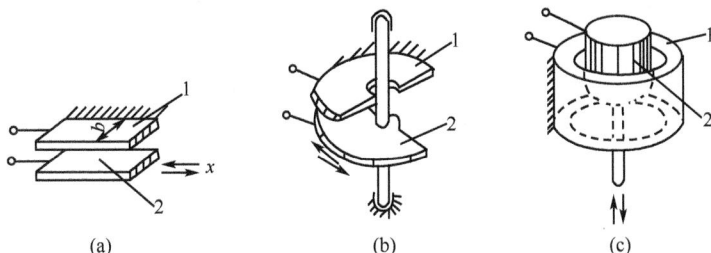

图 2.21　电容式传感器
1-固定极板;2-活动极板

2. 电容式传感器的应用

1)位移测量

图 2.22 为差动式电容位移传感器结构图,图中 1、3 为固定极板,2 为活动极板,它与测杆相连一起移动,改变活动极板与两固定极板之间的覆盖面积,使电容发生变化。

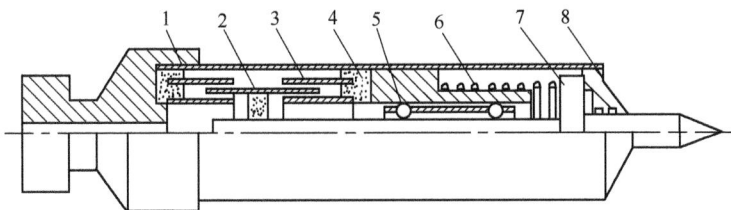

图 2.22　差动式电容位移传感器
1、3-固定极板;2-活动极板;4-绝缘体;5-导向滚珠;6-弹簧;7-测杆;8-外壳

2)加速度测量

图 2.23 所示为电容式传感器及其构成的力平衡式挠性加速度计。两组对称 E 形磁路与线圈构成永磁动圈式力发生器,感应加速度的质量组件由石英动极板及力发生器线圈组成,并由石英挠性梁弹性支承,固定于壳体的两个石英定极板与动极板构成差动结构。

工作时,质量组件感应被测加速度,使电容传感器产生相应输出,经测量(伺服)电路转换成比例电流输入力发生器,使其产生电磁力与质量组件惯性力精确平衡,迫使质量组件随被加速的载体而运动。此时,流过力发生器的电流反映了被测加速度值。典型的石英电容式挠性加速度计的量程为 $0\sim150\,\mathrm{m/s^2}$,分辨率为 $1\times10^{-5}\,\mathrm{m/s}$,非线性误差和不重复性误差均不大于 0.03%F.S.。

3)压力测量

电容式压力传感器是将压力转换成电容的变化,经测量电路变为电量输出。图 2.24 是用于测量压差的差动式压力传感器,膜片是感压敏感元件,同时作为电容的活动极板。镀在球形玻璃表面的金属层是定极板,在压差 $\Delta p = p_1 - p_2$ 的作用下,膜片凸向压力小的方向,导致电容发生变化。

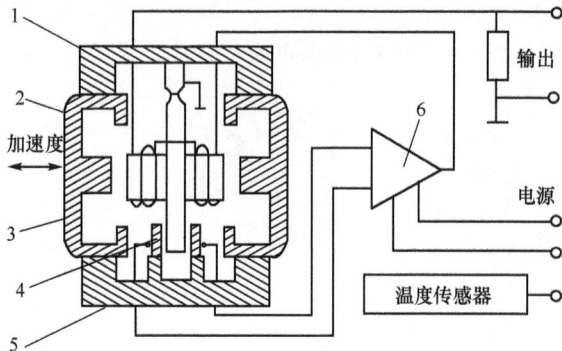

图 2.23　电容式挠性加速度计

1-挠性梁；2-质量组件；3-磁回路；4-电容传感器；5-壳体；6-伺服电路

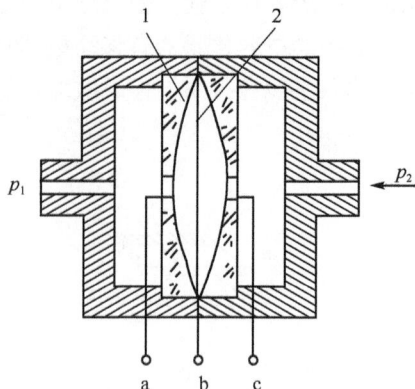

图 2.24　电容式压力传感器

1-定极板；2-膜片

2.1.5　磁电式传感器

磁电式传感器是将被测的机械量转换为感应电动势的一种传感器，又称电磁感应式或电动式传感器。

根据电磁感应定律，对匝数为 N 的线圈，当穿过该线圈的磁通 φ 发生变化时，其感应电动势为

$$e = -N\frac{\mathrm{d}\varphi}{\mathrm{d}t} \tag{2.11}$$

式中，$\dfrac{\mathrm{d}\varphi}{\mathrm{d}t}$ 为磁通变化率，它与磁场强度 B、磁路磁阻 R_m、线圈的运动速度 v（或转动角速度 ω）有关，改变其中任一因素，都会改变线圈的感应电动势。按工作原理不同，磁电式传感器可分为恒定磁通式和变磁通式。

1. 恒定磁通式传感器

图 2.25 所示为恒定磁通磁电式传感器的结构原理图。当线圈 2 在垂直于磁场方向作直线运动（图 2.25（a））或旋转运动（图 2.25（b））时，线圈中所产生的感应电动势 e 为

$$e = -NBlv\sin\theta \tag{2.12}$$

或

$$e = -kNBA\omega \tag{2.13}$$

式中，l 为每匝线圈的平均长度，mm；A 为每匝线圈的平均截面积，mm^2；k 为与传感器结构有关的系数；B 为线圈所在磁场的磁感应强度；V 为线圈在磁场中的线速度，mm/s；θ 为线圈运动方向与磁场方向的夹角，（°）；ω 为线圈在磁场中的角速度，rad/s。

当传感器结构参数确定后，B、l、N、A 均为定值，感应电动势 e 与线圈相对磁场的运动速度（v 或 ω）成正比，所以这类传感器的基本形式是速度传感器，能直接测量线速度或角速度。如果在其测量电路中接入积分电路或微分电路，还可以测量位移或加速度。但由上述工作原理可知，磁电感应式传感器只适用于动态测量。

以上属于动圈式结构类型的磁电感应式传感器,此外,还有动铁式结构类型的磁电式传感器,其工作原理与动圈式完全相同,只是它的运动部件是磁铁。

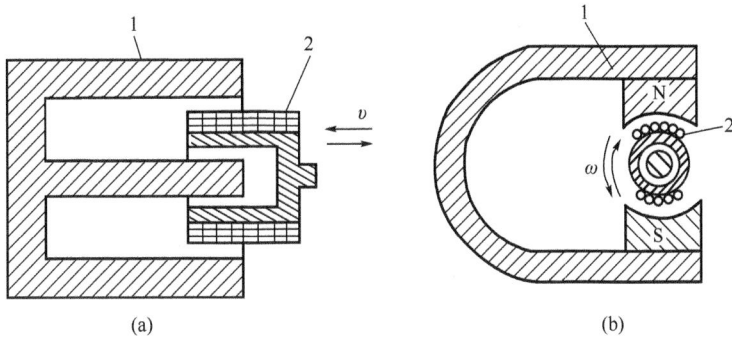

图 2.25　恒定磁通磁电式传感器的结构原理图

1-磁铁;2-线圈

2. 变磁通式传感器

变磁通式又称磁阻式或变气隙式,常用来测量旋转物体的角速度,其结构原理如图 2.26 所示。图 2.26(a)为开路变磁通式,线圈 3 和永久磁铁 5 静止不动,导磁材料制成的测量齿轮 2 安装在被测旋转体 1 上,随之一起转动,每转过一个齿,传感器磁路磁阻变化一次,线圈 3 产生的感应电动势的变化频率等于测量齿轮 2 的齿数和转速的乘积。图 2.26(b)为闭合磁路变磁通式结构示意图,被测转轴 1 带动椭圆形测量齿轮 2 在磁场气隙中等速转动,使气隙平均长度周期性变化,磁路磁阻也周期性变化,磁通同样周期性变化,在线圈 3 中产生感应电动势,其频率 f 与测量齿轮 2 转速成正比。

变磁通式传感器对环境条件要求不高,能在–150～＋90℃的温度下工作,也能在油、水雾、灰尘等条件下工作。它的工作频率下限较高,约为 50Hz,上限可达 100Hz。

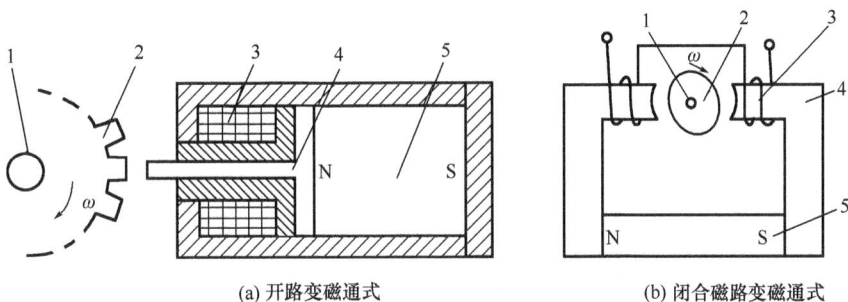

(a) 开路变磁通式　　　　　　　　　　(b) 闭合磁路变磁通式

图 2.26　变磁通磁电感应式传感器

1-被测旋转体;2-测量齿轮;3-线圈;4-软铁;5-永久磁铁

3. 磁电式传感器的应用

1)速度测量

图 2.27 所示为 Z1-A 型振动传感器(测振计)。它是一种动圈式磁电传感器,永久磁铁 2 用铝架 4 固定在圆筒形壳体 6 内,借助于壳体的导磁性,形成一个磁路。在磁路中有两个环形气隙,在右边气隙里,放置一个工作线圈 7,在左边气隙里,放置一个阻尼器 3。工

作线圈 7 和阻尼器 3 用一个芯杆 5 连接起来,并支承在弹簧片 1、8 上。使用时将测振计紧固在振动体上。传感器输出的感应电势接到测量电路,测量的参数为振动速度。故磁电式振动计又称速度传感器。

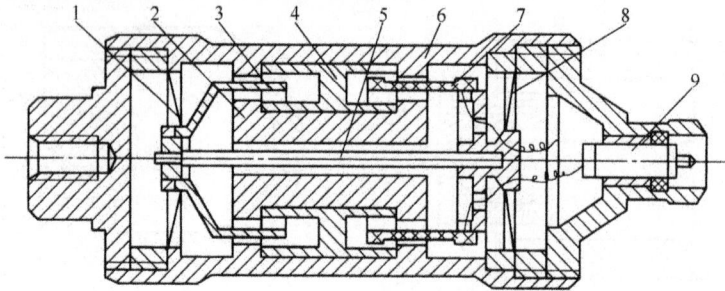

图 2.27   Z1-A 型振动传感器
1、8-弹簧片;2-永久磁铁;3-阻尼器;4-铝架;5-芯杆;6-壳体;7-线圈;9-输出头

2)转矩测量

磁电式传感器测量转矩的原理如图 2.28 所示,在转轴上固定两个齿轮。齿轮的材质、尺寸、齿形和齿数均相同。永久磁铁和线圈组成的磁电式检测头对着齿顶安装,当转轴不受扭矩时,两线圈输出信号相同,相位差为零;转轴承受扭矩后,相位差不为零且随两齿轮所在横截面之间相对扭转角的增加而加大。其大小与相对扭转角、扭矩成正比。

磁电式相位差转矩传感器的结构如图 2.29 所示。弹性轴两端用键与被测动力及负载相连。测量时,弹性轴与套筒相对转动,内、外齿轮之间的气隙发生变化,回路中的磁阻发生变化,磁通也就发生变化,线圈内产生呈正弦规律变化的感应电动势,其变化频率与内、外齿轮齿数及其相对转速有关。

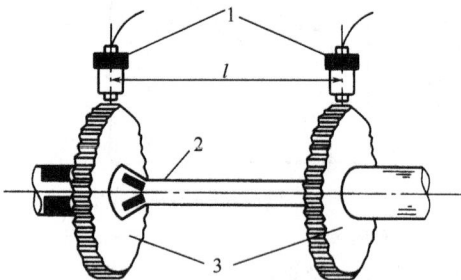

图 2.28   磁电式传感器测量转矩原理
1-磁电式检测头;2-转轴;3-测量齿轮

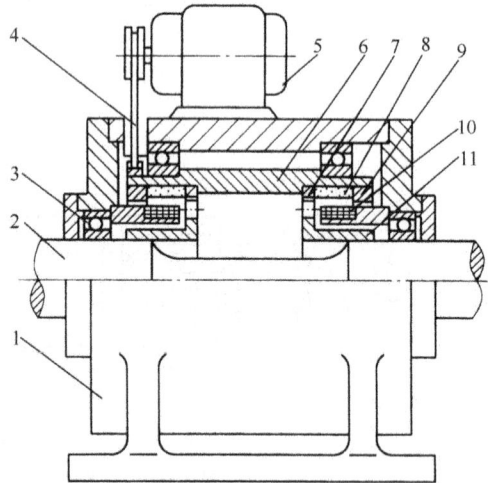

图 2.29   磁电式相位差转矩传感器
1-壳体;2-弹性轴;3-轴承;4-带;5-电动机;6-套筒;
7-内齿轮;8-磁铁;9-导磁环;10-线圈;11-外齿轮

2.1.6　压电式传感器

1. 压电式传感器工作原理

压电式传感器是利用某些材料的压电效应将机械量转换为电荷量。具有压电效应的压

电材料,如单晶的石英、酒石酸钾钠,多晶的压电陶瓷(钛酸钡、锆钛酸铅)等,当受到外力作用时,几何尺寸发生变化,并且内部极化,表面出现电荷,形成电场。当外力去掉时,便恢复到原来状态,这种现象称为压电效应。相反,若将这些物质置于电场中,在电场作用下,也会使其尺寸形状发生变化,这称为逆压电效应,或称电致伸缩效应。因此,压电式传感器是一种可逆型换能器,它既可以将机械能变换为电能,也可将电能变换为机械能。这种传感器主要用来测量力、压力、加速度,也可用于超声波发射与接收装置。它具有体积小、测量精度高、灵敏度高的优点。

石英晶体是常用压电材料之一,它是一个六角形晶柱(图 2.30(a)),两端为一对称的棱锥,中间的正六棱柱为主体部分。如图 2.30(b)所示,纵向轴 z-z 称为光轴;经过正六面体棱线,并且垂直于光轴 z-z 的 x-x 轴称为电轴;垂直于 z-z 轴和 x-x 轴(即垂直于棱面)的 y-y 轴称为机械轴。力沿 x-x 或 y-y 轴作用时,都有压电效应,沿 z-z 轴作用无压电效应。

从石英晶体上沿 x-x、y-y 和 z-z 轴坐标方向切下一个平行六面体,称为压电晶体切片(图 2.30(b))。当芯片沿 x-x 轴方向受力 F 作用时,芯片厚度 δ 发生变化,并产生极化现象,即在垂直 x-x 轴的两平面(极板)上积聚了电荷,电荷量 q 与作用力 F 成正比,即

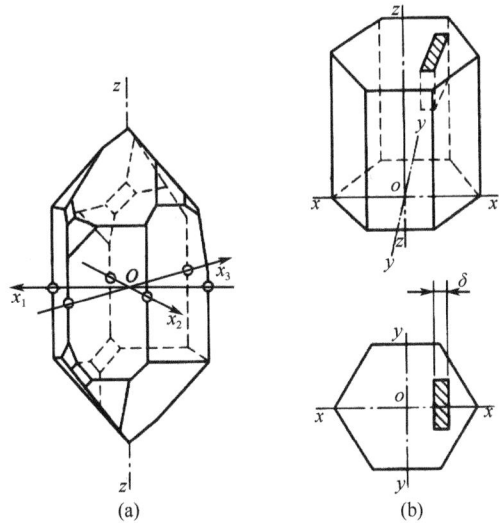

图 2.30 石英晶体

$$q = DF \qquad (2.14)$$

式中,D 为压电常数,与材质和切片方向有关。

用压电晶体传感器作静态或准静态测量时,必须采取一定措施,使电荷从芯片经测量电路的漏失达到很小的程度。而在动态交变力作用下,电荷可以不断补充,保证供给测量电路一定的电流,故压电式传感器适用于动态测试。

2. 压电式传感器的应用

1)加速度测量

图 2.31(a)是中央安装压缩型压电式加速度传感器,它由两片压电陶瓷组成,采用并联接法,用一根引线接到两个压电片之间的金属片上作为电极的一端,另一端直接与基座相连。压电片上放一高密度质量块,用弹簧型螺母压紧,施加预载荷。基座应厚些,与试件刚性固紧,使传感器感受与试件相同的振动。质量块有一正比于加速度的交变力作用在压电片上,使之产生电荷。于是传感器的输出电荷(或电压)与加速度成正比。图 2.31(b)为环形剪切型,结构简单,能制成极小型、高共振频率的加速度计。

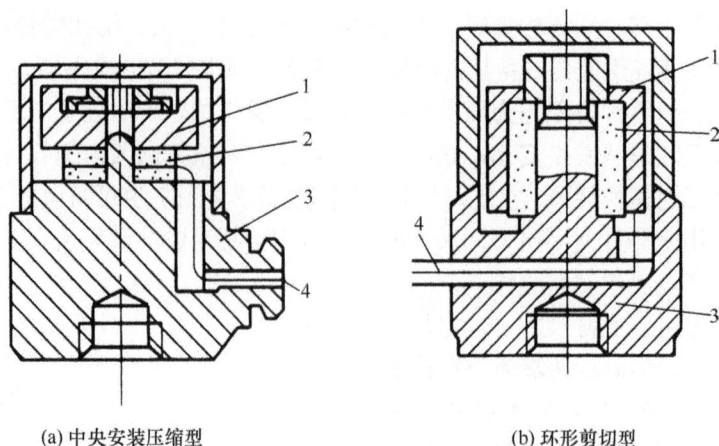

(a) 中央安装压缩型 (b) 环形剪切型

图 2.31 压电式加速度传感器
1-量质块；2-压电元件；3-基体；4-输出接头

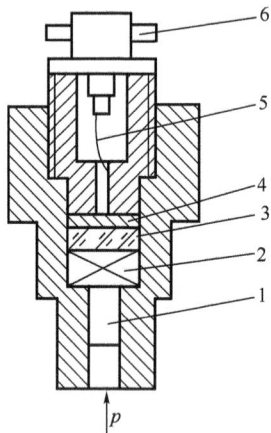

图 2.32 活塞式压电式压力传感器
1-活塞；2-压块；3-压电晶片；4-导电片；5-引线；6-接头

2）压力测量

压电式压力传感器可测大的压力，也可测微小的压力，并且可用于真空度的测量。它是一种应用较广的测力传感器。图 2.32 为活塞式压电式压力传感器结构图。压电式压力传感器对温度较敏感，常采用两种方法补偿，一种是水冷防止温度的影响，另一种是在芯片前安装一块线膨胀系数大的金属片补偿温度变化时晶体与金属线膨胀之间的差值。

2.1.7 光电式传感器

光电式传感器是以光电器件作为转换元件的传感器，它可用于检测直接引起光量变化的非电量，如光强、光照度、辐射测温、气体成分分析等，也可以检测能转换成光量变化的其他非电量，如零件的直径、表面粗糙度、应变、位移、振动速度和加速度以及物体的形状、工作状态的识别。光电式传感器具有非接触、响应快、性能可靠等特点，因此在工业自动化装置和机器人中获得广泛应用。

光电式传感器按接收状态分为模拟式和数字式。

1. 模拟式光电传感器

模拟式光电传感器有如下几种工作方式，如图 2.33 所示。

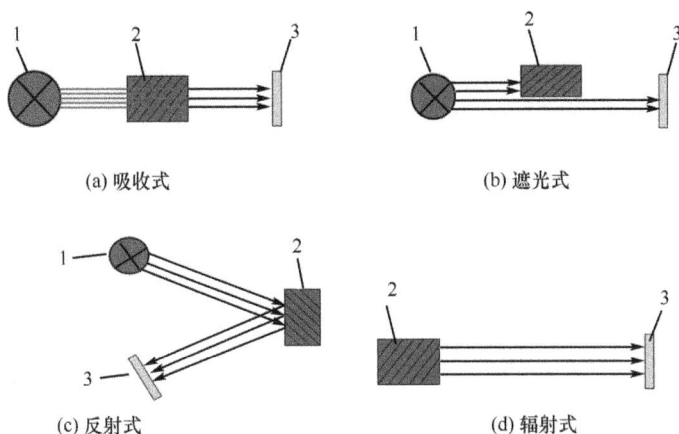

图 2.33　模拟式光电传感器的工作方式
1-光源；2-被测物；3-光电元件

1）吸收式

被测物体位于恒定光源与光电元件之间，根据被测物对光的吸收程度或对其谱线的选择来测定被测参数，如测量液体、气体的透明度、混浊度，对气体进行成分分析，测定液体中某种物质的含量等。图 2.34 表示光电式烟尘浓度计原理。

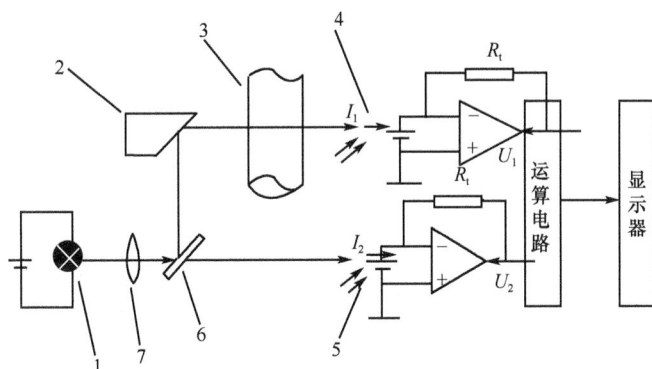

图 2.34　光电式烟尘浓度计原理图
1-光源；2-反射镜；3-被测烟尘；4、5-光电池；6-半透半反镜；7-聚光透镜

2）反射式

恒定光源发出的光投射到被测物体上，被测物体把部分光通量反射到光电元件上，根据反射的光通量多少测定被测物表面状态和性质，如图 2.35 所示。例如，测量零件的表面粗糙度、表面缺陷、表面位移等。

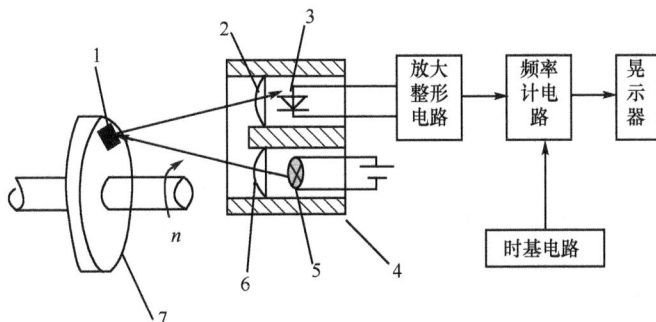

图 2.35　光电式转速表原理图
1-反光纸；2、6-透镜；3-光敏二极管；4-遮光罩；5-光源；7-被测旋转物

3) 遮光式

被测物体位于恒定光源与光电元件之间，光源发出的光通量经被测物遮去一部分，使作用在光电元件上的光通量减弱，减弱的程度与被测物在光学通路中的位置有关，测量原理如图 2.36 所示。利用这一原理可以测量长度、厚度、线位移、角位移、振动等。

4) 辐射式

测物体本身就是辐射源，它可以直接照射在光电元件上，也可以经过一定的光路后作用在光电元件上。如光电高温计、比色高温计、红外侦察和红外遥感等均属于这一类。图 2.37 为扫描式光电比色温度计。

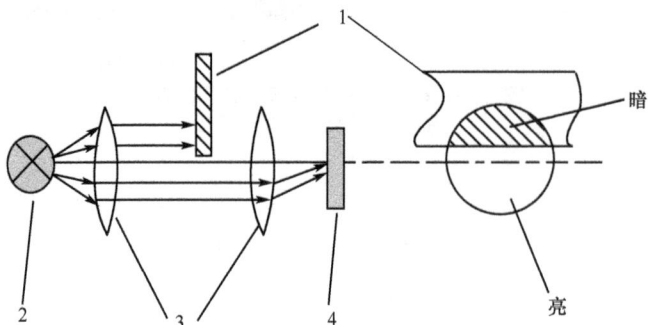

图 2.36　光电式边缘位置检测器光路图

1-被测带材；2-光源；3-透镜；4-光敏电阻

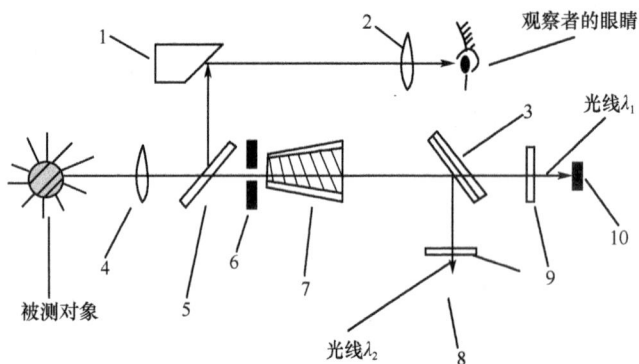

图 2.37　扫描式光电比色温度计

1-反射镜；2-目镜；3-分光线；4-物镜；5-半透半反镜；6-光栅；7-光导棒；8、10-硅光电池；9-滤光片

2. 数字式光电传感器

数字式光电传感器的输出仅有"通""断"的开关状态。主要用于零件或产品的自动计数、光控开关、电子计算机的光电输入设备、光电编码器及光电报警装置等方面。

光栅传感器是根据莫尔条纹原理制成的数字式传感器。光栅是一种在基体上刻有等间距平行细线的光学元件。在光栅位移传感器中有两个光栅，分别作为指示光栅和标尺光栅，它们重叠放置，但它们的刻线间有微小的夹角 θ。由于光的干涉效应，在与光栅刻线近似垂直的方向上，产生明暗相间的条纹，即莫尔条纹(图 2.38)。光栅栅距 W 与两条相邻的莫尔条纹间的距离 B 的关系为

$$B = \frac{W}{\theta} \qquad (2.15)$$

当两光栅沿刻线垂直方向相对移动一个栅距 W 时，莫尔条纹移动一个条纹间距 B。因此，如果将指示光栅上移过的明暗条纹数变换成电脉冲数，用计数器记下来就可测得标尺的位移(图 2.39)。光栅位移传感器测长精度可达 0.5～3μm，分辨率为 0.1μm。

图 2.40 是测量转速的光电式数字传感器，它的工作原理是将轴的转速变换成响应频率，通过测量脉冲频率，就可以测得转速。光源 1 发射的光经过

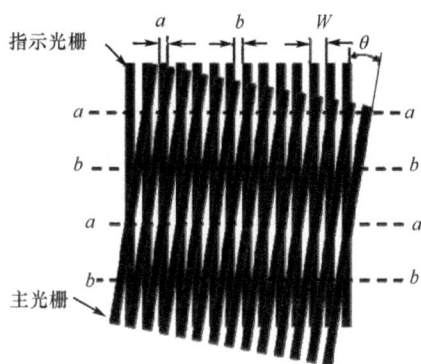

图 2.38 莫尔条纹

透镜 2、半透膜 3、透镜 4 照射到被测的旋转体 5 上，在被测物体圆周面上设置反光面和非反光面若干个，被测物体旋转时，由反光面到非反光面明暗变化一次光敏晶体管 7 感光一次，同时发出一个信号，接入光电脉冲电路即可计数测得转速。

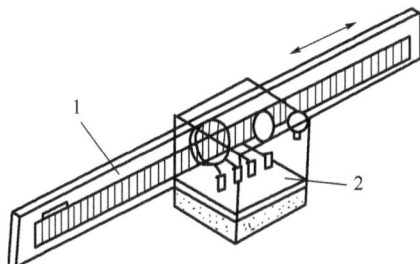

图 2.39 光栅位移传感器结构原理
1-检测标尺；2-读数头

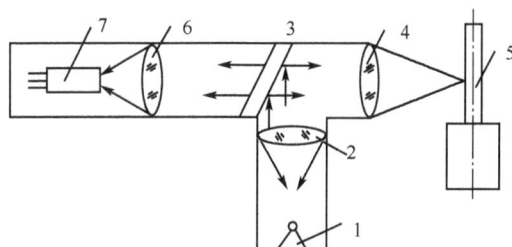

图 2.40 光电转速传感器
1-光源；2、4、6-透镜；3-半透膜；
5-被测旋转体；7-光敏晶体管

2.1.8 其他类型传感器

1. 气敏传感器

气敏传感器是将气体成分和浓度转换为电信号的传感器。其种类较多，主要包括敏感气体种类的气敏传感器、敏感气体量的真空度气敏传感器，以及检测气体成分的气体成分传感器。前者主要有半导体气敏传感器和固体电解质气敏传感器，后者主要有高频成分传感器和光学成分传感器。由于半导体气敏传感器具有灵敏度高、响应快、使用寿命长和成本低等优点，所以应用最广泛。

半导体气敏传感器是利用半导体气敏元件同气体接触后，造成半导体的性质变化来检测特定气体的成分或者测量其浓度。

半导体气敏传感器大体上分为电阻式和非电阻式两类。电阻式半导体气敏传感器是利用气敏半导体材料，如氧化锡(SnO_2)，氧化锰(MnO_2)等金属氧化物制成敏感元件，当它们吸收了可燃气体的烟雾，如氢、一氧化碳、烷、醚、醇、苯以及天然气等时，会发生还原反应，放出热量，使元件温度相应增高，电阻发生变化。利用半导体材料的这种特性，将气体的成分和浓度变换成电信号，进行监测和报警。

2. 湿度传感器

湿度传感器是指能感受外界湿度(通常将空气或其他气体中的水分含量称为湿度)变化,并通过器件材料的物理或化学性质变化,将湿度转换可用信号的器件。湿度的检测已广泛应用于工业、农业、国防、科技、生活等各个领域,湿度不仅与某些工业产品的质量有关,而且是环境条件的重要指标。对湿度的评定有绝对湿度和相对湿度。绝对湿度是在一定温度和压力条件下,每单位体积的混合气体中所含水蒸气的质量,单位为 g/m^3。相对湿度是气体的绝对湿度与同一温度下达到饱和状态的绝对湿度之比,用%RH 表示,它是一个无量纲的量。

湿度传感器是利用湿敏元件进行湿度测量和控制的。湿敏元件是根据湿敏材料吸收空气中的水分而导致本身电阻值发生变化的原理制成的。按照湿敏材料分类,主要有电解质、半导体陶瓷和高分子等几类。

2.1.9 传感器选择原则

1) 灵敏度

一般来讲,传感器灵敏度越高越好,因为灵敏度越高,传感器所能感知的变化量越小,被测量稍有一微小变化时,传感器就有较大的输出。但灵敏度越高,与测量信号无关的外界噪声也容易混入,并且噪声也会被放大。因此,对传感器往往要求有较大的信噪比,即要求传感器本身噪声小,且不易从外界引入干扰噪声。

2) 响应特性

传感器的响应特性必须在所测频率范围内尽量保持不失真。实际传感器的响应总有一定的迟延,但迟延时间越短越好。

在动态测量中,传感器的响应特性对测试结果有直接影响,在选用时,应充分考虑被测物理量的变化特点(如稳态、瞬变、随机等)。

3) 线性范围

任何传感器都有一定的线性范围,在线性范围内输出与输入呈比例关系。线性范围越宽,表明传感器的工作量程越大。

传感器工作在线性区域内是保证测量精度的基本条件。例如,机械式传感器中的测力弹性元件,其材料的弹性是决定测力量程的基本因素。当超过弹性限时,将产生线性误差。

4) 稳定性

传感器的稳定性是指经过长期使用以后,其输出特性不发生变化的性能。影响传感器稳定性的因素是时间与环境。

为了保证稳定性,在选用传感器之前,应对使用环境进行调查,以选择合适的传感器类型。例如,湿度会影响电阻应变式传感器的绝缘性,从而影响其零漂,长期使用会产生蠕变现象。又如,光电传感器的感光表面有灰尘或水泡时,会改变感光性质。

5) 精确度

传感器的精确度表示传感器的输出与被测量的对应程度。因为传感器处于测试系统的输入端,所以传感器能否真实地反映被测量,对整个测试系统具有直接影响。

然而,传感器的精确度也并非越高越好,因为还要考虑经济性。传感器精确度越高,价格越昂贵。因此应首先了解测试目的，是定性分析还是定量分析。如果属于相对比较性的实验研究，只需获得相对比较值即可，那么对传感器的精确度要求可低些。然而对于定量分析，必须获得精确量值，传感器应有足够高的精确度。

6) 测量方式

传感器的实际工作方式，如接触与非接触测量、在线与非在线测量等，也是选用传感器时应考虑的重要因素。

在机械系统中，运动部件的被测量(如回转轴的转速、振动、扭矩)，往往需要非接触测量。采用电容式、电涡流式等非接触式传感器，会有很大方便，若选用电阻应变片，则需配以遥测应变仪或其他装置。

7) 其他

选用传感器时除考虑上述因素外，还应尽可能兼顾结构简单、体积小、重量轻、价格便宜、易于维修、易于更换等条件。

2.2　实验数据处理方法

2.2.1　误差的基本性质

在科学实验中所有的实验结果都有误差，这是误差的公理。随着科学技术的日益发展和人们认识水平的提高，虽然可以将误差控制得越来越小，但终究不能完全消除它。研究误差的目的是掌握误差的规律和产生的原因，以便正确处理数据，正确设计和组织实验，合理设计和选用测量装置，提高科学实验的水平。

1. 真值与误差

被测参数在理论上的确定值为真值。由于测量误差的存在，实际测量值往往不等于真值，实际测量值 x 与真值 u 之差 Δx 称为绝对误差，即

$$\Delta x = x - u \tag{2.16}$$

一般真值是无法求得的，在实际测量中常用被测量的多次测量值的算数平均值或上一级精度测量仪器的测量值代替真值。

绝对误差 Δx 与被测量真值 u 的比值称为相对误差。因测量值与真值接近，故也可用绝对误差与测量值之比作为相对误差，即

$$e = \frac{\Delta x}{u} \times 100\% \approx \frac{\Delta x}{x} \times 100\% \tag{2.17}$$

对于相同的被测量值，用绝对误差 Δx 评定其测量精度的高低，对于不同的被测量值以及不同的物理量，用相对误差 e 评定其测量精度的高低。

2. 误差的分类

按误差的性质和表现特征，误差可分为系统误差、随机误差和疏失误差。

在同一条件下多次测量同一量时，绝对值与符号保持不变或按一定规律变化的误差称为系统误差。例如，测量仪器刻度不准确，测量方法或测量条件引入了按某种规律变化的

因素时引起的误差。误差的绝对值和符号已确定的系统误差是已定系统误差；误差的绝对值和符号未确定的系统误差是未定系统误差，通常可以估计误差的范围。

在同一测量条件下，多次测量同一值时，绝对值和符号以不可预知的方式变化的误差称为随机误差。例如，测量仪器中传动件的间隙，连接件的弹性变形等引起的示值不稳定导致的误差。随机误差就个体而言是不确定的，但总体却有一定的统计规律。在了解了其统计规律后，可以控制和减少它们对测量结果的影响。

疏失误差也称过失误差或粗大误差，是一种明显超出规定条件下预期误差范围的误差。它是由某种不正常的原因造成的，例如，测量时对错了标志，读错或记错了数据，或测量仪器有缺陷等。在处理测量数据时应剔除含有疏失误差的数据，但要有充分的依据。

3. 精度、准确度、精密度和精确度

反映测量结果与真值接近程度的量称为精度。精度又分为准确度、精密度和精确度。准确度反映测量结果中系统误差的影响程度，精密度反映测量结果中随机误差的影响程度，精确度反映测量结果中系统误差和随机误差综合的影响程度。它们之间的相互关系可用打靶的例子来说明。图 2.41(a)的弹着点分散但环绕靶心，表示系统误差小而随机误差大，精密度低而准确度高；图 2.41(b)的弹着点密集但偏离靶心，表示随机误差小而系统误差大，精密度高而准确度低；图 2.41(c)表示随机误差和系统误差都比较小，精密度和准确度均较高，这种情况称精确度高，即精度高。

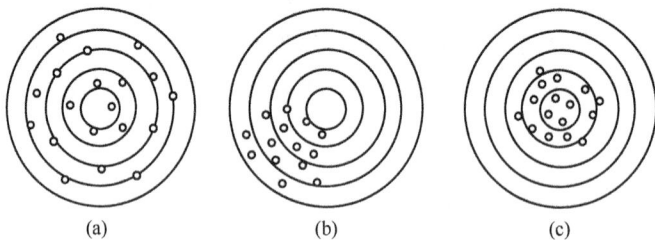

(a)　　　　　　　　(b)　　　　　　　　(c)

图 2.41　精度比较

2.2.2　随机误差的估计与处理

设被测量的真值为 u，一系列的测量值(常称为测量列)为 $x_i(i=1, 2, \cdots, n)$，若测量列中不包含系统误差和疏失误差，则测量列中的随机误差 δ_i 为

$$\delta_i = x_i - u \tag{2.18}$$

这些随机误差具有下列特征。

(1) 对称性：绝对值相等的正负误差出现的次数相等；

(2) 单峰性：绝对值小的误差比绝对值大的误差出现的次数多；

(3) 有界性：在一定的测量条件下，随机误差的绝对值不会超过一定的界限；

(4) 抵偿性：随着测量次数的增加，随机误差的算术平均值趋于 0。

大多数随机误差都服从正态分布，其概率密度函数和方差分别为

$$f(\delta) = \frac{1}{\sqrt{2\pi}\sigma} e^{-\frac{\delta^2}{2\sigma^2}} \tag{2.19}$$

$$\sigma^2 = \int_{-\infty}^{+\infty} \delta^2 f(\delta)\mathrm{d}\delta \tag{2.20}$$

1. 算术平均值与真值

对某一物理量进行 n 次等精度测量，得到一测量列 x_1，x_2，…，x_i，…，x_n，其算术平均值为

$$\bar{x} = \frac{1}{n}(x_1 + x_2 + \cdots + x_n) = \frac{1}{n}\sum_{i=1}^{n} x_i \tag{2.21}$$

根据概率论的大数定理，当测量次数 $n \rightarrow \infty$ 时，算术平均值 $\bar{x}$ 收敛于真值 u，即 $\bar{x}$ 的数学期望

$$E(\bar{x}) = \lim_{x \rightarrow \infty} \frac{1}{n}\sum_{i=1}^{n} x_i = E(x) = u \tag{2.22}$$

对于无限次测量来说，$\bar{x}$ 是真值 u 的一个无偏估计，因实际测量无法达到无限次，通常用有限次测量的算术平均数 $\bar{x}$ 代替真值 u。

2. 测量列中单次测量的标准差

误差分析中通常用标准差表征各测量值对真值的离散程度，从而评价测量的精度和可靠性。根据概率论中标准差的定义，测量值的标准差 σ 为随机误差的均方根值，即

$$\sigma = \sqrt{\frac{1}{n}\sum_{i=1}^{n}\delta^2} = \sqrt{\frac{1}{n}\sum_{i=1}^{n}(x_i - u)^2} \tag{2.23}$$

用有限次测量的算术平均值 $\bar{x}$ 代替真值 u，得到贝塞尔公式

$$\sigma = \sqrt{\frac{1}{n-1}\sum_{i=1}^{n}(x_i - \bar{x})^2} = \sqrt{\frac{1}{n-1}\sum_{i=1}^{n}v_i^2} \tag{2.24}$$

式中，$v_i^2 = x_i - \bar{x}$ 称为残余误差(简称残差)。标准差 σ 的数值小，测量列中误差小的数值占优势，测量的可靠性高，即精度高，如图 2.42 中的曲线 1 所示；反之测量精度低，如图 2.42 中的曲线 3 所示。因此单次测量的标准差 σ 表示同一被测量值的分散性，作为测量列中单次测量可靠性的评定标准。

3. 测量列的算术平均值的标准差

在实际测量中以算术平均值作为测量结果，算术平均值的标准差 σ_x 是表示同一被测量的各个独立测量列算术平均值分散性的参数，可作为算术平均值可靠性的评定标准

$$\sigma_x = \frac{\sigma}{\sqrt{n}} \tag{2.25}$$

即在 n 次测量的等精度测量列中，算术平均值的标准差为单次测量标准差的 $\frac{1}{\sqrt{n}}$。增加测量次数，可以提高测量精度。但 σ 一定时，当 $n>10$ 时，σ_x 减少得非常缓慢(图 2.43)。此外，由于测量次数越多越难保证测量条件的恒定，从而带来新误差。故一般情况下取 $n \leqslant 10$ 为宜。

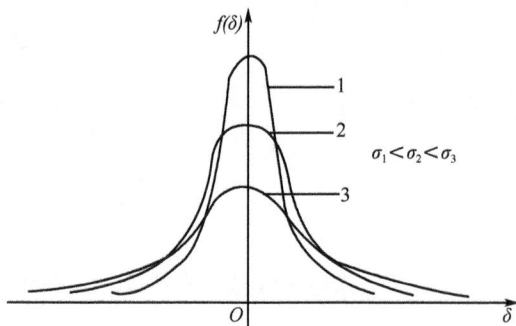

图 2.42 不同 σ 值的正态分布曲线

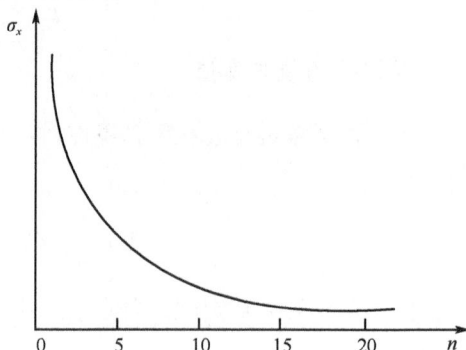

图 2.43 测量次数与标准差

例 2-1 用游标卡尺对某尺寸测量 10 次，消除了系统误差和疏失误差的测量数据如下（单位：mm）：75.01，75.04，75.07，75.00，75.03，75.09，75.06，75.02，75.05，75.08。求算术平均值及其标准差。

解：根据式(2.21)，算术平均值为

$$\bar{x} = \frac{1}{n}\sum_{i=1}^{n} x_i = \frac{1}{10}\sum_{i=1}^{10} x_i = 75.045(\text{mm})$$

根据式(2.24)，单次测量的标准差为

$$\sigma = \sqrt{\frac{1}{n-1}\sum_{i=1}^{n}(x_i-\bar{x})^2} = \sqrt{\frac{1}{n-1}\sum_{i=1}^{n} v_i^2} = \sqrt{\frac{1}{10-1}\sum_{i=1}^{10} v_i^2} = 0.0303(\text{mm})$$

根据式(2.25)，算术平均值的标准差为

$$\sigma_x = \frac{\sigma}{\sqrt{n}} = \frac{0.0303}{\sqrt{10}} = 0.0096(\text{mm})$$

4. 最大误差法计算标准差

最大误差计算公式为

$$\sigma = \frac{|\delta_i|_{\max}}{K_n} = \frac{|x_i - u|_{\max}}{K_n} \tag{2.26}$$

或

$$\sigma = \frac{|v_i|_{\max}}{K_n'} = \frac{|x_i - \bar{x}|_{\max}}{K_n'} \tag{2.27}$$

式中，$|\delta_i|_{\max} = |x_i - u|_{\max}$ 为随机误差绝对值的最大值；$|v_i|_{\max} = |x_i - \bar{x}|_{\max}$ 为残余误差绝对值的最大值；K_n、K_n' 为系数，如表 2.1 所示。

在代价较高的实验(如破坏性实验)中，往往只能进行一次实验，这时式(2.24)和式(2.27)都无法计算标准差估计其精度，式(2.26)就显得非常有用。

表 2.1　系数 K_n 和 K'_n

n	1	2	3	4	5	6	7	8
$1/K_n$	1.25	0.88	0.75	0.68	0.64	0.61	0.58	0.56
n	9	10	11	12	13	14	15	16
$1/K_n$	0.55	0.53	0.52	0.51	0.50	0.50	0.49	0.48
n	17	18	1 9	20	21	22	23	24
$1/K_n$	0.48	0.47	0.47	0.46	0.46	0.45	0.45	0.45
n	25	26	27	28	29	30		
$1/K_n$	0.44	0.44	0.44	0.44	0.43	0.43		
n	2	3	4	5	6	7	8	9
$1/K'_n$	1.77	1.02	0.83	0.74	0.68	0.64	0.61	0.59
n	10	15	20	25	30			
$1/K'_n$	0.57	0.51	0.48	0.46	0.44			

例 2-2　用例 2-1 的测量数据，按最大误差法求标准差。

解：残余误差绝对值的最大值 $|v_i|_{max}$ =0.045mm，查表 2.1 得

$$\frac{1}{K'_n}=0.57$$

根据式 (2.27) 计算标准差为

$$\sigma = \frac{|\delta_i|_{max}}{K_n} = 0.045 \times 0.57 = 0.0256 (mm)$$

5. 随机误差的其他分布

正态分布是随机误差最普遍的一种分布规律，但不是唯一的分布规律。常见的随机误差分布规律还有均匀分布、反正弦分布等。

均匀分布也称矩形分布或等概率分布，其主要特点是误差有一确定的范围，在此范围内各处误差出现的概率相等。如仪器度盘刻度引起的误差，数字式仪器在 ±1 单位内不能分辨的误差，数据计算中的舍入误差等。

反正弦分布的特点是随机误差与某一角度呈正弦关系，如仪器度盘偏心引起的角度测量误差。

2.2.3　系统误差的发现与排除

引起系统误差的因素有：

(1) 测量装置方面的因素，如标尺的刻度偏差、刻度盘与指针的安装偏心、天平的臂长不等；

(2) 环境方面的因素，如测量时的实际温度与标准温度的偏差，测量过程温度、湿度等

按一定规律变化的误差；

（3）测量方法方面的误差，如采用近似的测量方法或近似的计算公式等引起的误差；

（4）测量人员方面的误差，如在刻度上估计读数时习惯偏于某一方向。

1. 系统误差的发现

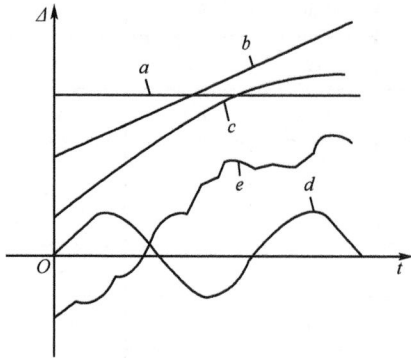

图 2.44 系统误差的特征

系统误差对测量结果的影响一般比随机误差的影响大。各种系统误差在策略过程中表现出不同的特征，如图 2.44 中，曲线 a 为定值的系统误差，曲线 b 为线性变化的系统误差，曲线 c 为非线性变化的系统误差，曲线 d 为周期性变化的系统误差，曲线 e 为复杂规律变化的系统误差。多次反复的测量不能消除系统误差。目前还没有适用于发现各种系统误差的普遍方法，下面的几种方法是发现某些系统误差的常用方法。

1）实验对比法

改变测量条件可以发现定值系统误差。例如，量块按公称尺寸使用时，在测量结果中存在由于量块的尺寸偏差产生的不变系统误差。用另一块高一级精度的量块进行对比就能确定该系统误差。

2）残余误差观察法

根据测量的先后顺序，将测量列的残余误差列表或作图观察，若残余误差基本是正负相间且无明显变化规律，则认为不存在系统误差（图 2.45（a））；若残余误差数值有规律地递增或递减，且在测量的开始和结束时误差的符号相反，则存在线性系统误差（图 2.45（b））；若误差符号有规律地逐渐由正变负，再由负变正，循环交替变化，则存在周期性系统误差（图 2.45（c））；若残余误差的变化规律如图 2.45（d）所示，则同时存在线性系统误差和周期性系统误差。残余误差观察法不能发现定值系统误差。

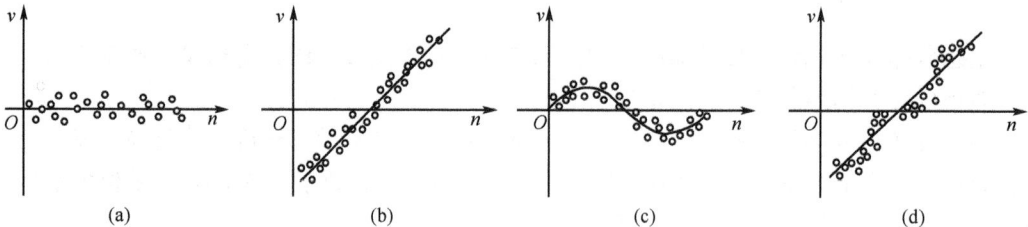

(a)   (b)   (c)   (d)

图 2.45 残余误差的规律

3）马利科夫准则

将测量列中前 K 个测量值的残余误差相加，后 $(n-K)$ 个测量值的残余误差相加（n 为偶数时，$K=n/2$，n 为奇数时，$K=(n+1)/2$），两者相减，即

$$\Delta=\sum_{i=1}^{K} v_i - \sum_{j=K+1}^{n} v_j \tag{2.28}$$

若 Δ 显著不为零，则认为测量列存在线性系统误差。

例 2-3　对某恒温箱温度测量 10 次，测量数据（单位：℃）为：20.06，20.07，20.06，20.08，20.10，20.12，20.14，20.18，20.20。试判断测量系统中的系统误差。

解：根据式(2.21)，有

$$\overline{x} = \frac{1}{n}\sum_{i=1}^{n}x_i = \frac{1}{10}\sum_{i=1}^{10}x_i = 20.12\ ℃$$

根据式(2.24)，有

$$\sigma = \sqrt{\frac{1}{n-1}\sum_{i=1}^{n}(x_i - \overline{x})^2} = \sqrt{\frac{1}{n-1}\sum_{i=1}^{n}v_i^2} = \sqrt{\frac{1}{10-1}\sum_{i=1}^{10}v_i^2} = 0.055\ ℃$$

根据式(2.28)，有

$$\Delta = \sum_{i=1}^{K}v_i - \sum_{j=K+1}^{n}v_j = \sum_{i=1}^{5}v_i - \sum_{j=6}^{10}v_j = -0.23℃\ -0.23℃ = -0.46℃$$

因差值 Δ 显著不为零，所以测量列中含有线性系统误差。由图 2.46 用残余误差观察法也能判定测量列中含有线性系统误差。

4)阿卑-赫梅特准则

某一等精度测量列，按测量顺序残余误差的排列为 v_1，v_2，…，v_i，…，v_n。若

$$\left|\sum_{i=1}^{n-1}v_i v_{i+1}\right| > \sqrt{n-1}\sigma^2 \tag{2.29}$$

则认为测量列中含有周期性系统误差。

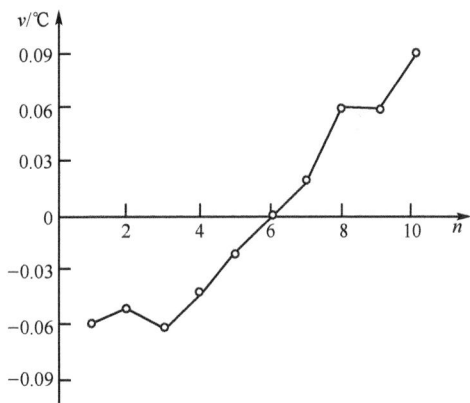

图 2.46　残余误差

2. 系统误差的排除

要找出减小和消除系统误差的普遍有效方法比较困难，下面介绍的是几种最基本的方法及适应某种系统误差的特殊方法。

1)从产生误差的根源上消除系统误差

对测量过程中能产生系统误差的环节进行仔细分析，在测量前将误差从产生根源上消除。例如，为了防止测量过程仪器零位变动，测量开始和结束时都要检查零位；如果误差是由外界条件引起的，则应在外界条件比较稳定时测量。

2)校正值法消除系统误差

预先将测量仪器的系统误差检查或计算出来，作出误差表或误差曲线，然后取与误差大小相同符号相反的值作为修正值，将实际测量值加上相应的修正值，得到不含系统误差的测量结果。

3)对比法、异号法、交换法消除不变系统误差

对比法是在同样的测量条件下，对被测量和与被测量值相等的标准量进行测量，被测量与标准测量值的差值就是测量的系统误差。

异号法是改变测量状况，使定值系统误差的出现一次为正值一次为负值，取两次测量值的算术平均值作为测量结果，即消除了定值系统误差。工具显微镜测量螺纹中径用的就是这种方法。

交换法是根据误差产生的原因将某些条件交换。如在等臂天平上称重，先将被测量 m 放在左边，标准砝码 m_1 放在右边（图 2.47），此时天平平衡；再将 m 换到天平的另一边，由于天平的臂长不可能绝对相等，此时标准砝码 m_2 与 m 平衡。取 $m = \dfrac{m_1 + m_2}{2}$ 作为测量值，可以消除天平两臂不等带来的系统误差。

4）对称法消除线性系统误差

很多误差都随时间变化，在短时间内均可认为是按线性规律变化的，因此有时按复杂规律变化的误差也可近似地作为线性误差处理。例如，被测量随时间线性增加，当选定某一时刻为中点时，对称此中点的系统误差的算术平均值相等。利用这一点可将测量对称安排，取对称的两次测量值的算术平均值作为测量值，即可消除系统误差。例如，检测量块的平行性时，先以标准量块 A 的中心 O 对零（图 2.48），然后按顺序逐点检测量块 B，再按相反顺序检测一次，取各监测点两次读数的算术平均值作为测量值，可消除温度变化引起的线性系统误差。

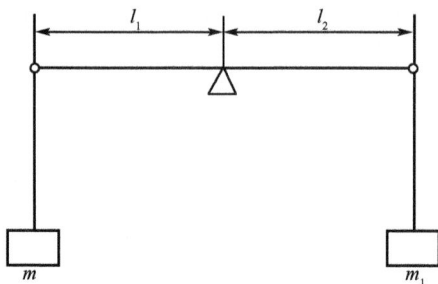

图 2.47　交换法消除系统误差　　　　　图 2.48　对称法消除系统误差

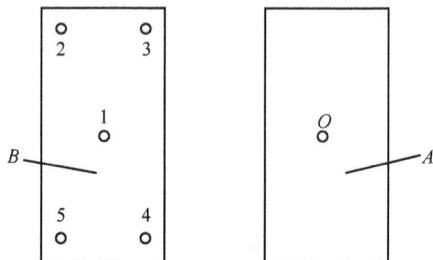

5）半周期法消除周期性系统误差

周期性系统误差一般可以表示为

$$\Delta = a \sin \varphi \tag{2.30}$$

设 $\varphi = \varphi_1$ 时，误差为

$$\Delta_1 = a \sin \varphi_1 \tag{2.31}$$

相隔半个周期，当 $\varphi_2 = \varphi_1 + \pi$ 时，误差为

$$\Delta_2 = a \sin(\varphi_1 + \pi) = -a \sin \varphi_1 = -\Delta \tag{2.32}$$

因此，取两次测量的算术平均值作为测量值，即可消除周期性系统误差。仪器刻度盘安装偏心或指针的回转中心与刻度盘中心不重合引起的周期性误差，都可用半周期法消除。

6）软件消除系统误差

由于系统误差是有规律的，在计算机测试系统或智能化仪器仪表中，可以建立误差的数学模型，用计算机软件来修正测量数据。图 2.49 是用软件消除温度误差影响的一个例子。在传感器内靠近热敏测量元件处安放一个辅助测温元件，用于检测所在环境的温度变化。传感器输出的温度变化和辅助测温元件测量的环境温度变化，分别经过放大器转换成统一信号，再经过多路开关、模/数转换器（A/D）、I/O 接口进入计算机进行数据处理。计算机在处理测量数据时，会计算辅助测温元件测量到的环境温度变化，从而对传感器输出数据加以修正，以消除测量数据中温度误差的影响。

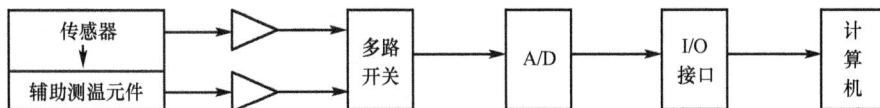

图 2.49　软件修正温度误差

在环境温度变化不大的场合，温度误差修正的数学模型比较简单，如

$$y_c = y(1 + a\Delta t) + b\Delta t \tag{2.33}$$

在环境温度变化较大时，温度误差修正的数学模型就要复杂些，如

$$y_c = y(1 + a_1 \times \Delta t + a_2\Delta t^2) + b_1\Delta t + b_2\Delta t^2 \tag{2.34}$$

式中，a、a_1、a_2 为补偿传感器灵敏度变化的温度误差系数；b、b_1、b_2 为补偿零位温度漂移的温度误差系数；y 为未经温度修正输出值；y_c 为经过温度修正输出值。

2.2.4　疏失误差的判别与剔除

疏失误差将使测量结果严重失真，因此要及时发现并予以剔除。但剔除时要特别认真慎重，首先应作充分的分析和研究，严格根据判别准则确定。同时也要充分认识到，有时实验中的异常数据可能包含一个尚未发现的物理现象。

1. 3σ 准则（莱以特准则）

3σ 准则是最常用的也是最简单的判别疏失误差的准则，它是以测量次数无穷大为前提的。在测量次数较少时它只能是一个近似准则。

当某一测量列的各测量值只含有随机误差时，根据随机误差的正态分布规律，误差超过 ±3σ 的概率只有 0.27%，可以认为不会发生。因而，若测量列中某测量数据 x_i 的残余误差的绝对值大于 3σ，即

$$|x_i - \bar{x}| > 3\sigma \tag{2.35}$$

则认为 x_i 含有疏失误差，应予以剔除。

2. 格拉布斯准则

在等精度测量列中，若某测量数据 x_i 的残余误差

$$|v_i| = |x_i - \bar{x}| > G\sigma \tag{2.36}$$

则认为 x_i 含有疏失误差，应予以剔除。式中 σ 为标准差，G 为对应给定的置信概率 P 的判别疏失误差的临界值，也称格拉布斯系数，如表 2.2 所示。在测量次数 $n=20\sim100$ 时，格拉布斯准则判别效果较好。

表 2.2　格拉布斯系数 G

n	G		n	G		n	G	
	P=95%	P=99%		P=95%	P=99%		P=95%	P=99%
3	1.15	1.16	13	2.33	2.61	23	2.62	2.96
4	1.46	1.49	14	2.37	2.66	24	2.64	2.99
5	1.67	1.75	15	2.41	2.70	25	2.66	3.01
6	1.82	1.94	16	2.44	2.75	30	2.74	3.10
7	1.94	2.10	17	2.47	2.78	35	2.81	3.18
8	2.03	1.22	18	2.50	2.82	40	2.87	3.24
9	2.11	2.32	19	2.53	2.85	50	2.96	3.34
10	2.18	2.41	20	2.56	2.88	100	3.17	3.59
11	2.23	2.48	21	2.58	2.91			
12	2.29	2.55	22	2.60	2.94			

例 2-4　对某量作了 15 次测量，测量数值及残差列于表 2.3 中，设表中数值不含有系统误差，试判别测量列中是否含有疏失误差的测量值。

表 2.3　测量数值与残余误差

序号	1	2	3	4	5	6	7	8
测量值 x_i	20.42	20.43	20.40	20.43	20.42	20.43	20.39	20.30
残差 v_i	0.016	0.026	−0.004	0.026	0.016	0.026	−0.014	−0.104
序号	9	10	11	12	13	14	15	
测量值 x_i	20.40	20.43	20.42	20.41	20.39	20.39	20.40	
残差 v_i	−0.004	0.026	0.016	0.006	−0.014	−0.014	−0.004	

解：测量列的算术平均值

$$\overline{x} = \frac{1}{n}\sum_{i=1}^{n} x_i = \frac{1}{15}\sum_{i=1}^{15} x_i = 20.404$$

标准差

$$\sigma = \sqrt{\frac{1}{n-1}\sum_{i=1}^{n} v_i^2} = \sqrt{\frac{1}{15-1}\sum_{i=1}^{15} v_i^2} = 0.033$$

[方法 1]　根据 3σ 准则判别：

第 8 测量值的残差

$$|v_8| = 0.104 > 3\sigma = 0.099$$

即 x_8 含有疏失误差，将其剔除。

余下的 14 个测量值的算术平均值 $\overline{x}' = 20.411$，标准差 $\sigma' = 0.016$。这 14 个测量值均满足

$$|v_i| < 3\sigma' = 3 \times 0.016 = 0.048$$

可认为不再含有疏失误差。

[方法 2]　根据格拉布斯准则判别：

取置信概率为 99%，查表 2.2，当 $n=15$ 时，格拉布斯系数 $G=2.70$。

第 8 测量值的残差

$$|v_8| = 0.104 > G\sigma = 2.70 \times 0.033 = 0.0891$$

认为 x_8 含有疏失误差，将其剔除。

余下的 14 个测量值均满足

$$|v_i| < 2.70 \times 0.016 = 0.0432$$

可以认为不再含有疏失误差。

必须指出的是，在用某一准则判定出测量列中有两个或两个以上的测量值含有疏失误差时，只能先剔除一个含有最大误差的测量值，然后重新计算算术平均值和标准差，再对余下数据进行判别，直到所剩数据都不含疏失误差为止。

2.2.5　测量结果的表示

1. 有效数字的概念

测量数据是以数字来表示的，用几位数字代表测量结果才为正确有效，与测量的准确度有关。能够正确表示测量数据或结果所必需的数字称为有效数字，它由准确数字和欠准确数字组成。准确数字准确可靠；欠准确数字是估计的，它总是处在有效数字的最末一位，读数盘上最小分格为 5με，如测得 873με，则这三位数字叫有效数字，前两位为准确数字，末一位 3 为欠准确数字，它是在最小分格内估计得来的。873 表示比 872 或 874 更接近于被测值，或其值介于 872.5 与 873.5 之间。

0.00873ε 的有效数字也是三位，因 0.00873ε=873με，即非零有效数字前的 0 不是有效数字，它仅与单位有关，而与精度无关。

873.0με 有效数字为四位，表示其值介于 873.05 与 872.95 之间。最后一个 0 也是有效数字，不能舍弃。873.0 比 873 的精度高。

某些数学常数，如 π、e、$\sqrt{2}$ 等，其有效数字为任意多，可根据需要来确定位数。

2. 有效数字计算准则

有效数字计算准则如下。

(1) 记录测量数据时只保留一位欠准确数据。对于位数很多的近似数，当有效位数确定后，其后面多余的数字应予舍去，舍入规则包括以下几点。

①若舍去部分的数值大于保留部分的末位的半个单位，则末位加 1。如 8.278501 保留四位有效数字，舍入后为 8.279。

②若舍去部分的数值小于保留部分的末位的半个单位，则末位不变。如 8.391499 保留四位有效数字，舍入后为 8.391。

③若舍去部分的数值等于保留部分的末位的半个单位，则末位凑成偶数，即末位为偶数时末位不变，末位为奇数时末位加 1。如 4.51050 保留四位有效数字，舍入后为 4.510；3.21550 保留四位有效数字，舍入后为 3.216。

(2) 在加减运算中，各运算数据以小数位数最少的数据位数为准，其余各数据可多取一位小数，单最后结果应与小数位数最少的数据的小数位数相同。

例如

$$12.58+0.008+4.546+10.0 \approx 12.58+0.01+4.55+10.0=27.14 \approx 27.1$$

(3)在乘除运算中，各运算数据以有效位数最少的数据位数为准，其余各数据要比有效位数最少的数据位数多取一位数字，但最后结果应与有效位数最少的数据位数相同。

例如

$$603.22 \times 0.32 \div 4.011 \approx 603 \times 0.32 \div 4.01=48.1 \approx 48$$

(4)在乘方和开方运算中，乘方相当于乘法运算，开方是乘方的逆运算，应按乘除运算处理。

(5)在对数运算中，n 位有效数字的数据应该用 n 位或($n+1$)位对数表，以免损失精度。

(6)三角函数运算中，函数值的位数应随角度误差的减少而增多，其对应关系如表 2.4 所示。

表 2.4　角度误差与函数值位数

角度误差/(″)	10	1	0.1	0.01
函数值位数	5	6	7	8

3. 直接测量结果的表示

直接测量就是用测量仪器和设备直接对被测量进行测试，完整的测量结果应包括测量的测量值和它的误差，因此单次测量的结果应表示为

$$x \pm \delta$$

式中，x 为单次测量的测量结果；δ 为测量误差界限。

对于标准差为 σ 的正态分布的随机变量，误差界限常表示为

$$\pm \delta = \pm k\sigma$$

随机误差出现在区间$[-\delta, \delta]$内的概率为

$$P(\delta) = \frac{2}{\sigma\sqrt{2\pi}} \int_{-\delta}^{\delta} \mathrm{e}^{\frac{-\delta^2}{2\sigma^2}} \mathrm{d}\delta \qquad (2.37)$$

当 $k=1$ 时，$\delta=\sigma$，随机误差 δ 落在$[-\sigma, \sigma]$区间的概率为 68.0%；当 $k=2$ 时，$\delta=2\sigma$，随机误差 δ 落在$[-2\sigma, 2\sigma]$区间的概率为 95.4%；当 $k=3$ 时，$\delta=3\sigma$，随机误差 δ 落在$[-3\sigma, 3\sigma]$区间的概率为 99.73%，而误差落在该区间外的概率仅为 0.27%。这相当于 370 次测量只有一次测量误差超过$\pm 3\sigma$。根据实际判断原理，小概率事件在实际中出现是不可能的，或者说误差出现在$[-3\sigma, 3\sigma]$区间内是必然事件。因此通常将$\pm 3\sigma$作为单次测量的极限误差，将单次测量的结果表示为

$$x=\pm 3\sigma \qquad (2.38)$$

有限次测量的算术平均值作为测量结果时可表示为

$$\bar{x} \pm 3\sigma_{\bar{x}} = \bar{x} \pm \frac{3\sigma}{\sqrt{n}} \qquad (2.39)$$

例 2-5　用电阻应变仪测量零件应力，20 次测量的应变值及残差如表 2.5 所示，求这些测量值的算术平均值、标准差和测量结果。

表 2.5　测量值与残余误差

序号	1	2	3	4	5	6	7	8	9	10
测量值/με	300	350	335	340	370	365	325	330	345	360
残余误差/με	−34	16	1	6	36	31	−9	−4	11	26
序号	11	12	13	14	15	16	17	18	19	20
测量值/με	310	290	295	315	325	360	324	350	340	355
残余误差/με	−24	−44	−39	−19	−9	26	−10	16	6	21

解：算术平均值

$$\bar{x} = \frac{1}{n}\sum_{i=1}^{n} x_i = \frac{1}{20}\sum_{i=1}^{20} x_i = 334\mu\varepsilon$$

标准差

$$\sigma = \sqrt{\frac{1}{n-1}\sum_{i=1}^{n} v_i^2} = \sqrt{\frac{1}{20-1}\sum_{i=1}^{20} v_i^2} = 23.6\mu\varepsilon$$

测量结果

$$\bar{x} \pm 3\sigma_{\bar{x}} = \bar{x} \pm \frac{3\sigma}{\sqrt{n}} = 334 \pm \frac{3 \times 23.6}{\sqrt{20}} = 334 \pm 15.8\mu\varepsilon$$

4. 间接测量与误差分析

有些物理量不是用仪器直接测量得到的，而是先直接测量与该物理量有确定函数关系的另一些物理量的值，然后按他们之间的关系公式计算出该物理量的值，这称为间接测量，这在工程中是常常遇到的。

例如，测量某电动机输出轴的功率 P，通常直接测量该轴的扭矩 T 和相对应的转速 n，再代入计算公式求出功率 P，即

$$P = \frac{Tn}{9550} \tag{2.40}$$

由于间接测量的结果是由直接测量结果通过一定的计算得到的，各直接测量结果的误差必然导致间接测量结果的误差，误差的数值和符号都与函数关系有关。若直接测量参数为 x_1，x_2，…，x_i，…，x_n，间接测量参数为 Y，它们之间的函数关系为

$$Y = f(x_1, x_2, \cdots, x_i, \cdots, x_n) \tag{2.41}$$

当直接测量的各参数的误差为 Δx_1，Δx_2，…，Δx_i，…，Δx_n 时，间接测量值的误差为

$$\Delta Y = \frac{\partial f}{\partial x_1}\Delta x_1 + \frac{\partial f}{\partial x_2}\Delta x_2 + \cdots + \frac{\partial f}{\partial x_i}\Delta x_i + \cdots + \frac{\partial f}{\partial x_n}\Delta x_n \tag{2.42}$$

式 (2.42) 称为函数系统的误差公式，$\dfrac{\partial f}{\partial x_i}\Delta x_i$ $(i=1, 2, \cdots, n)$ 为各直接测量传递误差的传递函数。

如果对各直接测量参数进行 n 次等精度测量，求出各直接测量参数的算术平均值 $\bar{x}_1$，$\bar{x}_2$，…，$\bar{x}_i$，…，$\bar{x}_n$ 和标准差 $\sigma_{\bar{x}_1}$，$\sigma_{\bar{x}_2}$，…，$\sigma_{\bar{x}_i}$，…，$\sigma_{\bar{x}_n}$，则间接测量值 Y 的算术平

均值的标准差为

$$\sigma_{\bar{y}} = \sqrt{\left(\frac{\partial f}{\partial x_1}\right)^2 \sigma_{\bar{x}_1}^2 + \left(\frac{\partial f}{\partial x_2}\right)^2 \sigma_{\bar{x}_2}^2 + \cdots + \left(\frac{\partial f}{\partial x_n}\right)^2 \sigma_{\bar{x}_n}^2} \qquad (2.43)$$

　　若预先给定了间接测量的误差范围,用式(2.43)确定各直接参数误差的允许范围是一个多解问题,这说明各直接测量参数的误差可有多种分配方案。通常可按等作用原则分配,认为各部分误差对函数误差的影响相等, 即

$$\left(\frac{\partial f}{\partial x_1}\right)^2 \sigma_{\bar{x}_1}^2 = \left(\frac{\partial f}{\partial x_2}\right)^2 \sigma_{\bar{x}_2}^2 = \cdots = \left(\frac{\partial f}{\partial x_n}\right)^2 \sigma_{\bar{x}_n}^2$$

则得

$$\sigma_{\bar{x}_i} = \frac{\sigma_{\bar{y}}}{\sqrt{n}\left(\frac{\partial f}{\partial x_2}\right)} \quad (i = 1, 2, \cdots, n) \qquad (2.44)$$

　　按等作用原则分配误差,可能会出现不合理的情况。对有的测量值保证它的测量误差不超出允许范围,很容易实现,而对有的测量值则很难满足要求,如要保证它的测量精度就要用昂贵的高精度仪器,或者付出较大的劳动。这时应对难以实现测量的误差项适当扩大,对容易实现测量的误差项尽可能缩小,误差分配后按式(2.43)计算简介测量的总误差。若超出给定误差范围,应选择可能缩小的误差项再予缩小;若总误差较小,可适当扩大难以测量的参数允许误差。

　　例 2-6　某悬臂梁如图 2.50 所示,要求测量应力误差不大于 4%。采用间接测量法,选择直接测量参数为 F、L、B 和 H,对各直接测量参数进行 4 次测量,按等作用原则确定各测量参数的允许误差。

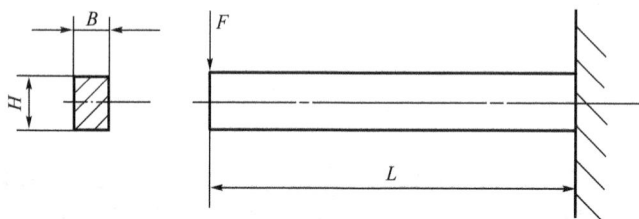

图 2.50　悬臂梁受力图

　　解:根据梁的正应力计算公式

$$\sigma_W = \frac{M}{W} = \frac{6FL}{BH^2}$$

则

$$\frac{\partial \sigma_W}{\partial F} = \frac{6F}{BH^2} = \frac{\sigma_W}{F}$$

$$\frac{\partial \sigma_W}{\partial L} = \frac{6F}{BH^2} = \frac{\sigma_W}{L}$$

$$\frac{\partial \sigma_W}{\partial B} = \frac{6FL}{B^2H^2} = -\frac{\sigma_W}{B}$$

$$\frac{\partial \sigma_W}{\partial H} = -\frac{12FL}{BH^3} = -\frac{2\sigma_W}{H}$$

测量应力误差不大于 4%，即要求 $\dfrac{\sigma_{\bar{\sigma}_W}}{\sigma_W} = \pm 0.04$，根据式(2.44)有

$$\sigma_{\bar{F}} = \frac{\sigma_{\bar{\sigma}_W}}{\sqrt{n}\,\dfrac{\partial \sigma_W}{\partial L}} = \frac{\pm 0.04\sigma_W}{\sqrt{4}\,\dfrac{\sigma_W}{F}} = \pm 0.02F$$

$$\sigma_{\bar{L}} = \frac{\sigma_{\bar{\sigma}_W}}{\sqrt{n}\,\dfrac{\partial \sigma_W}{\partial L}} = \frac{\pm 0.04\sigma_W}{\sqrt{4}\,\dfrac{\sigma_W}{L}} = \pm 0.02L$$

$$\sigma_{\bar{B}} = \frac{\sigma_{\bar{\sigma}_W}}{\sqrt{n}\,\dfrac{\partial \sigma_W}{\partial B}} = \frac{\pm 0.04\sigma_W}{\sqrt{4}\left(-\dfrac{\sigma_W}{B}\right)} = \pm 0.02B$$

$$\sigma_{\bar{H}} = \frac{\sigma_{\bar{\sigma}_W}}{\sqrt{n}\,\dfrac{\partial \sigma_W}{\partial H}} = \frac{\pm 0.04\sigma_W}{\sqrt{4}\left(-\dfrac{\sigma_W}{H}\right)} = \pm 0.01H$$

2.2.6　实验数据处理

1. 实验数据的一般处理步骤

设对某参数进行了 n 次等精度测量，测量值 $x_i(i=1,2,\cdots,n)$ 可能同时包含系统误差、随机误差和疏失误差，为了得到一个合理的测量结果，可按下列步骤分析处理。

(1)初步判别并剔除明显的异常值。

(2)选择适当方法对系统误差进行补偿和修正。

(3)求算术平均值 $\bar{x} = \dfrac{1}{n}\sum\limits_{i=1}^{n} x_i$。

(4)求各测量值的残余误差 $v_i = x_i - \bar{x}$。

(5)求标准差。

用贝塞尔公式

$$\sigma = \sqrt{\frac{1}{n-1}\sum_{i=1}^{n} v_i^2}$$

或用最大误差法

$$\sigma = \frac{|v_i|_{\max}}{K_n'}$$

(6)判断疏失误差，剔除坏值：当测量次数 n 较大时用 3σ 原则判断；当测量次数 n 较小时用格拉布斯准则判断。

(7)重复(3)～(6)的过程，直到测量列中不再包含坏值。

(8)计算剔除坏值后的测量列的算术平均值 $\bar{x}'$、残余误差 v_i' 和标准差 σ'，写出测量结

果 $\bar{x}' \pm \dfrac{3\sigma'}{\sqrt{n'}}$ (n' 为剔除坏值后的测量列中的数据个数)。

2. 实验数据图示

实验数据图示是用图形和曲线来表示实验数据之间的关系。在数据整理上常用此法，其优点是形式直观、简单，能直接显示数据中最大或最小值、转折点或变化规律等。如图形作得准确，可在不知道数学公式的情况下进行图解积分或微分。

作图方法步骤如下。

(1)选择合适的坐标。作图法用坐标有直角坐标、三角坐标和对数坐标等。最常用的为直角坐标，一般横坐标代表自变量，纵坐标代表因变量。直角坐标轴的分度以 1、2、5 最合适，避免 3、6、7、9。

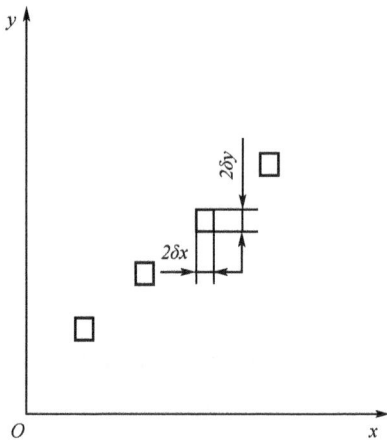

图 2.51 数据描点

(2)根据数据描点。由于每一个数据都含有一定误差，所以每一个数据都不能简单地用一个点来表示，而用误差矩形来表示，如图 2.51 所示。矩形的边长代表数据的误差值，而矩形的中心代表数据的平均值。若自变量和因变量二者误差相等，则可用圆代替上述的矩形。

(3)作曲线。在图上标出数据点后，即可连成曲线。若数据点过少则不易反映出曲线趋势，即不易表达出参量之间的变化规律；反之，数据点过多也不经济。当只要求表示被测物理量的变化趋势时，可以用三点画出曲线，如图 2.52(a)所示。当需要进一步研究变化规律时，则必须有足够的数据点，如图 2.52(b)所示。

绘制曲线应使曲线光滑均匀，尽量减少和避免转折点或奇异点；曲线应尽量与所有点相接近，但不一定必须通过所有点；所作曲线应使位于曲线两侧的数据点数近于相等。

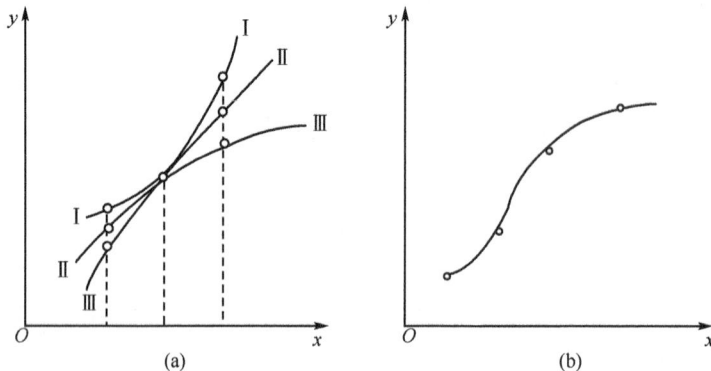

图 2.52 实验曲线绘制

3. 实验数据列表

列表就是将一组实验数据中的自变量和因变量的各个数据依一定形式和顺序一一对应列成表格。列表的优点是简单易作，形式紧凑，数据易比较，同一表内可同时表示多个变量之间的关系。

列表要求：①完整的列表应有标题，表中应包括序号、名称、项目、说明等；②表的名称应简明扼要，项目应完整；③数字写法整齐统一；④自变量间距选择不要过大或过小；⑤有效数字位数取位合理。

4. 经验公式与回归分析

在生产和科学实验中，测量和数据处理的目的并不只是为了获得被测量的估计值，有时还要寻求两个或多个参量间的内在关系。虽然实验数据列表、绘图也能表达参量间的关系，但数学表达式能更客观地反映事物之间的内在规律性，便于从理论上进一步分析研究。这个数学表达式称为经验公式，通过回归分析得到，所以也称回归方程。

回归分析包括两方面的内容：一是选择经验公式的类型；二是确定经验公式中的待定系数。

1) 选择经验公式的类型

通常是将实验数据作图，根据经验及解析几何的知识确定公式的类型。经验证后若公式不合适，可重新选择公式类型重新验证，直到满意为止。常用的经验公式即回归方程，有线性方程、抛物线方程、高次多项式、幂函数、指数、双曲函数等。

(1) 多项式经验公式。

$$y = a_0 + a_1 x + a_2 x^2 + \cdots + a_n x^n \tag{2.45}$$

当 $n=1$ 时，为线性方程

$$y = a_0 + a_1 x \tag{2.46}$$

当 $n=2$ 时，为抛物线方程

$$y = a_0 + a_1 x + a_2 x^2 \tag{2.47}$$

(2) 可化为线性回归的曲线型经验公式。

生产和科学实验中的测量数据序列是多样的，有时用多项式回归不能满足要求，可根据数据的趋势选用幂函数、指数、双曲函数等作为回归方程。幂函数、指数、双曲函数经过适当的变换都可转化为直线形式，按线性回归处理，简化了数据处理过程。

① 幂函数。

$$y = ax^b \tag{2.48}$$

即

$$\ln y = \ln a + b \ln x$$

令

$$f(z) = \ln y，\quad a_0 = \ln a，\quad a_1 = b，\quad z = \ln x$$

则有

$$f(z) = a_0 + a_1 z$$

按线性回归方法求出系数 a_0、a_1，则 $a = \mathrm{e}^{a_0}$，$b = a_1$。

②指数函数。

$$y = a\mathrm{e}^{bx} \tag{2.49}$$

即

$$\ln y = \ln a + bx$$

令

$$f(z) = \ln y，\quad a_0 = \ln a，\quad a_1 = b，\quad z = x$$

则有

$$f(z) = a_0 + a_1 z$$

按线性回归方法求出系数 a_0、a_1，则 $a = \mathrm{e}^{a_0}$，$b = a_1$。

③双曲函数。

$$y = \frac{x}{ax + b} \tag{2.50}$$

即

$$\frac{1}{y} = a + \frac{b}{x}$$

令

$$f(z) = \frac{1}{y}，\quad a_0 = a，\quad a_1 = b，\quad z = \frac{1}{x}$$

则有

$$f(z) = a_0 + a_1 z$$

按线性回归方法求出系数 a_0、a_1，则 $a = a_0$，$b = a_1$。

2) 经验公式系数的确定

(1) 直线图解法。

经验公式能用直线描述或经过适当变换能用直线描述的均可用直线图解法确定系数。将实验数据(或经过变换的实验数据)x、y 的对应值描绘在直角坐标系下，画一条直线尽量使直线两边的数据点数相等。

设直线方程为 $y = a_0 + a_1 x$，a_0 为直线在 y 轴上的截距，可在图上直接读取。a_1 为直线的斜率，可由 $\Delta y / \Delta x$ 求出，如图 2.53 所示。

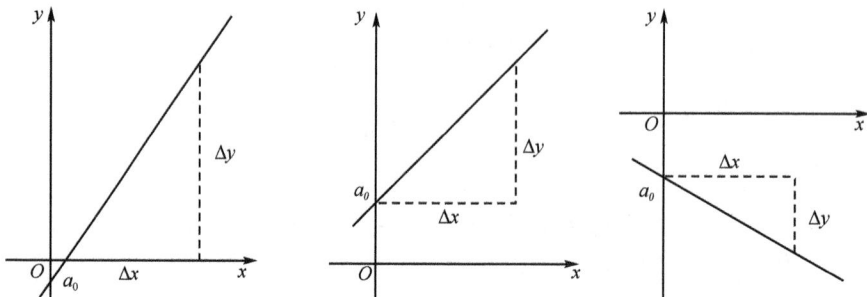

图 2.53　直线图解法

例 2-7　一组实验数据列于表 2.6 中，试用作图法求出经验公式。

表 2.6　实验数据

x_i	2	4	6	8
y_i	2	11	28	42

解：把表中数据描绘在坐标纸上，如图 2.54 所示。由图 2.54 可以看出这些点位于一条直线附近，可用一直线方程作为经验公式。设直线方程为

$$y = a_0 + a_1 x$$

由图 2.54 可以求出 $a_0 = -12.5$，$a_1 = \dfrac{\Delta y}{\Delta x}$ =6.55，则经验公式可写成

$$y = 12.5 + 6.55x$$

(2) 最小二乘法。

最小二乘法是确定经验公式中系数的最好方法，计算结果精度高。此法假定自变量数值无误差，因变量有测量误差，使经验公式表示的实验曲线与各测量数据点的偏差的平方和最小。

① 确定多项式经验公式系数。

若某测量系列 (x_i, y_i) $(i=1, 2, \cdots, m)$ 用多项式 $p_n(x)$ 回归

$$p_n(x) = a_0 + a_1 x + a_2 x^2 + \cdots + a_n x^n \quad (n < m) \tag{2.51}$$

如果把 x_i 处的偏差记为 $D_i = p_n(x_i) - y_i$，则最小二乘法要求各节点的偏差 D_i 的平方和最小，即

$$\phi = \phi(a_0, a_1, \cdots, a_n) = \sum_{i=1}^{m} D_i^2 = \sum_{i=1}^{m} \left(p_n(x_i) - y_i \right)^2 \to \min \frac{-b \pm \sqrt{b^2 - 4ac}}{2a}$$

只要求出 $\phi = \phi_{\min}$ 时的 $a_j (j=0, 1, 2, \cdots, n)$，代入式 (2.51)，即为偏差平方和最小的多项式方程。求多元函数的极值问题

$$\frac{\partial \phi(a_0, a_1, \cdots, a_n)}{\partial a_j} = 0 \quad (j = 0, 1, 2, \cdots, n)$$

或

$$a_0 \sum_{i=1}^{m} x_i^j + a_1 \sum_{i=1}^{m} x_i^{j+1} + \cdots + a_n \sum_{i=1}^{m} x_i^{j+n} = \sum_{i=1}^{m} x_i^j y_i \quad (j = 0, 1, 2, \cdots, n)$$

令

$$\sum_{i=1}^{m} x_i^k = s_k, \qquad \sum_{i=1}^{m} x_i^k y_i = t_k$$

得线性方程组

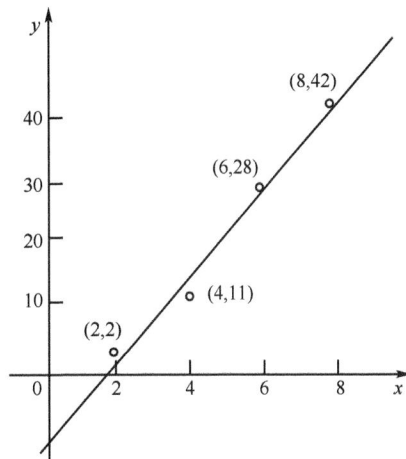

图 2.54　图解法求直线方程

$$\begin{cases} s_0 a_0 + s_1 a_1 + \cdots + s_n a_n = t_0 \\ s_1 a_0 + s_2 a_1 + \cdots + s_{n+1} a_n = t_1 \\ \qquad\qquad\vdots \\ s_n a_0 + s_{n+1} a_1 + \cdots + s_{2n} a_n = t_n \end{cases} \qquad (2.52)$$

解线性方程组，即可得到各系数 $a_j (j=0,1,2,\cdots,n)$ $n=1$ 时可确定线性公式中的系数，此时

$$a_0 = \frac{\sum\limits_{i=1}^{n} x_i y_i \sum\limits_{i=1}^{n} x_i - \sum\limits_{i=1}^{n} y_i \sum\limits_{i=1}^{n} x_i^2}{(\sum\limits_{i=1}^{n} x_i)^2 - n \sum\limits_{i=1}^{n} x_i^2} \qquad (2.53)$$

$$a_1 = \frac{\sum\limits_{i=1}^{n} x_i \sum\limits_{i=1}^{n} y_i - n \sum\limits_{i=1}^{n} x_i y_i}{(\sum\limits_{i=1}^{n} x_i)^2 - n \sum\limits_{i=1}^{n} x_i^2} \qquad (2.54)$$

$n=2$ 时可确定抛物线回归公式中的系数。

②确定曲线型经验公式系数。

若两物理量的对应测量值为

$$x_1, x_2, \cdots, x_i \cdots, x_m$$

$$y_1, y_2, \cdots, y_i \cdots, y_m$$

已知两物理量的函数关系为

$$y = f(x; a_0, a_1, \cdots, a_i \cdots, a_n) \qquad (2.55)$$

其中，$a_0, a_1, \cdots, a_i \cdots, a_n$ 是 $n+1$ 个待定系数，并且 $n+1 < m$。按最小二乘法原理，最佳的曲线方程应使

$$\sum_{i=1}^{m} D_i^2 = \sum_{i=1}^{m} \left[f(x_i; a_0, a_1, \cdots, a_n) - y_i \right]^2 \to \min$$

由此可得 $n+1$ 个方程组成的线性方程组

$$\begin{cases} \dfrac{\partial \sum\limits_{i=1}^{m} D_i^2}{\partial a_0} = \sum\limits_{i=1}^{m} \left[f(x_i; a_0, a_1, \cdots, a_n) - y_i \right] \dfrac{\partial f}{\partial a_0} = 0 \\[4mm] \dfrac{\partial \sum\limits_{i=1}^{m} D_i^2}{\partial a_1} = \sum\limits_{i=1}^{m} \left[f(x_i; a_0, a_1, \cdots, a_n) - y_i \right] \dfrac{\partial f}{\partial a_1} = 0 \\[4mm] \qquad\qquad\qquad\qquad\vdots \\[2mm] \dfrac{\partial \sum\limits_{i=1}^{m} D_i^2}{\partial a_n} = \sum\limits_{i=1}^{m} \left[f(x_i; a_0, a_1, \cdots, a_n) - y_i \right] \dfrac{\partial f}{\partial a_n} = 0 \end{cases} \qquad (2.56)$$

解线性方程组 (2.56) 求出 $n+1$ 个系数，代回式 (2.55) 即得经验公式。

例 2-8 某组实验数据列于表 2.7 中，试用最小二乘法求出经验公式。

表 2.7 实验数据

x_i	1	3	4	5	6	7	8	9	10
y_i	10	5	4	2	1	1	2	3	4

解：把表 2.7 中数据描绘在坐标纸上，如图 2.55 所示。由图 2.55 可以看出这些点位于一条抛物线附近，可用一抛物线方程作为经验公式。

设抛物线方程为

$$y = a_0 + a_1 x + a_2 x^2$$

解方程组

$$\begin{cases} 9a_0 + a_1 \sum_{i=1}^{9} x_i + a_2 \sum_{i=1}^{9} x_i^2 = \sum_{i=1}^{9} y_i \\ a_0 \sum_{i=1}^{9} x_i + a_1 \sum_{i=1}^{9} x_i^2 + a_2 \sum_{i=1}^{9} x_i^3 = \sum_{i=1}^{9} x_i y_i \\ a_0 \sum_{i=1}^{9} x_i^2 + a_1 \sum_{i=1}^{9} x_i^3 + a_2 \sum_{i=1}^{9} x_i^4 = \sum_{i=1}^{9} x_i^2 y_i \end{cases}$$

求出系数 a_0 =13.4597，a_1 =-3.6053，a_2 =0.2676，经验公式为

$$y = 13.4597 - 3.6053x + 0.2676x^2$$

例 2-9 某实验数据如表 2.8 所示，求经验公式。

表 2.8 实验数据

x_i	1	2	3	4	5	6	7	8
y_i	4.00	6.40	8.00	8.80	9.22	9.50	9.70	9.80
x_i	9	10	11	12	13	14	15	16
y_i	10.00	10.20	10.32	10.42	10.50	10.55	10.58	10.60

将表中数据描绘在坐标纸上，如图 2.56 所示。

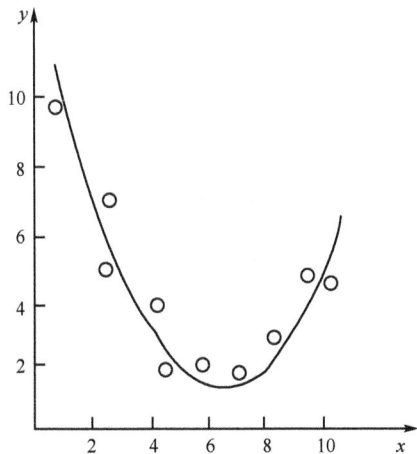

图 2.55 最小二乘法求经验公式

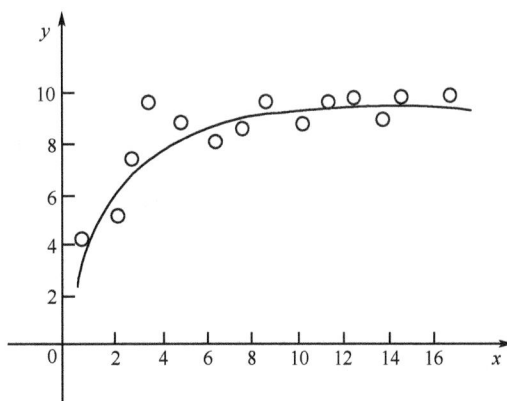

图 2.56 线性回归求曲线型经验公式

根据数据点的分布规律，此曲线有下列特点：曲线随 x 增加而上升，上升的速度由快到慢；当 $x \to \infty$ 时有一水平渐近线。

根据上述特点，可设想经验公式 $y = f(x)$ 是双曲函数或指数函数。

[方法 1] 按双曲函数处理。

双曲函数 $y = \dfrac{x}{ax + b}$

令

$$f(z) = \frac{1}{y} , \quad a_0 = a , \quad a_1 = b , \quad z = \frac{1}{x}$$

则有

$$f(z) = a_0 + a_1 z$$

将表 2.8 中的数据转化为表 2.9 中的数据。

表 2.9   表 2.8 中数据的转化

$z_i = 1/x_i$	1.00000	0.50000	0.33333	0.25000	0.20000	0.16667	0.14286	0.12500
$f(z_i) = 1/y_i$	0.25000	0.15265	0.12500	0.11364	0.10846	0.10526	0.10309	0.10142
$z_i = 1/x_i$	0.11111	0.10000	0.09091	0.08333	0.07692	0.07143	0.06667	0.06250
$f(z_i) = 1/y_i$	0.10000	0.09804	0.09690	0.09597	0.09524	0.09479	0.09452	0.09434

根据式 (2.53) 和式 (2.54) 求方程 $f(z) = a_0 + a_1 z$ 的系数，$a_0 = 0.080662$，$a_1 = 0.161682$，则双曲函数形式的经验公式为

$$y = \frac{x}{0.080662x + 0.161682}$$

[方法 2] 按指数函数处理。

设经验公式具有负指数函数形式

$$y = a\mathrm{e}^{\frac{b}{x}} \quad (a > 0, b < 0)$$

令 $f(z) = \ln y , \quad a_0 = \ln a , \quad a_1 = b , \quad z = \dfrac{1}{x}$

则有

$$f(z) = a_0 + a_1 z$$

将表 2.8 中的数据转化为 $(z_i, f(z_i))$ 数据表（此处略），用式 (2.53) 和式 (2.54) 求方程 $f(z) = a_0 + a_1 z$ 的系数，$a_0 = -4.48072$，$a_1 = -1.0567$，则 $a = \mathrm{e}^{a_0} = 11.3253$，$b = a_1 = -1.0567$，指数形式的经验公式为

$$y = 11.3253\,\mathrm{e}^{\frac{-1.0567}{x}}$$

两个经验公式的标准差和最大误差列于表 2.10。

表 2.10　两个经验公式比较

经验公式	标准差	最大误差
$y = \dfrac{x}{0.080662x + 0.161682}$	1.19×10^{-3}	0.568×10^{-3}
$y = 11.3253 \, e^{\frac{-1.0567}{x}}$	0.34×10^{-3}	0.277×10^{-3}

从表 2.10 可以看出，指数函数经验公式优于双曲函数经验公式。由此可见，在解决实际问题时，往往需要经过反复分析，多次选择、计算与比较，才能获得较好的经验公式。

3) 经验公式的验证

这里只介绍线性经验公式的验证，它也适用于可转化为线性方程的其他经验公式的验证，如指数函数、幂函数和双曲函数经验公式。相关系数 p_{xy} 是表征两变量 x、y 之间的线性相关程度的量，用它确定采用线性经验公式是否合理。

$$p_{xy} = \frac{\sum_{i=1}^{n}(x_i - \overline{x})(y_i - \overline{y})}{\sqrt{\sum_{i=1}^{n}(x_i - \overline{x})^2 \sum_{i=1}^{n}(y_i - \overline{y})^2}} \tag{2.57}$$

式中，$\overline{x} = \dfrac{1}{n}\sum_{i=1}^{n}x_i$，$\overline{y} = \dfrac{1}{n}\sum_{i=1}^{n}y_i$。

若两变量 x、y 之间严格线性相关，则其相关系数 $p_{xy} = \pm 1$，数据点都落在某直线上（图 2.57(a)）；若实验数据相关系数 $0 < |p_{xy}| < 1$，则一种情况是 x, y 之间是中等线性相关（图 2.57(b)）；另一种是非线性相关(图 2.57(c))；若相关系数 $p_{xy} = 0$，则表示 x、y 不相关（图 2.57(d)）。p_{xy} 越接近 ± 1，数据线性相关越密切；p_{xy} 越接近 0，数据线性相关越不明显。线性相关不明显的实验数据不宜用直线方程作为经验公式。

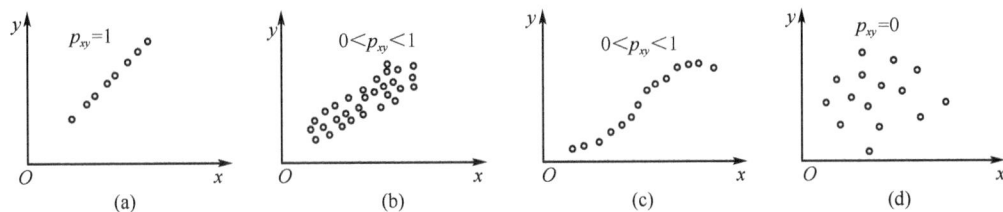

图 2.57　不同相关系数示例

例 2-10　试判断表 2.11 中的实验数据可否用 $y = ae^{bx}$ 来表达。

表 2.11　实验数据

x_i	1	2	3	4	5	6	7	8	9
y_i	1.284	1.419	1.550	1.774	1.912	2.065	2.316	2.578	2.829

解：在方程 $y = a\mathrm{e}^{bx}$ 中，令

$$f(z) = \ln y, \quad a_0 = \ln a, \quad a_1 = b, \quad z = x$$

则有

$$f(z) = a_0 + a_1 z$$

算术平均值

$$\bar{z} = \frac{1}{n}\sum_{i=1}^{n} z_i = \frac{1}{9}\sum_{i=1}^{9} z_i = 5$$

$$\overline{f(z)} = \frac{1}{n}\sum_{i=1}^{n} f(z_i) = \frac{1}{9}\sum_{i=1}^{9} f(z_i) = 0.646$$

将表 2.11 中数据转化为表 2.12 中的数据。

表 2.12　表 2.11 中数据的转化

z_i	1	2	3	4	5	6	7	8	9
$f(z_i)$	0.250	0.350	0.438	0.573	0.648	0.725	0.840	0.947	1.040
$z_i - \bar{z}$	−4	−3	−2	−1	0	1	2	3	4
$f(z_i) - \overline{f(z)}$	−0.396	−0.296	−0.208	−0.073	0.002	0.079	0.194	0.301	0.394

将表 2.12 中数据带入式(2.57)计算相关系数

$$P_{zf(z)} = \frac{\displaystyle\sum_{i=1}^{9}(z_i - \bar{z})\left[f(z_i) - \overline{f(z)}\right]}{\sqrt{\displaystyle\sum_{i=1}^{9} f(z_i - \bar{z})^2 \sum_{i=1}^{9}\left[f(z_i) - \overline{f(z)}\right]^2}} = \frac{5.907}{5.914} = 0.999$$

所以表 2.11 中的实验数据可以用 $y = a\mathrm{e}^{bx}$ 来表达。

第 3 章　机械原理课程实验

3.1　机构及零部件认知

3.1.1　实验目的

(1) 了解各种常用机械、机构的基本结构。

(2) 了解机械、机构的类型、特点、功能及应用。

(3) 初步了解机械的组成原理，增强对机械的感性认识。

3.1.2　实验内容

(1) 了解各种常用机械、机构的基本结构。

(2) 了解机械、机构的类型、特点、功能及应用。

(3) 初步了解机械的组成原理，增强对机械的感性认识。

3.1.3　实验设备

机械构件、零件陈列柜，如图 3.1 所示，共有 18 个展柜，由 300 多个零部件模型及实物组成。陈列柜主要展示各种机械零部件的类型、工作原理、应用及结构设计，所展示的机械零部件既有实物也有模型，部分结构进行了剖切。

图 3.1　机械构件、零件陈列柜

由 18 个陈列柜展出的内容如下：平面连杆机构，凸轮机构，齿轮机构，轮系，螺纹连接的基本知识，螺纹连接的应用与设计，键、花键和无键连接，铆焊，胶接和过盈配合连接，带传动，链传动，齿轮传动，蜗杆传动，滑动轴承，滚动轴承类型，滚动轴承装置设计，联轴器，离合器，轴的分析与设计，弹簧，减速器，润滑与密封，小型机械结构设计实例等。

教具类的各种机构模型为牛头刨床(图 3.2)、颚式破碎机(图 3.3)、分级机(图 3.4)、缝纫机(图 3.5)、包缝机(图 3.6)、盲缝机(图 3.7)、工业缝纫机(图 3.8)和补鞋机(图 3.9)。

图 3.2　牛头刨床

图 3.3　颚式破碎机

图 3.4　分级机

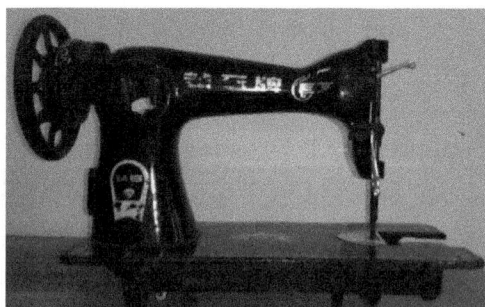

图 3.5　缝纫机

图 3.6　包缝机

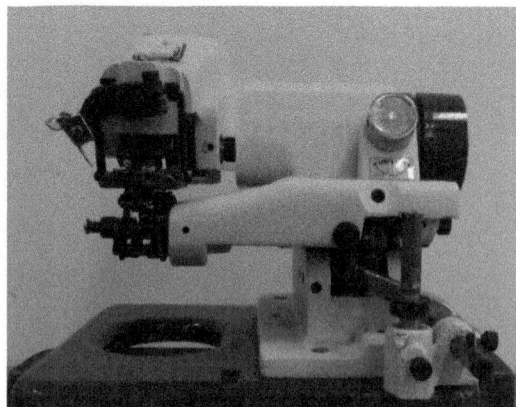

图 3.7　盲缝机

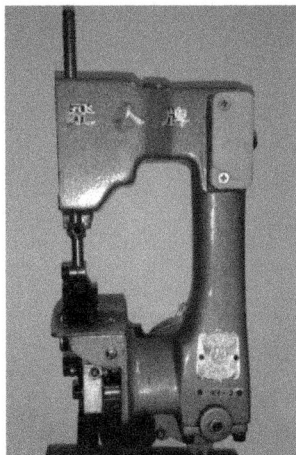

图 3.8　工业缝纫机

图 3.9　补鞋机

3.1.4　实验项目

1. 平面连杆机构

平面连杆机构是由若干刚性构件用低副连接而成，各构件均在相互平行的平面内运动的机构。它起传递运动和力的作用，并可转换运动形式。连杆机构有一个共同的特点，即其原动件的运动都要经过一个不直接与机架相连的中间构件，这个中间构件称为连杆。平面连杆机构有平面四杆机构和平面多杆机构，其中平面四杆机构是基础，且应用广泛，其大致分类及各类运动形式转换有：

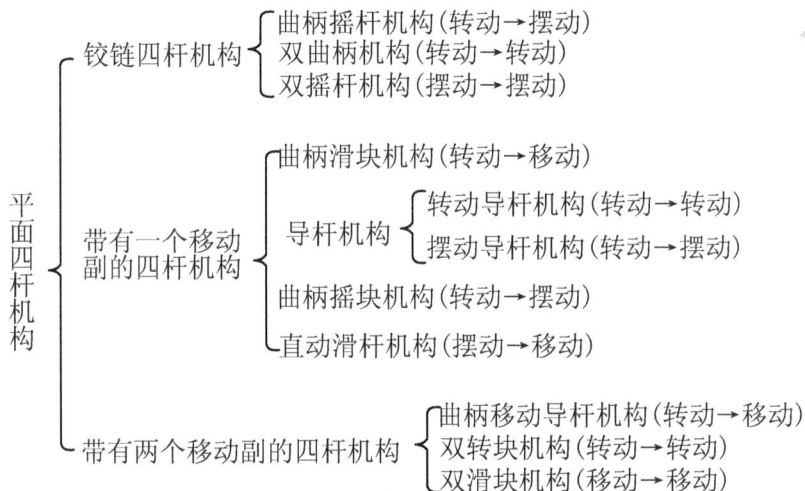

平面四杆机构
{
　铰链四杆机构
　{
　　曲柄摇杆机构(转动→摆动)
　　双曲柄机构(转动→转动)
　　双摇杆机构(摆动→摆动)
　}

　带有一个移动副的四杆机构
　{
　　曲柄滑块机构(转动→移动)
　　导杆机构
　　{
　　　转动导杆机构(转动→转动)
　　　摆动导杆机构(转动→摆动)
　　}
　　曲柄摇块机构(转动→摆动)
　　直动滑杆机构(摆动→移动)
　}

　带有两个移动副的四杆机构
　{
　　曲柄移动导杆机构(转动→移动)
　　双转块机构(转动→转动)
　　双滑块机构(移动→移动)
　}
}

观察时要注意：①各种连杆机构运动传递情况及其各构件的运动形式；②各种连杆机构的应用；③构件和零件的区别。

2. 凸轮机构

凸轮机构是由凸轮、从动件、机架三个主要构件所组成的高副机构，其中凸轮是一个具有曲线轮廓或凹槽的构件，它是主动件，通常作等速转动，但也有作往复直线运动或往复摆动的。常用凸轮机构分类：

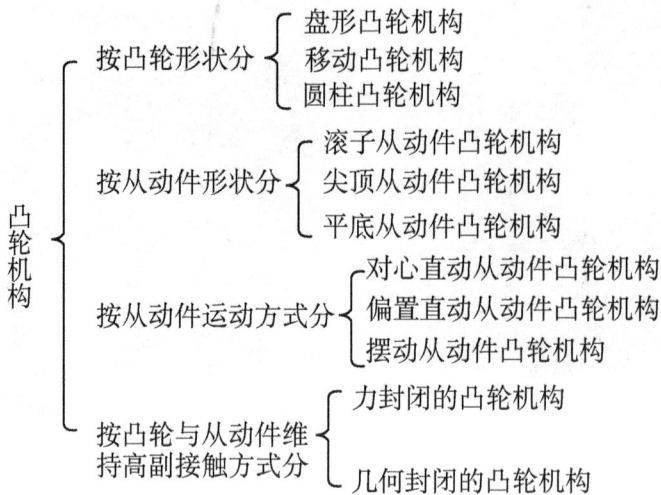

凸轮机构
- 按凸轮形状分
  - 盘形凸轮机构
  - 移动凸轮机构
  - 圆柱凸轮机构
- 按从动件形状分
  - 滚子从动件凸轮机构
  - 尖顶从动件凸轮机构
  - 平底从动件凸轮机构
- 按从动件运动方式分
  - 对心直动从动件凸轮机构
  - 偏置直动从动件凸轮机构
  - 摆动从动件凸轮机构
- 按凸轮与从动件维持高副接触方式分
  - 力封闭的凸轮机构
  - 几何封闭的凸轮机构

将上述分类综合起来，可以得到各种不同类型的凸轮机构。例如，力封闭对心尖顶直动从动件圆柱凸轮机构、几何封闭滚子摆动从动件盘形凸轮机构。

3. 齿轮机构

齿轮机构是利用两齿轮轮齿之间的啮合传动来传递任意两轴之间运动和动力的一种传动机构，应用广泛。齿轮机构分类：

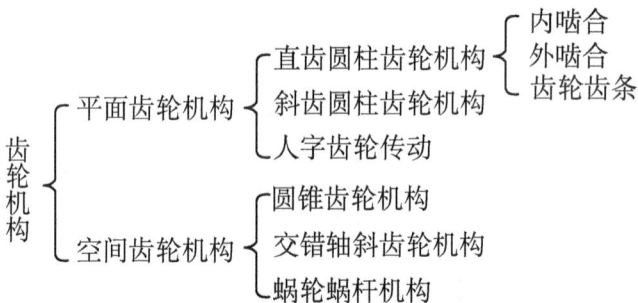

齿轮机构
- 平面齿轮机构
  - 直齿圆柱齿轮机构
    - 内啮合
    - 外啮合
    - 齿轮齿条
  - 斜齿圆柱齿轮机构
  - 人字齿轮传动
- 空间齿轮机构
  - 圆锥齿轮机构
  - 交错轴斜齿轮机构
  - 蜗轮蜗杆机构

4. 轮系

由一系列彼此啮合的齿轮所组成的传动系统称为轮系。其齿轮可以是圆柱齿轮、圆锥齿轮及蜗轮蜗杆等各种类型。轮系分类：

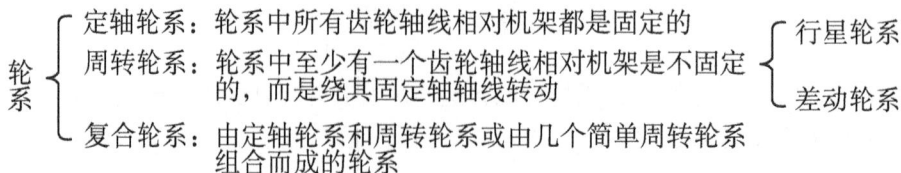

轮系
- 定轴轮系：轮系中所有齿轮轴线相对机架都是固定的
- 周转轮系：轮系中至少有一个齿轮轴线相对机架是不固定的，而是绕其固定轴轴线转动
  - 行星轮系
  - 差动轮系
- 复合轮系：由定轴轮系和周转轮系或由几个简单周转轮系组合而成的轮系

5. 螺纹连接

螺纹连接是利用螺纹零件工作的，主要用作紧固零件。基本要求是保证连接强度及连

接可靠性，内容有以下几个。

(1)螺纹的种类：常用的螺纹主要有三角形螺纹(也称普通螺纹)、梯形螺纹、矩形螺纹和锯齿形螺纹。前者主要用于连接，后三种主要用于传动。

(2)螺纹连接的基本类型：螺栓连接、双头螺柱连接、螺钉连接及紧定螺钉连接。

(3)螺纹连接的防松：常见的摩擦防松方法有对顶螺母、弹簧垫圈及自锁螺母等；机械防松方法有开口销与开槽螺母、止动垫圈及串联钢丝等；破坏螺纹副的防松方法有冲点法、端焊法及黏结法等。

(4)提高螺纹连接强度的措施。

通过参观螺纹连接展柜，应区分出：①什么是普通螺纹、管螺纹、梯形螺纹和锯齿螺纹；②能认识什么是螺栓连接、双头螺柱连接、螺钉连接及紧定螺钉连接；③能认识摩擦防松与机械防松的零件。

6. 标准连接零件

通过实验要能区分螺栓与螺钉；了解各种标准化零件的结构特点和使用情况；了解各类零件标准代号，提高标准化意识。

(1)螺栓：一般是与螺母配合使用以连接被连接零件，无需在被连接的零件上加工螺纹，其连接结构简单，装拆方便，种类较多，应用最广泛。

(2)螺钉：螺钉连接不用螺母，而是紧定在被连接件之一的螺纹孔中，其结构与螺栓相同，但头部形状较多以适应不同装配要求。常用于结构紧凑场合。

(3)螺母：螺母形式很多，按形状可分为六角螺母、四方螺母及圆螺母；按连接用途可分为普通螺母，锁紧螺母及悬置螺母等。应用最广泛的是六角螺母及普通螺母。

(4)垫圈：垫圈种类有平垫、弹簧垫圈及锁紧垫圈等。平垫圈主要用于保护被连接件的支承面，弹簧垫圈及锁紧垫圈主要用于摩擦和机械防松场合，国家标准可参考有关设计手册。

(5)挡圈：常用于轴端零件固定。

7. 键、花键及销连接

(1)键连接：键是一种标准零件，通常用来实现轴与轮毂之间的周向固定以传递转矩，有的还能实现轴上零件的轴向固定或轴向滑动的导向。其主要类型有：平键连接、半圆键连接、楔键连接和切向键连接。

(2)花键连接：花键连接是由外花键和内花键组成的，可用于静连接或动连接。

(3)销连接：销主要用来固定零件之间的相对位置时，称为定位销，它是组合加工和装配时的重要辅助零件；用于连接时，称为连接销，可传递不大的载荷；作为安全装置中的过载剪断元件时，称为安全销。销有多种类型，如圆锥销、槽销、销轴和开口销等，这些均已标准化。

8. 常用机械传动

常用机械传动有螺旋传动、带传动、链传动、齿轮传动及蜗杆传动等。

(1)螺旋传动：螺旋传动是利用螺纹零件工作的，作为传动件要求保证螺旋副的传动精度、效率和磨损寿命等。其螺纹种类有矩形螺纹、梯形螺纹、锯齿形螺纹等。按其用途可分为传力螺旋、传导螺旋及调整螺旋三种；按摩擦性质不同可分为滑动螺旋、滚动螺旋及静压螺旋等。

(2)带传动：带传动是带被张紧(预紧力)而压在两个带轮上，主动轮带轮通过摩擦带动带以后，再通过摩擦带动从动带轮转动。它具有传动中心距大、结构简单、超载打滑(减速)等特点。常有平带传动、V带传动、多楔带及同步带传动等。

(3)链传动：是由主动链轮带动链以后，又通过链带动从动链轮，属于带有中间挠性件的啮合传动。与属于摩擦传动的带传动相比，链传动无弹性滑动和打滑现象，能保持准确的平均传动比，传动效率高。按用途不同可分为传动链传动、输送链传动和起重链传动。输送链和起重链主要用在运输和起重机械中，而在一般机械传动中，常用的是传动链。

(4)齿轮传动：齿轮传动是机械传动中最重要的传动之一，形式多、应用广泛。其主要特点是：效率高、结构紧凑、工作可靠、传动稳定等。

(5)蜗杆传动：蜗杆传动是在空间交错的两轴间传递运动和动力的一种传动机构，两轴间交错通常为90°。根据蜗杆形状不同，分为圆柱蜗杆传动、环面蜗杆传动和锥面蜗杆传动。通过实验应了解蜗杆传动结构及蜗杆减速器种类和形式。

9. 轴系零部件

(1)轴承：轴承是现代机器中广泛应用的部件之一。根据摩擦性质不同，轴承分为滚动轴承和滑动轴承两大类。滚动轴承由于摩擦系数小，启动阻力小，而且它已标准化，选用、润滑和维护都很方便，所以在一般机器应用较广。滑动轴承按其承受载荷方向的不同分为径向滑动轴承和止推轴承；按润滑表面状态不同又可分为液体润滑轴承、不完全液体润滑轴承及无润滑轴承(指工作时不加润滑剂)；根据液体润滑承载机理不同，又可分为液体动力润滑轴承和液体静压润滑轴承。

(2)轴：轴是组成机器的主要零件之一。一切作回转运动的传动零件(如齿轮、蜗轮等)，都必须安装在轴上才能进行运动及动力的传递。轴的主要功用是支承回转零件及传递运动和动力。

10. 弹簧

弹簧是一种弹性元件，它可以在载荷作用下产生较大的弹性变形。在各类机械中应用十分广泛。主要应用有以下几点。

(1)控制机构的运动，如制动器、离合器中的控制弹簧，内燃机气缸的阀门弹簧等。

(2)减振和缓冲，如汽车、火车车厢下的减振弹簧及各种缓冲器用的弹簧等。

(3)储存及输出能量，如钟表弹簧和枪内弹簧等。

(4)测量力的大小，如测力器和弹簧秤中的弹簧等。

11. 密封

机器在运转过程中及气动、液压传动中需要润滑剂、气或油润滑、冷却、传力保压等，在零件的接合面、轴的伸出端等处容易产生油、脂、水、气等渗漏。为了防止这些渗漏，在这些地方常要采用一些密封措施。但密封方法和类型很多，如填料密封，机械密封、O形圈密封，迷宫式密封、离心密封、螺旋密封等。这些密封广泛应用在泵、水轮机、阀、压气机、轴承、活塞等部件的密封中。在参观时应认清各类密封零件及应用场合。

3.1.5　思考题

(1)自行车的传动是什么传动形式？可否用其他的传动代替？说明理由。

(2)公共汽车的车门开、闭装置是什么机构？自卸货车的机构形式如何？

(3)推土机、挖掘机等的运动是由什么机构实现的？

(4)消防用的云梯采用的是什么机构？

(5)洗衣机是什么传动形式？

(6)公园中转马的运动是由什么机构实现的？

(7)脚踏游艇采用的是什么机构？

(8)缆车中为什么采用摩擦轮传动？

3.1.6　实验报告及要求

实验报告要求使用专用的实验报告用纸，内容包括以下几点。

(1)实验目的。

(2)通过观察各种机械、机构、零件和部件，就感兴趣的机械、机构、零件、部件写出其组成、工作原理和运动形式等。

(3)列举出自己实际生活中接触到的各种玩具、家用电器、交通工具、各种仪器中应用的机构和零部件的例子，同时，分析一下自己认为比较新颖独特的机械、机构、零件和部件。

3.2　机构运动简图测绘与分析

3.2.1　实验目的

(1)学会观察和分析各种机构中的运动转换及传递过程。

(2)根据机构模型或实际机器，学会从运动学的观点来分析、测绘机构运动简图。

(3)掌握和巩固机构自由度的计算方法。

3.2.2　实验内容

(1)了解各种机构的实际应用。

(2)分析机构的组成，掌握机构运动简图的绘制方法。

(3)理解各种运动副的组成和特点，掌握机构自由度的计算方法。

(4)分析机构中的虚约束、局部自由度和复合铰链，判断机构具有确定运动的条件。

3.2.3　实验设备

(1)实验室设备及装置：矿业机械中的颚式破碎机、分级机模型，加工机械中的牛头刨床、插齿机模型，缝纫机器中的缝纫机头、包缝机、盲缝机、手提式缝包机、缝鞋机，文具类的电动和手动娃娃、机器人、挖掘机，教具类的各种机构模型(3.1 节)。

(2)使用工具：包括卷尺、三角尺、直尺、圆规、铅笔、橡皮擦、稿纸及照明灯等。

3.2.4　实验原理

　　机构都是由构件通过运动副连接组成的，机构运动仅与构件数目和运动副类型、数目、相对位置有关，与构件外形、截面、运动副构造无关。因此，测绘机构运动简图时，可撇开构件外形和运动副具体构造，用简略符号来代表构件和运动副，按一定比例表示运动副相对位置，以此来表明实际机构的运动特征。正确的机构运动简图应该符合下列条件：①机构运动简图上各构件尺寸、运动副的相对位置及其性质应保持与原机构特性一致；②机构运动简图应保持与原机构的组成特点及运动特点。

　　国家标准对运动副、构件及各种机构等符号进行了规定，如表 3.1～表 3.3 所示。

表 3.1　常用运动副的类型及其表示符号（GB/T 4460—2013）

类型	运动副名称	运动副基本符号		自由度数目
		两运动构件组成的运动副	两构件之一为固定时的运动副	
平面运动副	移动副	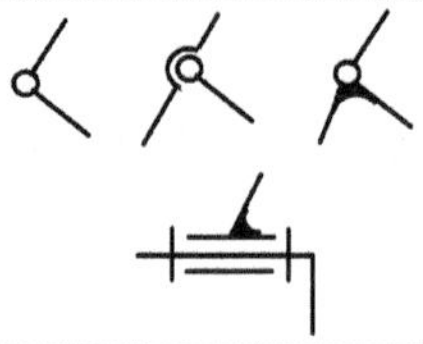	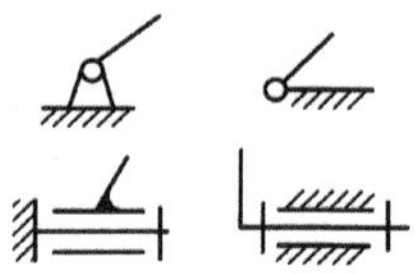	1
	移动副	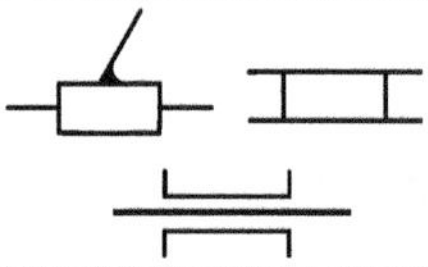	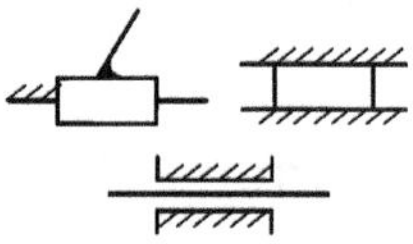	1
	平面高副	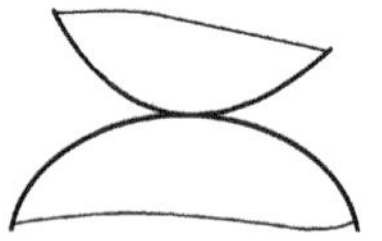	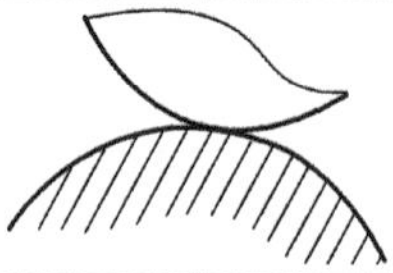	2
空间运动副	螺旋副	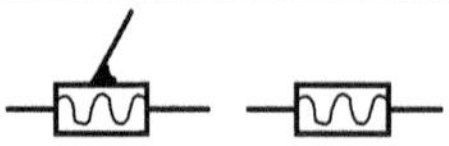	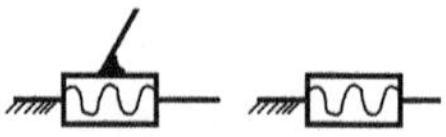	1
	圆柱副	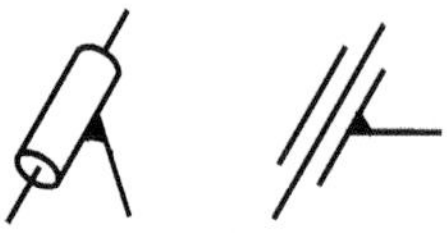		2
	球销副		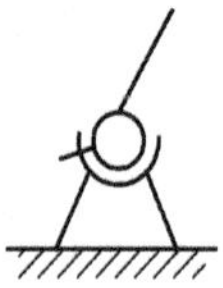	2
	球面副		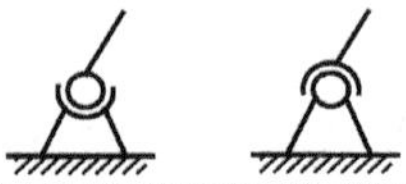	3
	球与平面副		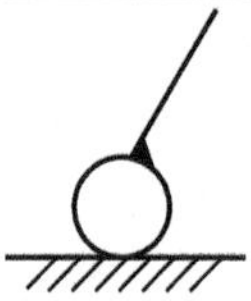	5

表 3.2　常用构件及其与运动副相连接的表达法（GB/T 4460—2013）

名称	常用符号	名称	常用符号
轴杆类构件		双副构件	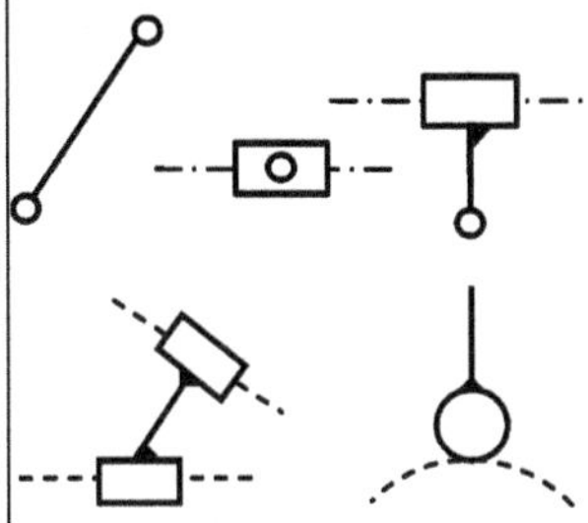
机架	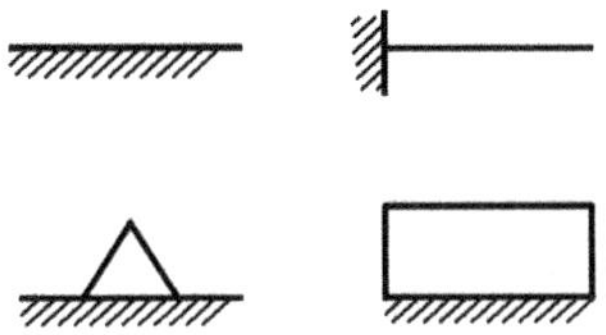		
构件间的永久连接	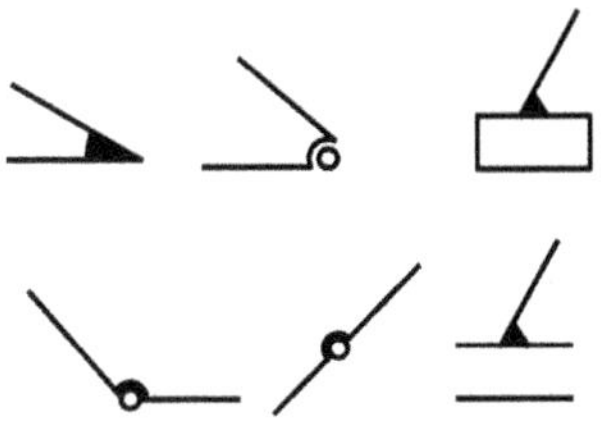	三副构件	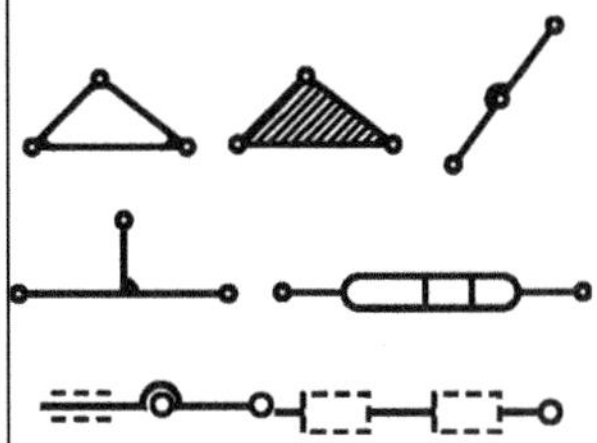
构件与轴的连接	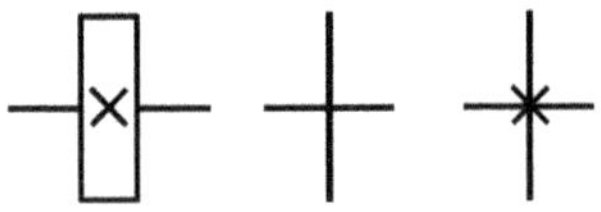	偏心轮	

表 3.3　常用机构的简图符号（GB/T 4460—2013）

名称	符　号	名　称	符　号
凸轮机构	盘形凸轮 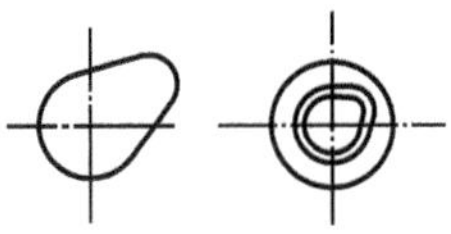	蜗轮蜗杆传动	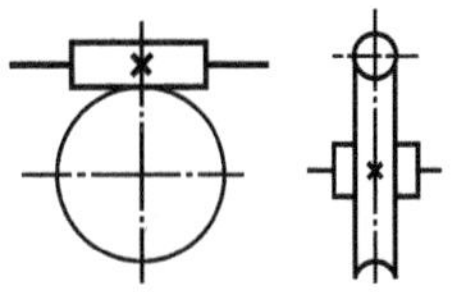
	凸轮从动件 	带传动	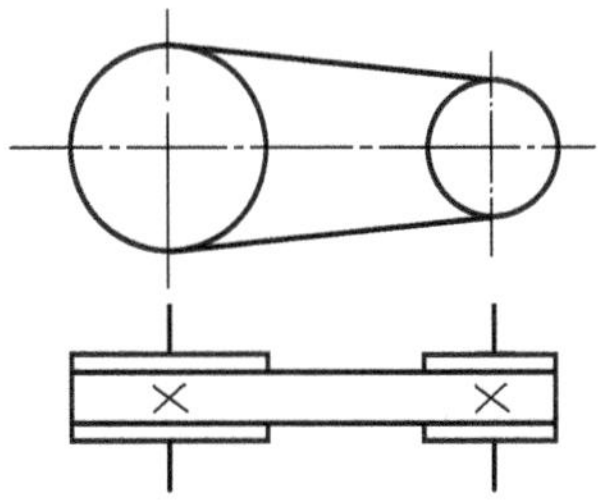

续表

名称	常用符号		名称	常用符号
	外啮合	内啮合		
圆柱齿轮传动	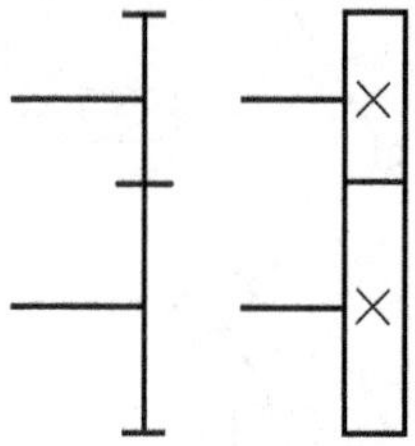	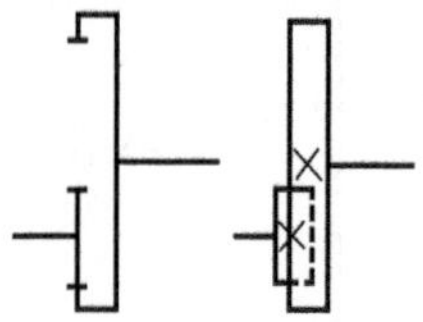	链传动	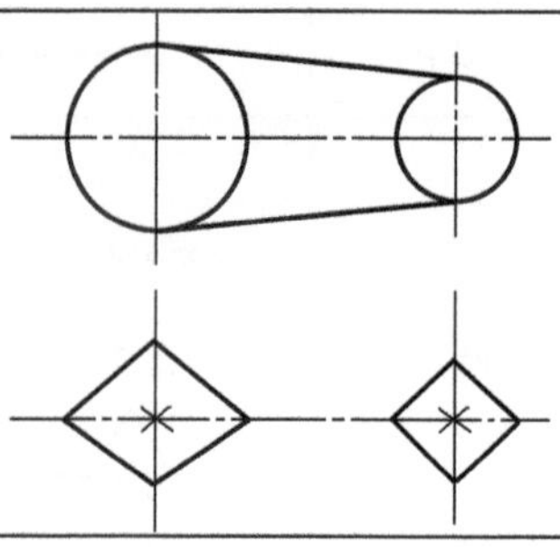
齿轮齿条啮合传动	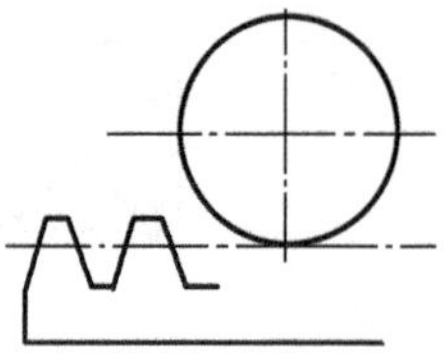		电动机	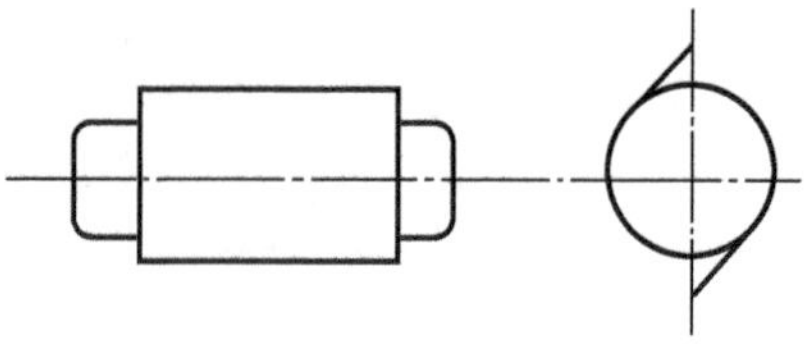
圆锥齿轮传动	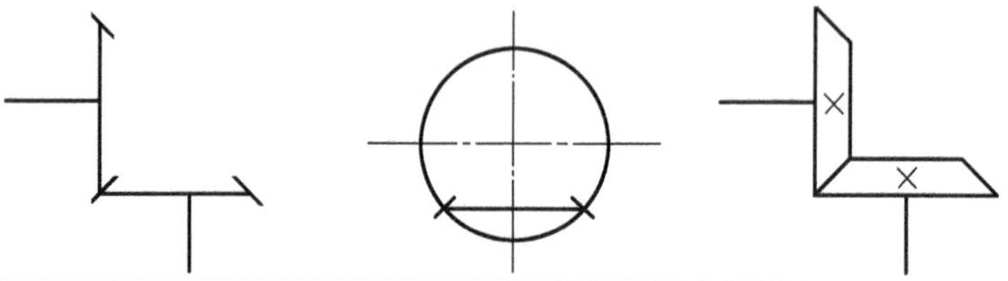			

3.2.5　操作方法

(1)驱动机械，使其缓慢地运动，从主动件开始仔细观察构件的运动及其连接，确定构件数目与运动副数目。

(2)从原动件开始研究组成运动副两构件之间的接触情况(点、线接触或面接触)，以及相对运动性质(相对转动或相对移动)，以此确定其间所构成的运动副种类。

(3)选择合适的投影面，任意确定原动件相对机架的位置，在纸上徒手按照规定的符号及构件的连接次序逐步画出机构运动简图。由机架开始，按照运动的传递顺序，依次地将各构件用阿拉伯数字 1、2、3、…分别标注。并按照同样次序用英文字母 A、B、…分别标注各运动副。

(4)计算各机构的自由度。

平面机构

$$F=3n-2p_{\mathrm{L}}-p_{\mathrm{H}} \tag{3.1}$$

式中，n 为机构活动构件数；p_{L} 为低副数；p_{H} 为高副数。

空间机构

$$F = 6n - \sum_{i=1}^{5} i p_i = 6n - 5p_5 - 4p_4 - 3p_3 - 2p_2 - p_1 \tag{3.2}$$

式中，n 为机构活动构件数；p_i 为机构中约束为 i 的运动副数。按约束数不同可分为以下 5 类运动副，$p_1 \sim p_5$ 分别为 Ⅰ ～ Ⅴ类运动副数目。

Ⅴ类副：有一个自由度，五个约束，如转动副、移动副(棱柱副)、螺旋副。

Ⅳ类副：有两个自由度，四个约束，如球销副、圆柱副、平面高副(滚滑副)。

Ⅲ类副：有三个自由度，三个约束，如球面副、平面副。

Ⅱ类副：有四个自由度，两个约束，如空间线高副(圆柱与平面副、球面与圆柱副)。

Ⅰ类副：有五个自由度，一个约束，如空间点高副(球面与平面副)。

(5)对平面低副机构进行拆组，确定机构的级别。

(6)测量机构的有关运动学尺寸(如转动副的中心距，移动副的方向线、线间的夹角等)，并将数据记录好。选择恰当的比例，使图面均匀。根据各执行构件相对其主动件转角的关系，按比例绘制出机械系统工作循环图。

缝纫机、工业缝纫机、盲缝机、包缝机和缝鞋机等均由多个机构组成，绘制机械系统运动循环图时，需选择其中的一个机构作为主机构(一般选择完成机械主要动作的机构)，各主机构的位移线图如下。

(1)缝纫机走针机构。缝纫机头中要求画走针机构、摆梭机构和送布机构的机构简图；选择走针机构为主机构，针杆位移线图如图 3.10 所示。

(2)工业缝纫机走针机构。工业缝纫机中要求画走针机构、挑线机构和送布机构的机构简图；选择走针机构为主机构，针杆位移线图如图 3.11 所示。

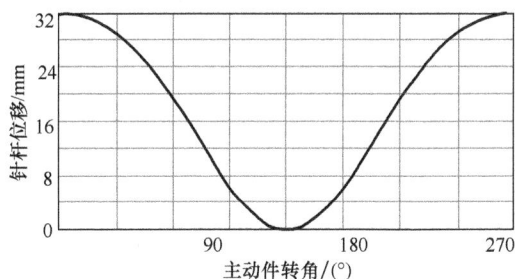

图 3.10　缝纫机中走针机构的位移

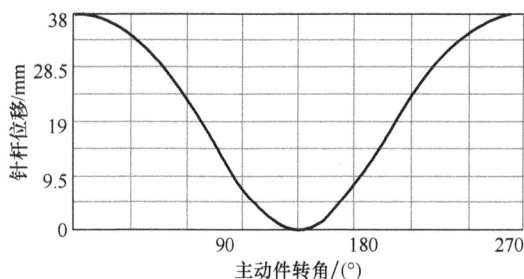

图 3.11　工业缝纫机中走针机构的位移

(3)盲缝机弯针机构。盲缝机中要求画弯针机构、挑线机构和送布顶布机构的机构简图；选择弯针机构为主机构，弯针的角位移线图如图 3.12 所示。

(4)包缝机直针机构。包缝机中要求画直针机构、弯针机构、切布和送布机构的机构简图；选择直针机构为主机构，针杆位移线图如图 3.13 所示。

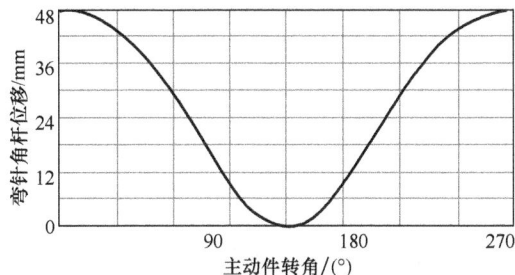

图 3.12　盲缝机中弯针机构的位移

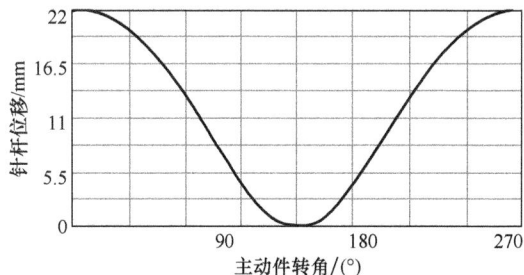

图 3.13　包缝机中直针机构的位移

(5)缝鞋机走针机构。缝鞋机中要求画走针机构、摆梭机构和送布机构的机构简图；选择走针机构为主机构，针杆位移线图如图 3.14 所示。

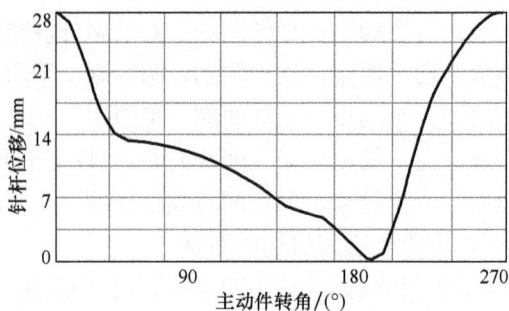

图 3.14　缝鞋机中走针机构的位移

3.2.6　思考题

(1)电动娃娃有哪些动作,这些动作如何实现?

(2)牵手走的娃娃其脚为什么能迈出和收回?

(3)机器人玩具的各动作如何实现?

(4)玩具挖掘机有哪些动作?

(5)缝纫机头除走针、摆梭和送布机构外,还有什么机构?

(6)包缝机中共有几个弹簧,它们各起什么作用?

(7)包缝机压脚的压力大小是否可调,怎样调节?

(8)包缝机中抬起压脚的扳手扳上去后为什么不会自动落下来?

(9)盲缝机中有几处用到弹簧,它们各起什么作用?

(10)工业缝纫机如何调整针迹的大小?

(11)工业缝纫机中共有几个弹簧,各起什么作用?

(12)物品缝制完成后,工业缝纫机用什么方法切断缝线?

(13)缝鞋机中有几处用到弹簧,它们各起什么作用?

(14)缝鞋机中送布机构的送布方向是否可调,如何调整?

3.2.7　实验报告及要求

实验报告要求使用专用的实验报告用纸,内容包括以下几点。

(1)实验目的。

(2)实验设备。

(3)绘制的机构运动简图,自由度计算,拆分的基本杆组,机构级别的判定,机械系统工作循环图。

(4)回答对应的思考题,在所分析的机械中,有哪些巧妙之处,有什么不足,提出改进方案。

3.3　平面机构组合创新设计与运动分析

3.3.1　实验目的

(1)熟悉基本杆组的概念,利用若干不同的杆组搭接组成各种不同的机构,进而加深学生对机构组成原理的深刻理解。

(2)培养学生机构设计的创新意识和综合设计能力，训练学生的实践动手能力。

(3)使学生了解所组装机构的运动特性，提高机构运动分析能力。

3.3.2　实验设备和工具

1. 实验台架

该实验在机构运动创新设计实验台架(图 3.15)上进行。台架上有 4～5 根可沿水平方向移动的立柱，每根立柱上可安装几个能上下移动的滑块。

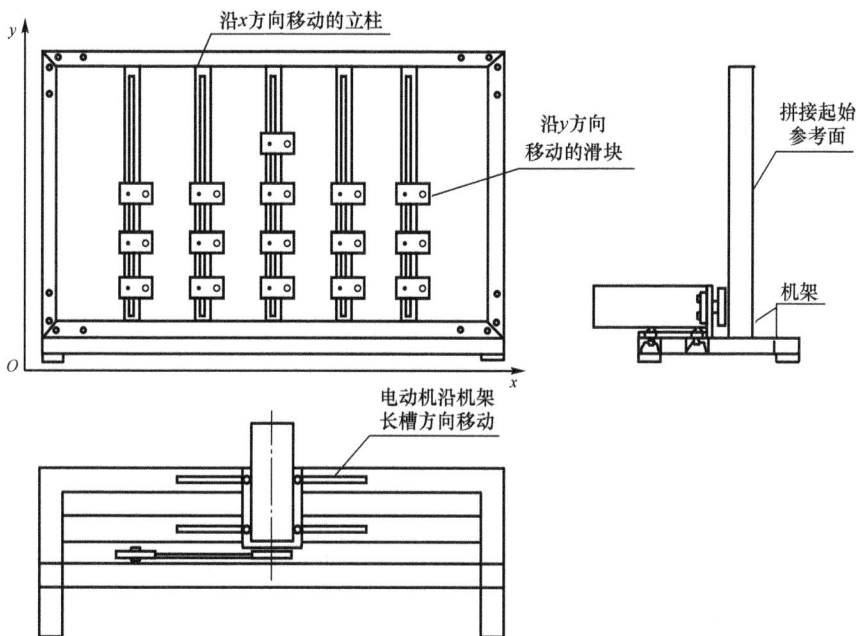

图 3.15　实验台架示意图

2. 实验台零组件

为开展本次实验所配备的零组件名称、规格及使用说明如表 3.4 所示。

表 3.4　实验台零组件

序号	名称	图示	规格	使用说明
1	凸轮		推程 30mm 回程 30mm	凸轮基圆半径为18mm,从动杆按正弦加速度规律运动,行程为30mm,位移曲线是升—回型

序号	名称	图示	规格	使用说明
2	齿轮		标准直齿轮 z=34 42 50 58	模数 m=2mm，压力角 20°
3	齿条		标准直齿条	模数 m=2mm，压力角 20° 单根齿条全长为 422 mm，222mm
4	槽轮拨盘-a	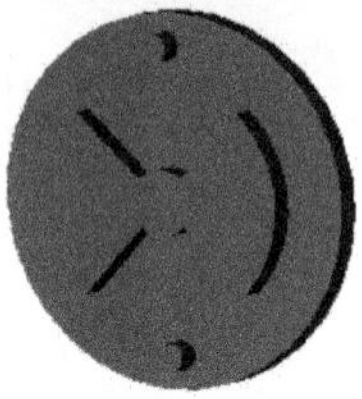		两个主动销
5	槽轮-a			
6	主动轴	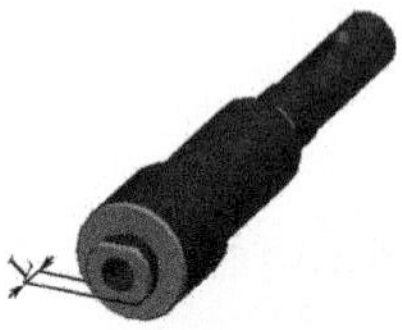	L=5mm 20mm 35mm 50mm 65mm	动力输入用轴，轴上有平键槽
7	转动副轴(或滑块)-a	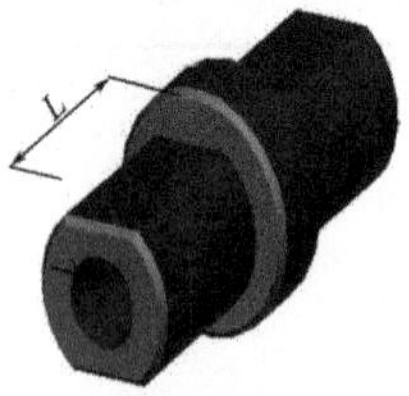	L=5mm 15mm 30mm	主要用于组成跨层面(平行平面)的转动副或移动副
8	扁头轴		L=5mm 20mm 35mm 50mm 65mm	又称从动轴，轴上无键槽，主要起支撑和传递运动的作用

序号	名称	图示	规格	使用说明
9	棘轮			齿数 z=10 与棘齿配合构成间歇运动机构
10	棘齿	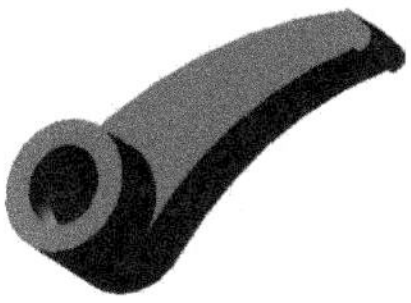		
11	连杆(或滑块导向杆)	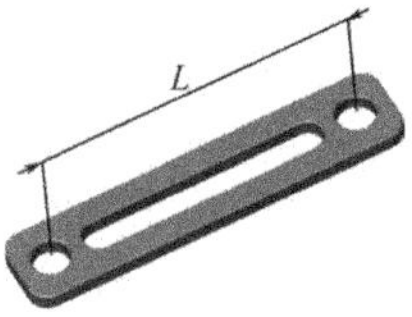	L=50mm 100mm 150mm 200mm 250mm 300mm 350mm	其长槽与滑块构成移动副,其圆孔与轴构成转动副
12	压紧连杆用特制垫片		ϕ 6.5mm	将连杆固定在主动轴或固定轴上时使用
13	转动副轴(或滑块)-b	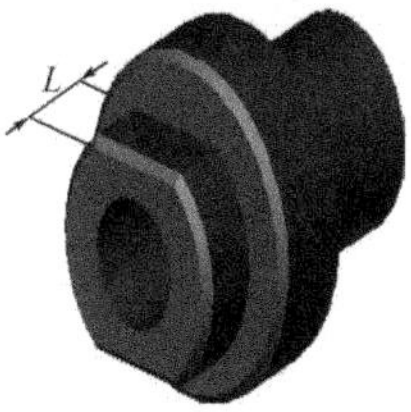	L=5mm 20mm	与固定转动块(20#)配用,可在连杆长槽的某一选定位置形成转动副
14	转动副轴(或滑块)-c	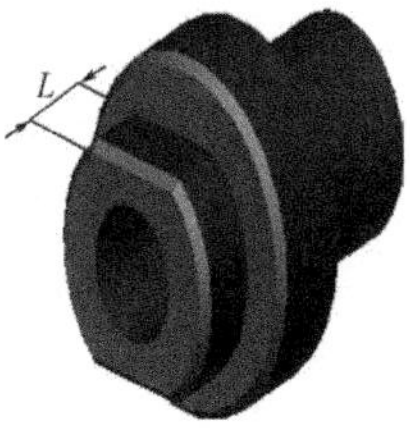		两构件构成转动副时用作滑块

序号	名称	图示	规格	使用说明
15	带垫片螺栓	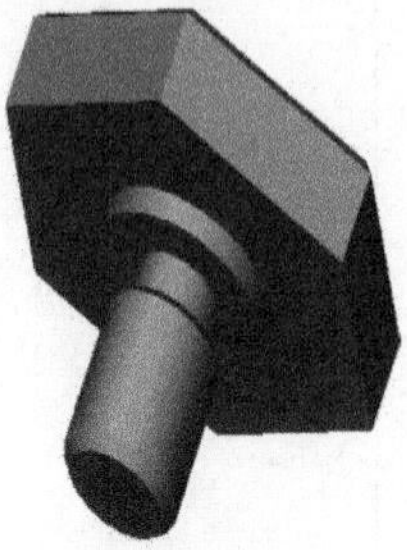	M6	转动副轴与连杆之间构成转动副或移动副时用带垫片螺栓连接
16	压紧螺栓	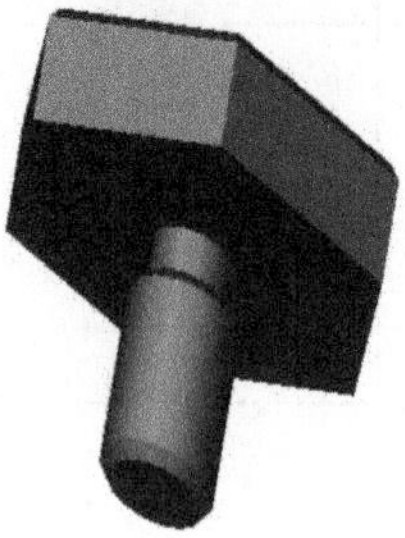	M6	转动副轴与连杆形成同一构件时用该压紧螺栓连接
17	运动构件层面限位套	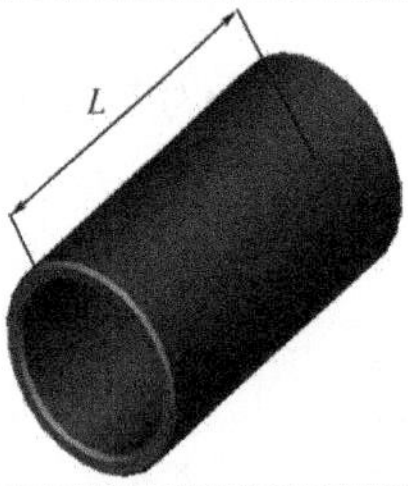 L	L=5mm 15mm 30mm 45mm 60mm	用于不同构件运动平面之间的距离限定,避免发生运动构件间的运动干涉
18	平键		3mm×15mm	主动轴与驱动把手的连接
19	盘杆转动副			盘类零件(如 1#、2#)与其他构件(如连杆)构成转动副时用
20	固定转轴块			用螺栓(21#)将固定转轴块锁紧在连杆长槽上,与13#件配合在该连杆选定位置构成转动副

序号	名称	图示	规格	使用说明
21	加长连杆或固定凸轮弹簧用螺栓、螺母	 	M10	用于两连杆加长时的锁紧
22	内六角紧定螺钉		M6×6mm	用于将盘类零件固定在轴上
23	齿条导向板			将齿条夹紧在两块齿条导向板之间，可保证齿轮与齿条的正常啮合
24	转动副轴(或滑块)-d			轴的扁头主要用于两构件形成移动副；轴的圆头主要用于两构件形成转动副
25	铰接盘			与铰接滑块配合，可使两构件形成任意角度的铰接
26	铰接滑块			与内层、外层杆件配合
27	驱动把手			与主动件配合，完成主动件的转动

续表

序号	名称	图示	规格	使用说明
28	滑块			与机架相连支承轴，并在机架平面内沿垂直方向上下移动
29	立柱垫圈	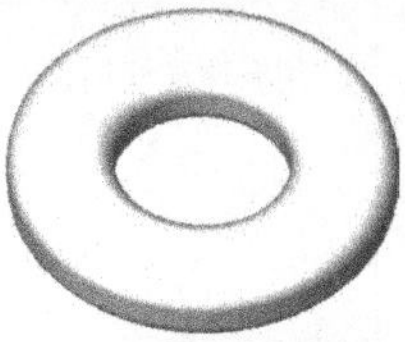		与机架相连，用于固定立柱
30	锁紧滑块方螺母		M6	用螺栓与滑块相连
31	槽轮拨盘-b	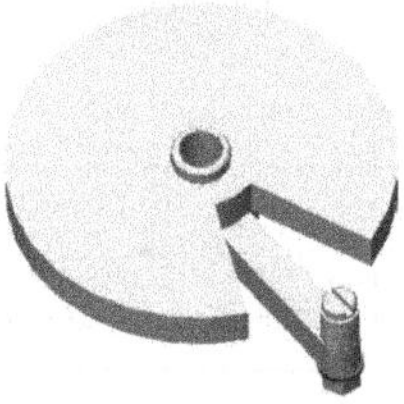		一个主动销
32	槽轮-b		$Z=6$（槽数） $a=120\,mm$（中心距） $r=5$（圆销半径）	
33	平垫片			可使轴相对机架不转动，防止轴从机架上脱出
	防脱螺母			

3.3.3　实验原理和方法

1. 机架的构建

实验台架中的立柱和滑块均可以移动和固定，可以确定活动构件相对机架的连接位置。

2. 轴相对机架的连接

如图 3.16 所示，有螺纹的轴颈可以插入滑块 28#上的铜套孔内，通过平垫片、防脱螺母 33#的连接与机架构成转动副或与机架固定。若按图 3.16 搭接后，6#或 8#轴相对机架固定；若不使用平垫片 33#，则 6#或 8#轴相对机架作旋转运动。搭接根据需要确定是否使用平垫片 33#。

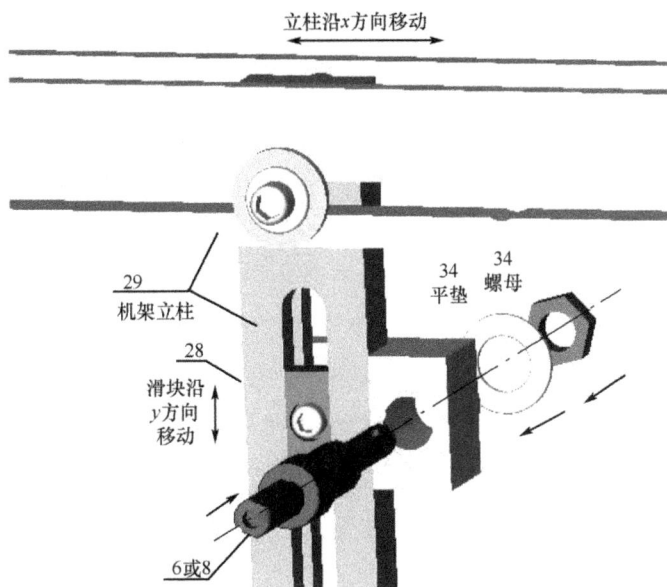

图 3.16　轴相对机架的搭接

3. 转动副的搭接

若两连杆间形成转动副，可按图 3.17 所示方式搭接。其中，14#的扁头轴颈可分别插入两连杆 11#的圆孔内，用压紧螺栓 16#、带垫片螺栓 15#与转动副轴 14#端面上的螺孔连接。这样，连杆被压紧螺栓 16#固定在 14#件的轴颈上，而与带垫片螺栓 15#连接的 14#件相对另一连杆转动。提示：根据实际搭接层面的需要，14#件可用 7#件转动副轴-a 代替，由于 7#件的轴颈较长，此时需选用相应的运动构件层面限位套 17#对构件的运动层面进行限位。

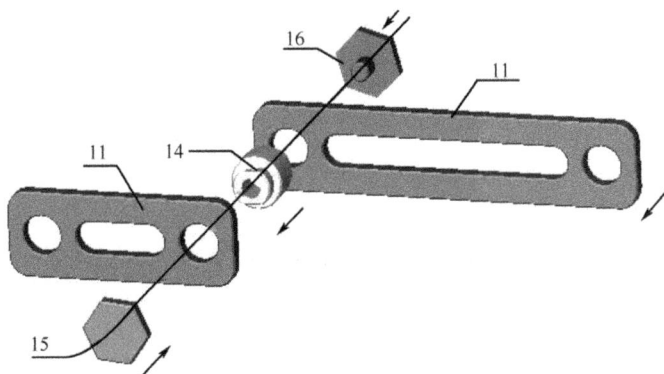

图 3.17　转动副搭接

4. 移动副的搭接

如图 3.18 所示，转动副轴 24#的圆轴颈插入连杆 11#的长槽中，通过带垫片螺栓 15#的连接，转动副轴 24#可与连杆 11#构成移动副。提示：转动副轴 24#另一扁平轴颈可与其他构件构成转动副或移动副。根据实际搭接需要，也可选用 7#件或 14#件替代 24#件作为滑块。

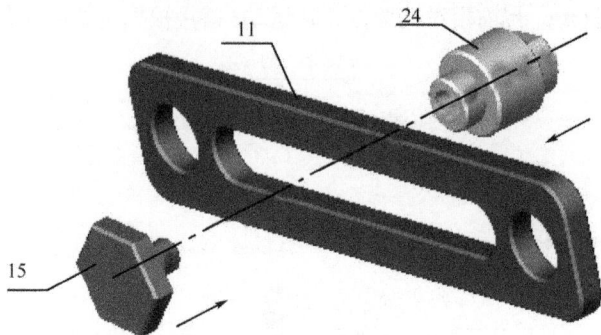

图 3.18　移动副的搭接

另一种构成移动副的搭接方式如图 3.19 所示。选用两根轴（6#或 8#），将轴固定在机架上，然后将连杆 11#的长槽插入两轴的扁平轴端，旋入带垫片螺栓 15#，则连杆相对机架作移动。提示：根据实际搭接的需要，若选用轴颈较长，需用相应的运动构件层面限位套 17#对构件的运动层面进行限位。

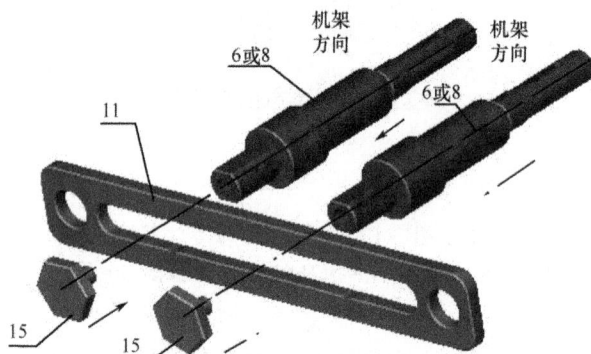

图 3.19　移动副的搭接

5. 滑块与连杆组成转动副和移动副的搭接

如图 3.20 所示的搭接效果是滑块 13#的扁平轴颈处与连杆 11#构成移动副；在 20#、21#的帮助下，滑块 13#的圆轴颈处与另一连杆在连杆长槽的某一位置形成转动副。首先用螺栓、螺母 21#将固定转轴块 20#锁定在连杆 11#的侧面，再将转动副轴 13#的圆轴颈插入 20#的圆孔及连杆 11#的长槽中，用带垫片的螺栓 15#旋入 13#的圆轴颈端的螺孔中，这样 13#与 11#构成转动副。将 13#扁头轴颈插入另一连杆的长槽中，将 15#旋入 13#的扁平轴端螺孔中，这样 13#与另一连杆 11#构成移动副。

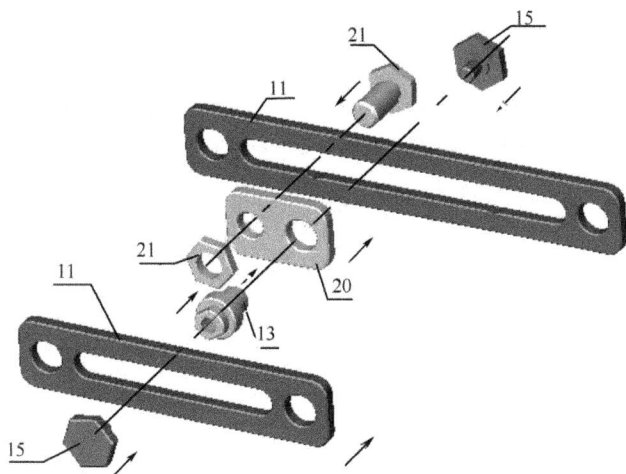

图 3.20　滑块与连杆构成转动副和移动副的搭接

6. 齿轮与轴的搭接

如图 3.21 所示，齿轮 2#装入轴 6#或 8#，应紧靠轴（或运动构件层面限位套 17#）的根部，以防止造成构件的运动层面的距离的累积误差。按图示连接好后，用内六角紧定螺钉22#将齿轮固定在轴上（注意：螺钉应压紧在轴的平面上），这样，齿轮与轴成为一个构件。

欲使齿轮相对轴转动，则不用内六角紧定螺钉 22#将齿轮固定在轴上，而选用带垫片螺栓 15#旋入轴端面的螺孔内即可。

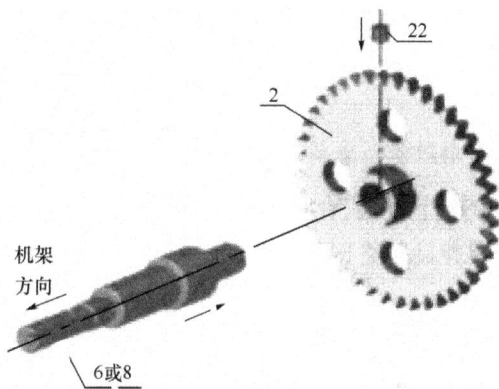

图 3.21　齿轮与轴的搭接

7. 齿轮与连杆构成转动副的搭接

如图 3.22 所示搭接，连杆 11#与齿轮 2#构成转动副。视所选用盘杆转动轴 19#的轴颈长度不同，决定是否需用运动构件层面限位套 17#。

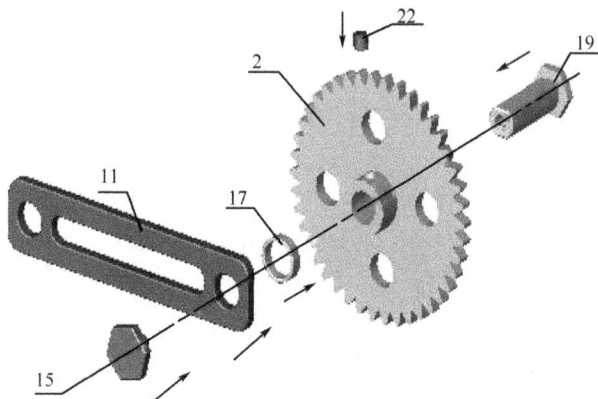

图 3.22　齿轮与连杆构成转动副的搭接

8. 齿条护板与齿条、齿条与齿轮的搭接

如图 3.23 所示,当齿轮相对齿条啮合时,若不使用齿条导向板,则齿轮在运动时会脱离齿条。为避免此种情况出现,在搭接齿轮与齿条啮合运动方案时,需选用两根齿条导向板 23#和螺栓螺母 21#按图示方向进行搭接。

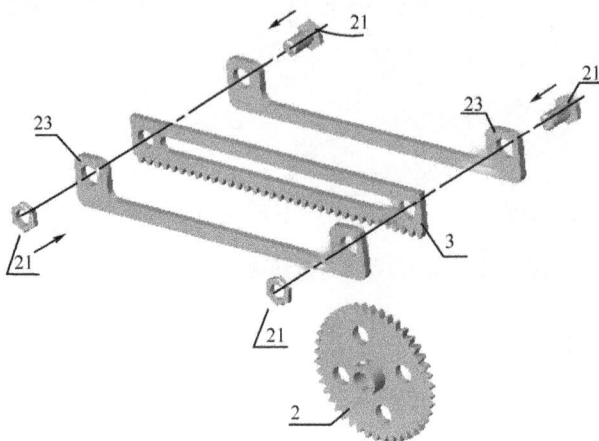

图 3.23　齿条护板与齿条、齿条与齿轮的搭接

3.3.4　实验步骤

1. 实验前的准备

(1)预习实验教材。

(2)复习好《机械原理》教材中机构组成原理与结构分析、平面连杆机构、凸轮机构、齿轮机构、组合机构等相关内容。

2. 操作步骤与要求

(1)根据 3.3.2 节的内容介绍,熟悉实验设备的零件组成及功用。

(2)根据 3.3.3 节的内容介绍,熟悉五种Ⅱ级杆组的搭接方法,并尝试将依次将Ⅱ级杆组分别与机架和主动件(或前一级杆组)相搭接组成机构。

(3)自行设计一个你认为有创意的机构,画出它的机构运动示意图,完成机构的结构分析,拆分出基本杆组。

(4)利用机构运动创新设计实验台提供的零组件,根据机构的组成原理,实现步骤(3)中所设计机构在实验台上的搭接。

(5)调整相关构件的长度,观察机构中各构件的运动形式和运动范围。根据各构件的运动合理性最终确定机构的运动学尺寸,并绘制机构运动简图。

3.3.5　思考题

(1)观察带垫片螺栓与压紧螺栓的异同,考虑各用在什么场合,为什么?

(2)扁头轴有五种尺寸,为什么这样?各用在什么场合?

(3)搭接机构时，有时会出现干涉现象，如何避免干涉？

(4)如何利用现有条件搭接组合间歇机构，将连续转动转化为间歇移动？

(5)要改变曲柄摇杆机构摇杆的左右极限位置及最大摆角的大小，如何调整？

(6)要使所设计的机构的压力角在某一范围内，应采取什么措施？

(7)如果将你所拆分的杆组，按不同方式拼装，不同组合的机构运动方案有哪些？

(8)实验过程中遇到了什么问题及最后的解决办法？为更好地开展本次实验，有何建议？

3.3.6 实验报告及要求

实验报告要求使用专用的实验报告用纸，内容包括以下几点。

(1)实验目的。

(2)实验内容。

(3)实验设备。

(4)绘制创新机构运动简图，自由度计算，拆分的基本杆组，机构级别的判定。

(5)分析机构的特点和创新点。

3.4 空间机构创新设计搭接

空间机构中的各构件不都在同一平面内或平行平面内运动，组成空间机构的各构件之间的相对运动多样，结构紧凑。因而，许多平面机构无法实现的运动规律和空间轨迹曲线，可以通过空间机构来实现，因而空间机构同样具有广泛的应用场合。本实验通过对构思的空间机构进行实物拼装、运动观察，使学生对空间机构的组成、运动特点及结构等问题具有更直观、深入的理解，培养学生的创新能力、综合设计能力和动手实践能力。该实验能够激励学生的学习主动性和独立实验的兴趣，适合于配置在开放实验室。

3.4.1 实验目的

(1)通过空间机构拼装实验训练，了解空间机构中构件和空间运动副结构和运动特点。

(2)培养学生空间机构的结构分析能力，包括空间机构运动简图的绘制、空间机构自由度计算等。

(3)培养学生机构设计的创新意识、综合设计能力，训练学生的实践动手能力。

3.4.2 实验设备和工具

1. 实验台

空间机构创新设计拼装及仿真实验台，如图 3.24 所示。

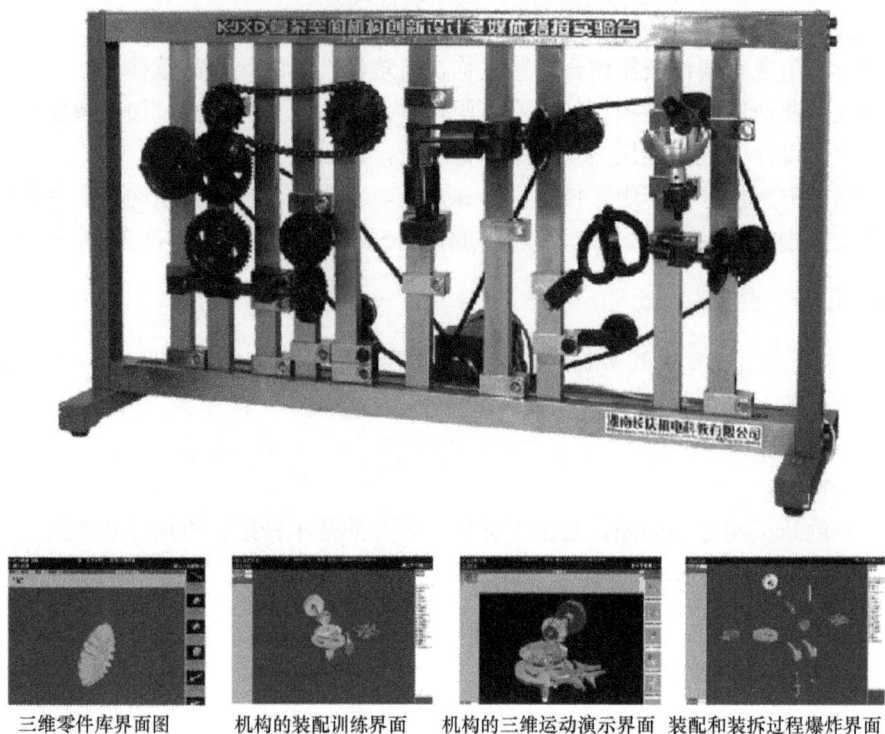

| 三维零件库界面图 | 机构的装配训练界面 | 机构的三维运动演示界面 | 装配和装拆过程爆炸界面 |

图 3.24　空间机构创新设计拼装及仿真实验台

　　实验台轮廓外形尺寸为 1200mm×350mm×650mm（长×宽×高）。该实验台含机架一个、旋转电机一台（90W，220V，输出转速 10r/min）、V 带传动装置及各种运动副（转动副、移动副、球面副、圆柱副等）组件、蜗杆蜗轮、球面槽轮、平面槽轮、各类齿轮、齿条、连接件等，自制零件约 140 种，标准件及外购件约 36 种，可以拼出 30 种空间机构，具体为：①圆锥齿轮传动机构；②螺旋齿轮传动机构；③链传动机构；④圆锥齿轮-螺旋齿轮传动机构；⑤螺旋齿轮-圆锥齿轮传动机构；⑥螺旋齿轮-单十字轴万向联轴器机构；⑦圆锥齿轮-单十字轴万向联轴器机构；⑧螺旋齿轮—双十字轴万向联轴器机构；⑨圆锥齿轮-双十字轴万向联轴器机构；⑩螺旋齿轮-蜗杆传动机构；⑪圆锥齿轮-蜗杆传动机构；⑫螺旋齿论-蜗杆蜗轮-单十字轴万向联轴器机构；⑬圆锥齿齿-蜗杆蜗轮-单十字轴万向联轴器机构；⑭螺旋齿轮-双十字轴万向联轴器-蜗杆蜗轮机构；⑮圆锥齿轮-双十字轴万向联轴器-蜗杆蜗轮机构；⑯圆锥齿轮-槽轮机构；⑰球面槽轮机构；⑱SARRUT 机构；⑲RSSR 空间曲柄摇杆机构；⑳RCCR 直角联轴器机构；㉑RCRC 揉面机构；㉒圆锥齿轮-平面槽轮或球面槽轮机构；㉓叠加机构；㉔RRSC 机构；㉕棘轮机构；㉖齿轮齿条机构；㉗盘形凸轮机构；㉘圆柱凸轮间歇运动机构；㉙圆锥齿轮-单十字万向联轴器-蜗杆蜗轮机构；㉚螺旋齿轮-单十字万向联轴器-蜗杆蜗轮机构。

　　2. 演示软件

　　专用虚拟软件光盘一张。该软件可在局域网上联机使用。软件功能如下：①建有三维零件库。②能完成 30 种空间机构的装配训练。给出机构所需零件清单，具有机构拼装顺序正误的判断功能。③能完成 30 种空间机构的三维运动仿真演示。④能完成 30 种空间机构的拆卸过程爆炸图演示。

3. 配套工具

扳手、螺丝刀、木槌等。

3.4.3　实验原理和方法

1. 空间机构自由度计算

空间机构自由度计算见公式(3.2)。计算空间机构自由度时，除要考虑复合铰链、虚约束、局部自由度外，还要考虑公共约束，即由于运动副的特殊组合和配置，使得机构中所有构件同时受到某些约束而共同丧失某些独立运动的可能性。在计算这些机构的自由度时需要对空间机构自由度过计算公式进行如下修正

$$
\begin{aligned}
F &= (6-m)n - \sum_{k=m+1}^{5}(k-m)p_k \\
&= (6-m)n - (5-m)p_5 - (4-m)p_4 - (3-m)p_3 - (2-m)p_2 - (1-m)p_1
\end{aligned} \tag{3.3}
$$

式中，n 为活动构件数；m 为机构的公共约束度，即各活动构件共同具有的约束度，通常 $m=1$，2，3，4；$p_1 \sim p_5$ 分别为 I～V 类运动副数目。

2. 运动副、构件和常用机构的符号表示

为了能够方便地表达机构的组成及其运动情况，国家标准规定了各类运动副以及常用构件的代表符号，参见表 3.1～表 3.3。

3.4.4　实验步骤和要求

1. 实验步骤

(1)构思所要拼装的空间机构，画出机构运动示意图。建议在实验台提供的 30 种机构中选择。

(2)打开计算机，单击 "空间机构创新设计、拼装及仿真"软件主界面，依次进入实验目的、实验注意事项、机架介绍、零件介绍、运动副搭接、装配训练等功能页面，按构思的机构示意图搭接运动副，装配成机构，并进行运动仿真及拆卸演示。

(3)在实验台零件箱内选出所需零部件。

(4)在机架上装配出所构思的机构，并连接电机、带传动。

(5)手动运动无误后启动电机，观察机构运转情况，如有不顺畅现象，须停机调整。

(6)拆卸，零件归位。

2. 实验要求与注意事项

(1)先进行软件部分虚拟实验，即运动副搭接、装配训练、运动仿真及拆卸演示等，然后在机架上进行实物零件的装配及运动演示。

(2)启动电机前一定要仔细检查各部分安装是否到位，启动电机后不要过于靠近运动零件，不得伸手触摸运动零件。

（3）同一小组中指定一人负责电机开关，遇紧急情况时立即关停。

3.4.5　思考题

（1）空间运动副和平面运动副在结构和运动学性能上有什么不同之处？

（2）你所搭接的空间机构在工业上有何种典型应用场合？若无，试阐述该机构适合哪种应用场合？为什么？

（3）搭接机构时，有时会出现干涉现象，如何避免干涉？

（4）拼装空间组合机构时，各组成机构的拼装是否需要按顺序进行，为什么？

（5）实验过程中遇到了什么问题?如何解决的?

3.4.6　实验报告及要求

实验报告要求使用专用的实验报告用纸，内容包括以下几点。

（1）实验目的。

（2）实验内容。

（3）实验设备。

（4）绘制创新机构运动简图，自由度计算。

（5）分析机构的特点和创新点。

3.5　轮系创新设计搭接

工程实际中，为了满足各种不同的工作要求，常常采用若干个彼此啮合的齿轮进行传动，这种由一系列齿轮所组成的传动系统称为轮系。轮系通常布置于原动机和执行机构之间，把原动机的运动和动力传递给执行机构，以实现机械功能。轮系是最典型的常用机构之一，轮系产品是广泛应用于机械行业的重要基础部件。本实验通过对轮系进行实物拼装和运动观察，使学生对定轴轮系、周转轮系和复合轮系的组成、运动特点及结构等问题具有更直观和更深入的理解，培养学生的创新能力和动手实践能力。该实验能够激励学生的学习主动性和独立实验的兴趣，适合于配置在开放实验室。

3.5.1　实验目的

（1）加深学生对定轴轮系、周转轮系和复合轮系的结构特点、分类依据及方式、分析与运用等基本概念的理解。

（2）增强学生对轮系的传动比计算，行星轮系的类型选择、传动效率计算与各齿轮齿数确定等基本设计问题的处理能力。

（3）激励学生的学习主动性、培养学生的独立工作能力，引导学生进行积极思维、创新设计、培养学生综合设计能力和实践动手能力。

3.5.2　实验设备和工具

1. 实验台

LJXD 轮系创意搭接综合实验台，如图 3.25 所示。该实验台含机架一个、旋转电机一台（电机功率 60W，220V，输出转速 10r/min）。该实验台设计精巧，能确保组成机构的各个运动构件在运动中不发生干涉，零部件通用性好、便于学生实验操作。该实验台配有电动机，V 带传动装置通过悬臂杆张紧轮张紧，实验台机构搭接方式灵活，且固定运动副位置在平面坐标上可以任意调节。

图 3.25　LJXD 轮系创意搭接综合实验台

利用该实验台可搭接的轮系机构种类如表 3.5 所示。

表 3.5　可搭接轮系机构种类

种类	数量	种类	数量
2K-H 型行星轮系	16	定轴轮系	1
2K-H 型差动轮系	12	复合轮系	2
2K-H 型运动分解轮系	12	运动分解、合成	2
3K 周转轮系	1		

2. 配套工具

实验用配套工具如表 3.6 所示。

表 3.6　配套工具列表

序号	名称	数量	序号	名称	数量
1	木榔头	1	6	开口扳手 8～10	2
2	内六角扳手 M8	2	7	开口扳手 12～14	2
3	内六角扳手 M6	2	8	开口扳手 17～19	2
4	内六角扳手 M3	2	9	卷尺(2m)	1
5	活动扳手	1	10	外卡钳	1

3.5.3　实验原理和方法

表 3.7 为轮系结构明细表，借助该表可以初步确定所要搭接轮系的结构方案。图 3.26～图 3.31 为轮系搭接原理图,上述搭接图给出了 40 种轮系的具体搭接布置方案,供实验者据此完成轮系搭接。

表3.7 轮系结构明细表

2K-H型行星轮系

原动	从动	固定	性质	图号	序号	备注
A	H	B	同向减速	CXSJ-13A	1	
H	A	B	同向增速	CXSJ-13B	2	
H	B	A	同向增速	CXSJ-13C	3	
B	H	A	同向减速	CXSJ-13D	4	
H	A	B	逆向减速	CXSJ-13E	5	
H	B	A	逆向增速	CXSJ-13F	6	
A	H	B	同向增(减)速	CXSJ-13G	7	
B	H	A	同向增(减)速	CXSJ-13H	8	
A	H	B	逆向增(减)速	CXSJ-13I	9	
B	H	A	逆向增(减)速	CXSJ-13J	10	
H	A	B	同向减速	CXSJ-13K	11	
H	B	A	同向增速	CXSJ-13M	12	
A	H	B	同向减速	CXSJ-13I	13	
A	B	H	同向增速	CXSJ-13J	14	
B	A	H	同向减速	CXSJ-13K	15	
B	H	A	同向增速	CXSJ-13M	16	

2K-H型差动轮系

原动	从动	性质	图号	序号	备注
A、B	H		CXSJ-14A	1	
A、H	B		CXSJ-14B	2	
B、H	A		CXSJ-14C	3	
A、B	H		CXSJ-14D	4	
A、H	B		CXSJ-14E	5	
H	A、B		CXSJ-14F	6	

原动	从动	性质	图号	序号	备注
A、H	B		CXSJ-14G	7	
B、H	A		CXSJ-14H	8	
A、B	H		CXSJ-14I	9	
B	A、B		CXSJ-14J	10	
H	A、B		CXSJ-14K	11	
A、H	A、B		CXSJ-14M	12	
A、H	B		CXSJ-14N	13	
B、H	A		CXSJ-14L	14	
A、B	H		CXSJ-14Q	15	
B、H	A		CXSJ-14T	16	
B、H	A、B		CXSJ-14R	17	
H	A、B		CXSJ-14U	18	
A、B	H		CXSJ-14S	19	
A、H	B		CXSJ-140	20	
B、H	A		CXSJ-14P	21	
A、B	B、H		CXSJ-14W	22	
A、H	A、B		CXSJ-14V	23	
H	A、B		CXSJ-14X	24	

3K型周转轮系

原动	性质	图号
Z_1	三个太阳轮1、3及4。行星架只起支撑行星轮2和2′的作用	CXSJ-16

定轴轮系

原动	性质	图号
Z_1	各个齿轮的轴线相对于机架都是固定的	CXSJ-17

复合轮系 1

原动	性质	图号
H		CXSJ-18A

复合轮系 2

原动	性质	图号
Z_1		CXSJ-18B

动动合成轮系

原动	性质	图号
H、Z_1	该轮系中，$Z_1=Z_3$，故 $i_{13}^H=-Z_3/Z_1$ 或 $n_H=(n_1+n_3)/2$ 系杆的转速是轮1、3转速的合成	CXSJ-19

动动分解轮系

原动	从动	性质	图号
Z_5			CXSJ-20

设计		图号 LJXD-0
审核		第1张 共1张
校对	轮系结构明细表	
批准		湖南长庆机电科教有限公司

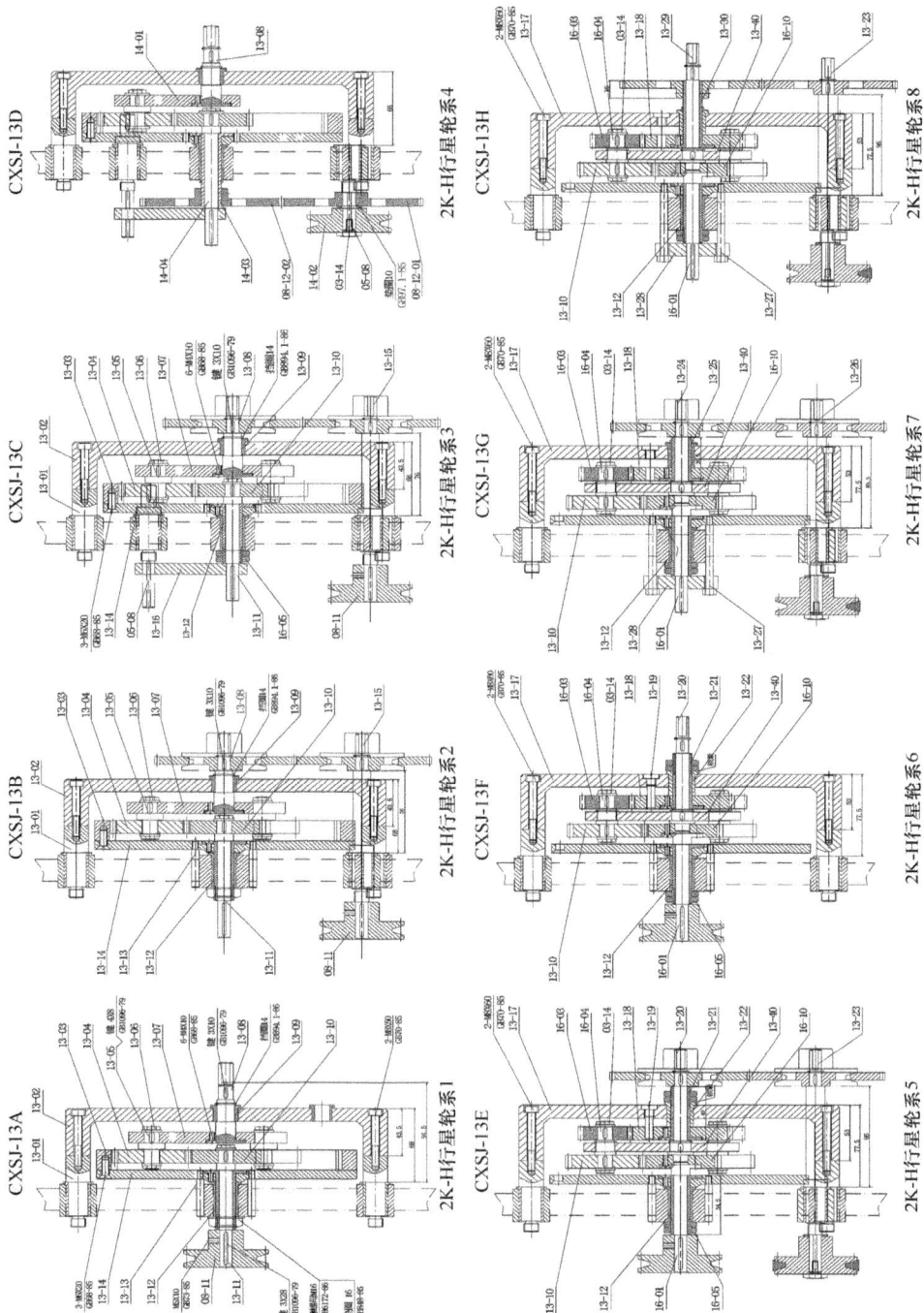

图 3.26 轮系搭接原理图 1

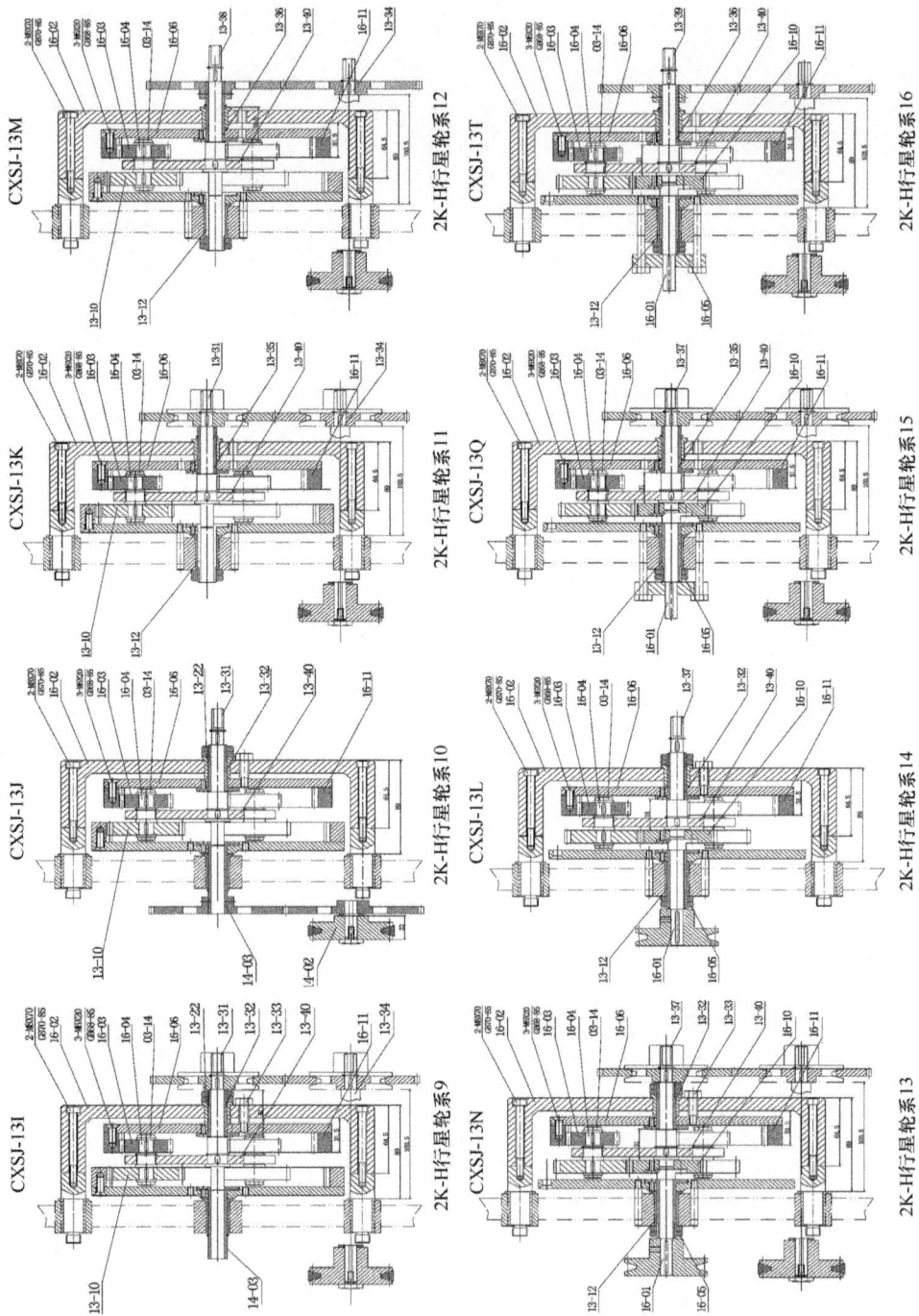

图 3.27　轮系搭接原理图 2

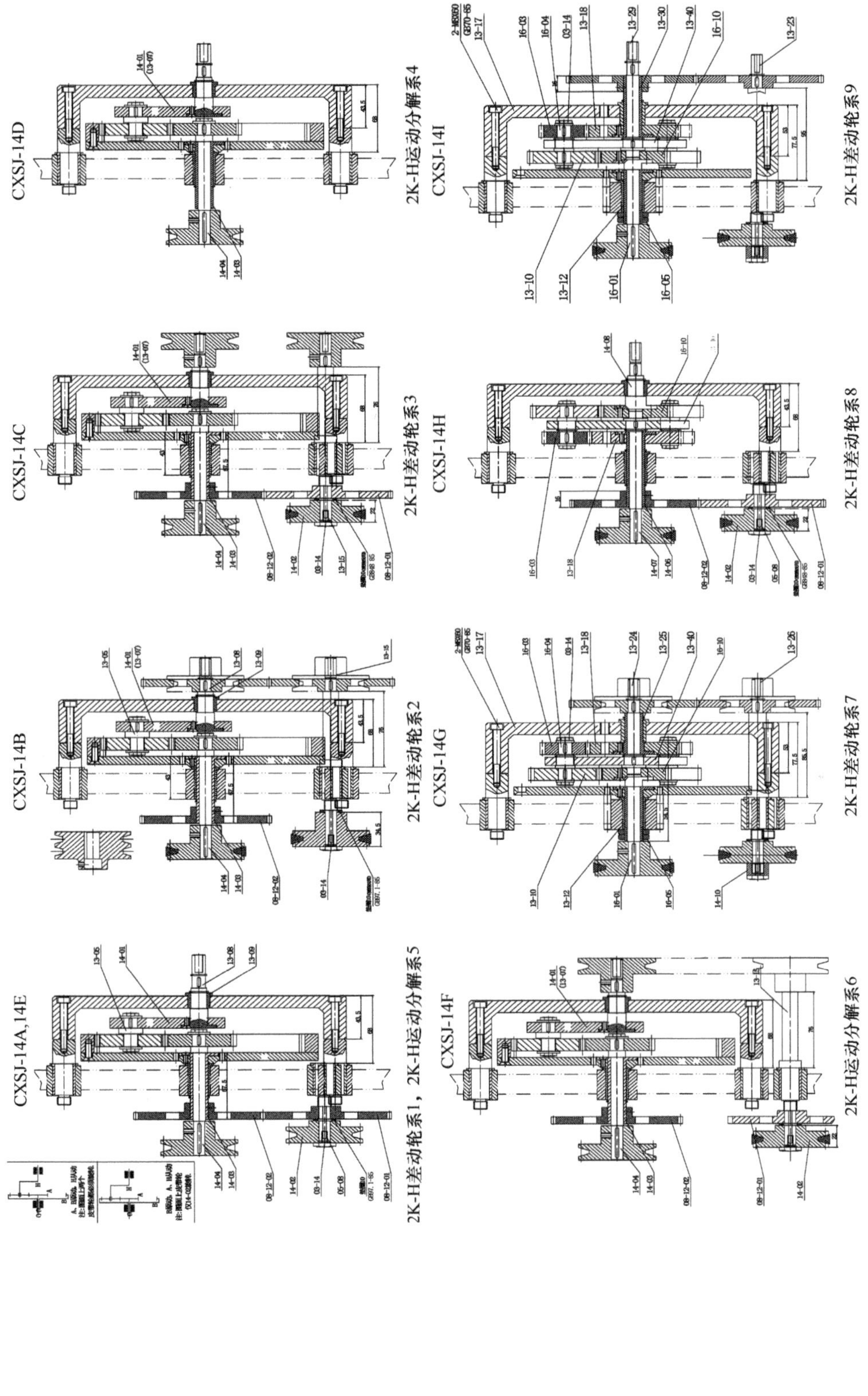

图 3.28　轮系搭接原理图图 3

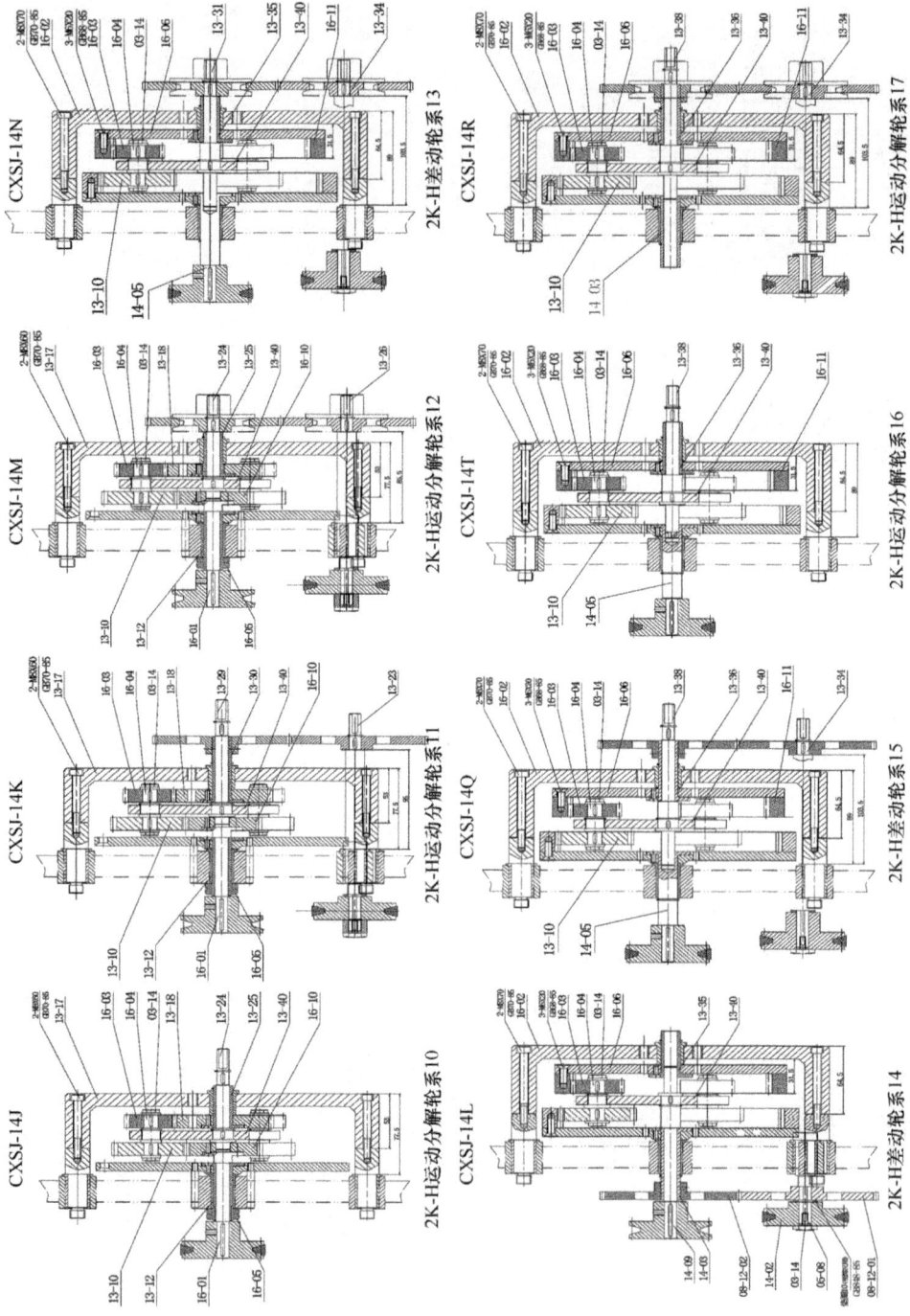

图 3.29　轮系搭接原理图图 4

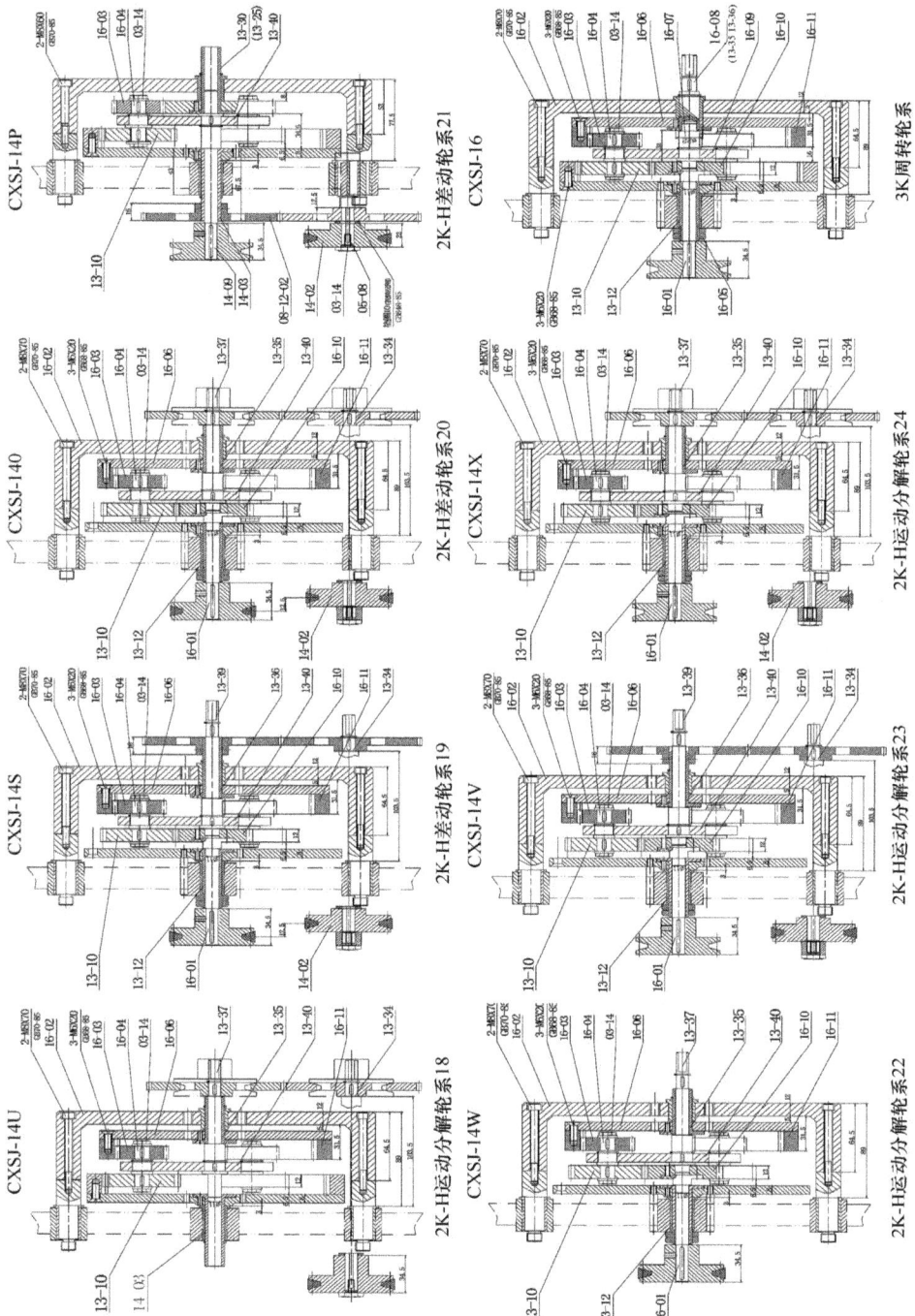

图 3.30　轮系搭接原理图 5

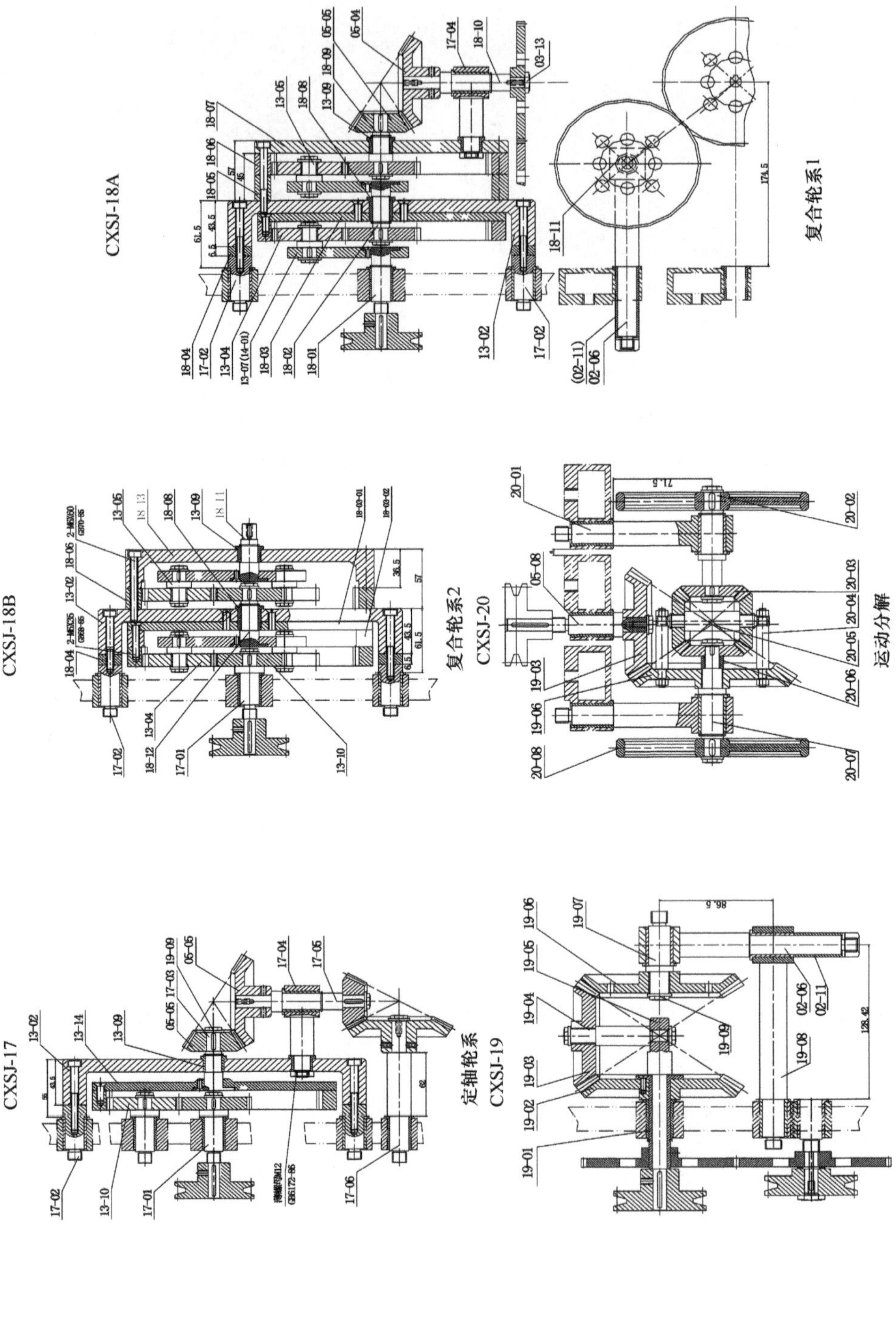

图 3.31　轮系搭接原理图 6

3.5.4 实验步骤和要求

1. 实验步骤

(1)从表 3.7 轮系结构明细表选定所要拼装的轮系, 画出机构运动示意图, 并记录该轮系的图号。

(2)根据图号, 从图 3.26~图 3.31 轮系搭接原理图中选出准备拼装轮系的装配图。

(3)依据轮系装配图, 在实验台零件箱内选出所需零部件, 在机架上装配出所构思的机构, 并依次连接电动机和带传动。

(4)手动运动无误后启动电动机, 观察轮系运转情况, 如有不顺畅现象, 须停机调整。

(5)依次拆卸各零部件并将零件归位。

2. 实验要求与注意事项

(1)在启动电机前, 仔细检查各零组件是否连接可靠且安装到位, 启动电机后应与运动零件保持适当距离, 不得伸手触摸运动零件。

(2)同一实验小组中指定一人负责电机开关, 遇到紧急情况时立即断电停机。

3.5.5 思考题

(1)观察圆柱齿轮和圆锥齿轮在齿形结构上有什么不同之处?

(2)圆柱齿轮和圆锥齿轮在安装过程中有何不同之处?

(3)搭接轮系时, 是否出现了运动卡阻现象, 如何解决和避免卡阻?

(4)什么是行星轮系的装配条件, 若搭接了行星轮系, 说明搭接过程中什么地方体现了装配条件?

(5)实验过程中遇到了什么问题?如何解决的?

(6)为更好的开展本次实验, 有何建议?

3.5.6 实验报告及要求

实验报告要求使用专用的实验报告用纸, 内容包括以下几点。

(1)实验目的。

(2)实验内容。

(3)实验设备。

(4)绘制创新机构运动简图, 自由度计算。

(5)计算轮系的传动比。

3.6 渐开线齿轮范成原理及直齿圆柱齿轮基本参数测量与分析

3.6.1 实验目的

(1)掌握范成法切制渐开线齿轮的基本方法, 了解产生根切现象的原因及避免根切的方法。

(2) 了解变位齿轮与标准齿轮的异同。

(3) 掌握渐开线直齿圆柱齿轮基本参数的测量方法。

(4) 熟练应用理论公式计算齿轮各基本尺寸。

3.6.2　实验设备及工具

(1) 齿轮范成仪。

(2) 微型计算机、软件。

(3) 齿轮、游标卡尺。

(4) 绘图纸、铅笔(或圆珠笔)、橡皮、计算器等。

3.6.3　实验内容

(1) 绘制标准渐开线齿轮和变位齿轮。

(2) 测量一对齿轮的齿数 z、公法线长度 W_n 和 W_{n+1}、齿顶圆直径 d_a 和中心距 $a'_实$。

(3) 计算被测齿轮的模数 m、基圆齿距 P_b、变位系数 χ、基圆齿厚 S_b、齿顶圆直径 d_a、分度圆直径 d、径向间隙 c 和中心距 $a'_理$。

(4) 利用机械原理 CAI 软件观察被测齿轮的范成过程及齿形情况，比较基本参数的计算结果，比较变位齿轮与标准齿轮的异同，观察被切齿轮副的啮合过程。

3.6.4　齿轮范成原理及实验步骤

范成法是利用一对齿轮互相啮合时其共轭齿廓互为包络线的原理来加工轮齿的。加工时其中一轮为刀具，另一轮为轮坯，它们保持固定的角速比传动，和一对真正的齿轮互相啮合传动一样，同时刀具沿轮坯的齿宽方向作切削运动，这样制得的齿轮的齿廓就是刀具刀刃在各个位置的包络线。若用渐开线作为刀具齿廓，则其包络线亦为渐开线。由于在实际加工时，看不到刀刃在各个位置形成包络线的过程，故通过齿轮范成仪(图 3.32)来实现轮坯与刀具间的传动过程，并用铅笔将刀具刀刃的各个位置记录在绘图纸上，这样就清楚地观察到齿廓范成的过程，具体步骤如下。

1. 制作轮坯

(1) 按照指导教师给出的齿轮参数，计算齿轮的几何尺寸并在绘图纸上绘出标准齿轮的齿根圆、基圆、分度圆、齿顶圆，以及变位齿轮的齿根圆、齿顶圆(变位系数 χ 由指导教师给出，或按最小变位系数确定)。

(2) 用剪刀沿比齿顶圆稍大一些的圆周剪下得到轮坯。

2. 绘制标准齿轮齿廓

(1) 参看图 3.32，将轮坯安装到托盘上，应保证两者的圆心重合。

(2) 调整齿条刀具的径向位置，使刀具分度线与轮坯的分度圆相切。

(3) 将齿条刀具推至左边(或右边)极限位置，用笔在轮坯上画出齿条刀具的齿廓曲线，然后向右(或左)每次移动刀具 3～5mm 画一次刀具齿廓曲线，直到绘出 2～3 个完整的齿廓为止。

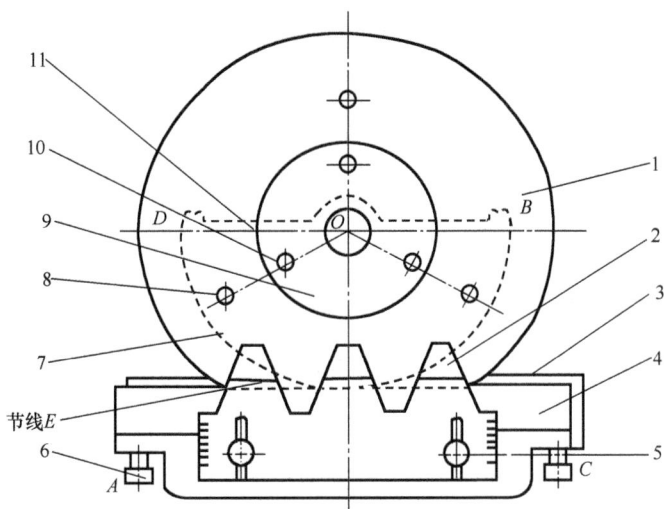

图 3.32　齿轮范成仪

1-图纸托盘；2-齿条刀具；3-机架；4-溜板；5-锁紧螺母；6-调节螺钉；7-钢丝；
8-定位销；9-压板；10-锁紧螺母；11-半圆盘

3. 绘制变位齿轮齿廓

(1) 将轮坯相对齿条刀具转动 120°，重新安装轮坯。

(2) 调整刀具径向位置，使齿条刀具的分度线相对于绘制标准齿轮的位置下移 χm 距离（正变位）或上移 χm 距离（负变位）。

(3) 按绘制标准齿轮齿廓的方法，绘出 2～3 个完整齿的变位齿轮齿廓。

3.6.5　直齿圆柱齿轮基本参数测量原理和实验步骤

1. 数出被测齿轮的齿数

2. 确定基圆齿距 P_b、齿轮模数 m、基圆齿厚 S_b 及变位系数 χ

(1) 如图 3.33 所示，利用游标卡尺测量 n 个齿和 $n+1$ 个齿的公法线长度 W_n 和 W_{n+1}，测量时游标卡尺的测脚应于齿廓曲线相切，而跨齿数 n 可通过查表 3.8 来确定。

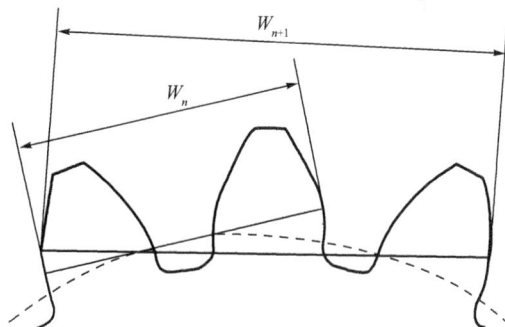

图 3.33　渐开线直齿圆柱齿轮

表 3.8　跨齿数

齿轮编号	21	22	23	24	25	26	27	28	29	30	31	32	33	34
跨齿数	4	2	4	7	4	7	4	8	3	4	4	6	3	4

(2) 由渐开线的性质可知

$$W_{n+1} = n \times P_b + S_b \tag{3.4}$$

$$W_n = (n-1) \times P_b + S_b \tag{3.5}$$

式(3.4)和式(3.5)相减，得出基圆齿距 P_b 为

$$P_b = W_{n+1} - W_n \tag{3.6}$$

(3)根据式(3.6)求得的基圆齿距 P_b，可通过式(3.7)计算出齿轮的模数 m

$$m = \frac{P_b}{\pi \cos \alpha} \tag{3.7}$$

通过查表 3.9，看表中哪个标准模数与所计算值最接近，即为被测齿轮的模数。

表 3.9　标准模数

m	1	1.25	1.5	1.75	2	2.25	2.5	2.75	3	3.25	3.5	3.75	4	4.5	5

(4)当模数 m 取标准值后，分别计算出基圆齿距 P_b 和基圆齿厚 S_b 的理论值。

$$P_b = \pi m \cos \alpha \tag{3.8}$$

$$S_b = W_{n+1} - n \times P_b \tag{3.9}$$

$$S_b = W_n - (n-1) \times P_b \tag{3.10}$$

(5)由任意圆齿厚的公式，可得基圆齿厚 S_b 的计算公式为

$$S_b = \frac{r_b}{r} \times \left(\frac{\pi \times m}{2} + 2\chi m \times \tan \alpha \right) + 2r_b \times \mathrm{inv}\alpha = \frac{P_b}{\pi} \times \left(\frac{\pi}{2} + 2\chi \tan \alpha + z \times \mathrm{inv}\alpha \right) \tag{3.11}$$

对公式(3.11)进行变形，可得变位系数 χ 为

$$\chi = \frac{\dfrac{S_b}{P_b}\pi - \dfrac{\pi}{2} - z \times \mathrm{inv}\alpha}{2\tan \alpha} \tag{3.12}$$

3. 确定齿顶圆直径 d_a 和齿根圆直径 d_f

(1)当齿轮齿数为偶数时，可以用卡尺直接测量出齿顶圆直径 d_a 和齿根圆直径 d_f。

(2)当齿轮齿数为奇数时，如图 3.34 所示，先测出齿轮孔的直径 $d_{孔}$，然后测量孔到齿顶的距离 H' 及孔到根圆的距离 H''，分别计算出齿顶圆直径 d_a 和齿根圆直径 d_f。

$$d_a = d_{孔} + 2H' \tag{3.13}$$

$$d_f = d_{孔} + 2H'' \tag{3.14}$$

4. 确定变位齿轮啮合中心距 a' 和 $a'_{理}$

(1)如图 3.35 所示，测出两个齿轮孔直径 d_1 和 d_2，两孔间距 B，则中心距 $a'_{实}$ 为

$$a'_{实} = B + (d_1 + d_2)/2 \tag{3.15}$$

(2)计算中心距 $a'_{理}$ 为

$$a'_{理} = a \times \cos \alpha / \cos \alpha' \tag{3.16}$$

式中，$a = r_1 + r_2$，α' 通过啮合方程式 $\mathrm{inv}\alpha' = 2(\chi_1 + \chi_2)/(z_1 + z_2) \times \tan \alpha + \mathrm{inv}\alpha$ 求得。

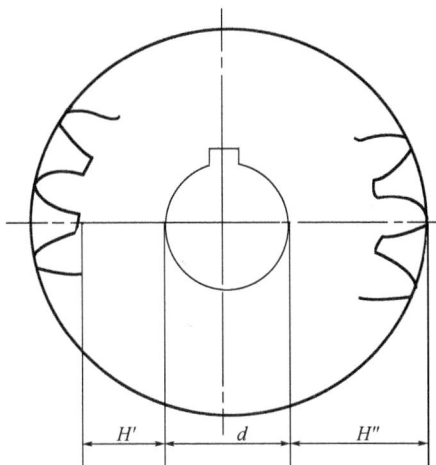

图 3.34　奇数齿齿轮

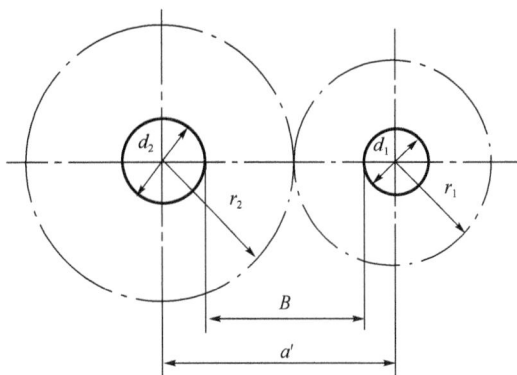

图 3.35　一对啮合变位齿轮

5. 计算径向间隙 c

6. 利用软件仿真

在机械原理 CAI 软件的目录中选择"范成法切制齿轮",运行后出现如图 3.36 所示界面。输入被测齿轮的参数,运行并观察齿轮范成过程及计算结果,并与自己计算的结果进行比较。另外,选择适当的参数显示出明显的根切现象。

7. 查看齿形

选择目录中的"渐开线齿轮齿形",运行后出现如图 3.37 所示界面。输入被测齿轮的参数,运行后可比较变位齿轮与标准齿轮的齿形。

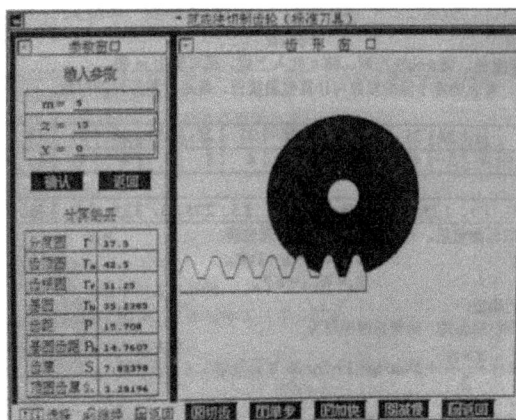

图 3.36　范成法切制齿轮

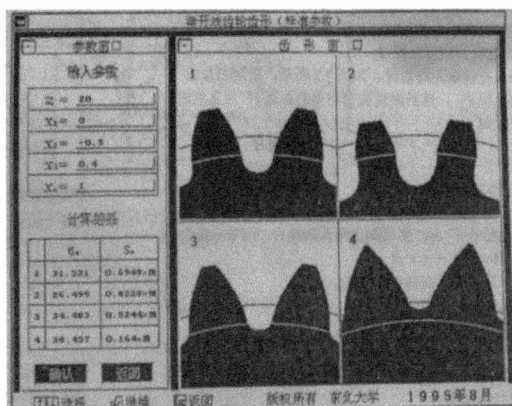

图 3.37　渐开线齿轮齿形

8. 结果对比

选择目录中的"渐开线齿轮传动",运行后出现如图 3.38 所示界面。根据被测齿轮副的情况选择传动类型,并输入被测齿轮的参数,可以观察到一对齿轮的啮合过程及计算结果，与自己计算的结果进行比较。

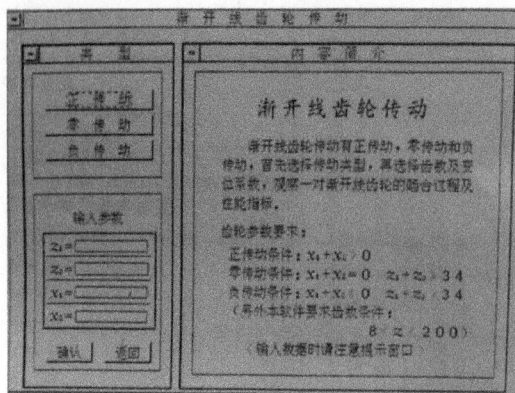

图 3.38　渐开线齿轮传动

3.6.6　思考题

(1)为什么要规定模数的标准系列，齿轮上何处的模数是标准值？

(2)分度圆与节圆有什么区别，在什么情况下两圆重合？

(3)渐开线的形状取决于什么，若两个齿轮的模数和齿数相等，但压力角不等，它们的齿廓渐开线形状是否相同？

(4)何谓齿廓根切现象，产生根切的原因是什么，根切有什么危害，如何避免根切？

(5)直齿圆柱齿轮有哪些传动类型，它们各用在什么场合？

3.6.7　实验报告及要求

实验报告要求使用专用的实验报告用纸，内容包括以下三点。

(1)实验目的。

(2)实验内容。

(3)测试齿轮原始数据及实验结果比较分析。

3.7　凸轮机构运动参数测试

3.7.1　实验目的

(1)通过测试常见凸轮(盘形、圆柱)的运动参数，了解凸轮机构的运动特点。

(2)通过测试几种不同的盘型凸轮机构的运动参数，了解凸轮轮廓对推杆运动的影响。

(3)掌握凸轮机构运动参数测试的原理和计算机辅助测试的方法。

3.7.2　实验设备

实验设备为 ZNH-A/3 凸轮机构运动参数测试实验台，如图 3.39 和图 3.40 所示。盘形凸轮机构主要技术参数如表 3.10 所示，圆柱凸轮机构主要技术参数如表 3.11 所示。

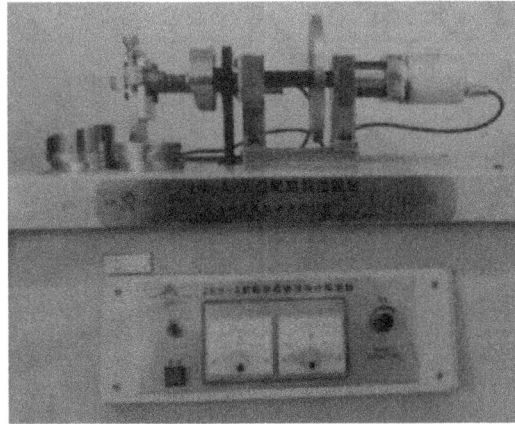

图 3.39　ZNH-A/3 凸轮机构实验台

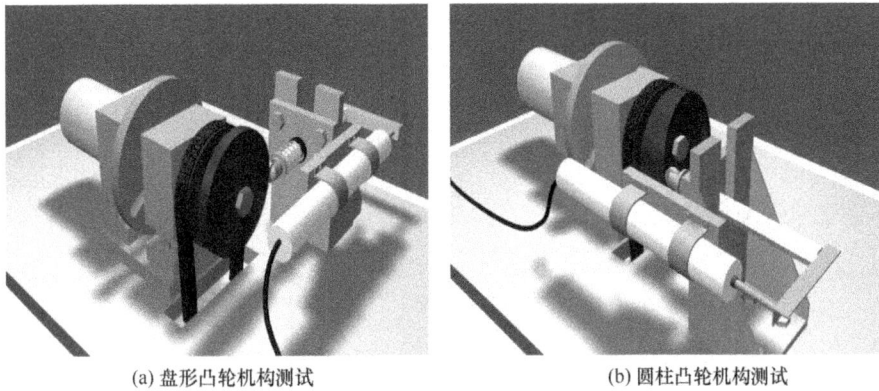

(a) 盘形凸轮机构测试　　　　　　　　　　　　(b) 圆柱凸轮机构测试

图 3.40　凸轮机构测试

表 3.10　盘形凸轮机构主要技术参数

凸轮参数		1 号凸轮	2 号凸轮	3 号凸轮	4 号凸轮
推程运动规律		等速运动规律	等加速等减速运动规律	改进正弦加速运动规律	3-4-5 多项式运动规律
回程运动规律		改进等速运动规律	改进等加速等减速运动规律	正弦加速运动规律	余弦加速运动规律
凸轮基圆半径 r_0/mm		40			
从动件滚子半径 r_T/mm		7.5			
推杆升程 h/mm		15			
偏心距值 e/mm		5	5	0	5
推程运动角 δ_0 /(°)		150			
远程休止角 δ_S /(°)		30	30	0	30
回程运动角 δ_0' /(°)		120	120	150	120
凸轮转动惯量 J_1/(kg·mm²)		1000			
推杆参数	推杆质量 M_2=0.2 kg 推杆支承座宽 L=10 mm 支承座距基圆的距离 B，可调 推杆与凸轮间的摩擦系数 f_1=0.05 推杆与滑道间的摩擦系数 f_2=0.1 弹簧刚度 K=0.03 N/mm 弹簧初压缩量 Δl，可调	动力参数	电动机的功率 P，可调 电动机机械特性：g=9.724 r/min/(N·mm) 许用速度不均匀系数 δ：按机械要求选取 计算步长 $\Delta\Phi$：按计算精度选取		

表 3.11　柱凸轮机构主要技术参数

凸轮参数	推杆参数	动力参数
推程：等速运动规律	推杆质量 M_2=0.2 kg	电动机的功率 P，可调电动机机械特性：g=9.724(r/min)/(N·mm)许用速度不均匀系数 δ：按机械要求选取计算
程：改进等速运动规律	推杆支承座宽 L=10 mm	
凸轮基圆半径 r_0=40 mm	支承座距基圆的距离 B，可调	步长 $\Delta\phi$：按计算精度选取
从动件滚子半径 r_T=8 mm	推杆与凸轮间的摩擦系 f_1=0.05	
推杆升程 h=15 mm 偏心距值 e=0	推杆与滑道间的摩擦系 f_2=0.1	
推程转角 δ_0=150°	弹簧刚度 k=0.03N/mm 弹簧初压缩量 Δl，可调	
远程休止角 δ_S=30°		
回程转角 δ_0'=120°		
凸轮质量 M_1=3kg		
凸轮转动惯量 J_1=/(kg·mm^2)		

3.7.3　测试原理

测试原理如图 3.41 所示。

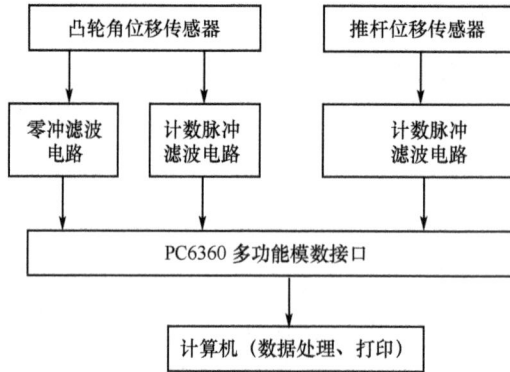

图 3.41　测试原理图

3.7.4　实验准备

1. 确定实验内容

(1)盘形凸轮机构

(2)圆柱凸轮机构

2. 实验台检查

(1)拆下有机玻璃保护罩，用清洁抹布将实验台，特别是机构各运动构件清理干净，加少量 N68～N48 机油至各运动构件滑动轴承处。

(2)面板上调速旋钮逆时针旋到底(转速最低)。

(3)转动曲柄盘 1～2 周，检查各运动构件的运行状况，各螺母紧固件应无松动，各运动构件应无卡死现象。

3.7.5 盘形凸轮机构实验步骤

(1)打开计算机，单击"凸轮机构"图标，进入凸轮机构运动测试设计仿真综合实验台软件系统的界面。单击左键，进入盘形凸轮机构动画演示界面，如图 3.42 所示。

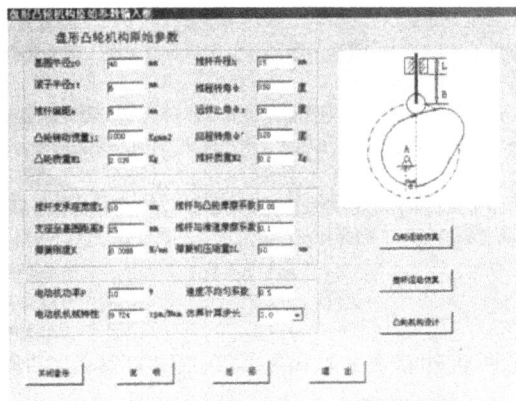

(2)在盘形凸轮机构动画演示界面左下方单击"盘形凸轮机构"键，进入盘形凸轮机构原始参数输入界面，如图 3.43 所示。

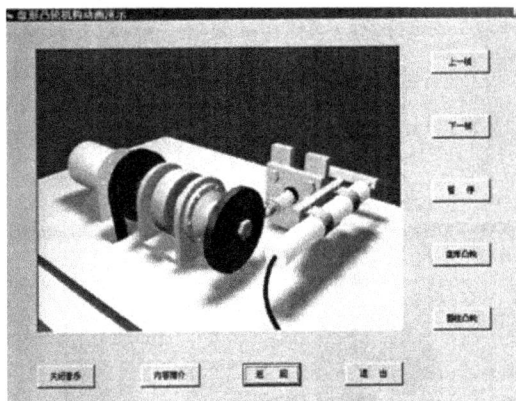

图 3.42 盘形凸轮机构动画演示界面　　　图 3.43 盘形凸轮机构原始参数输入界面

(3)在盘形凸轮机构原始参数输入界面的左下方单击"凸轮机构设计"键，弹出凸轮机构设计对话框；输入必要的原始参数，单击"设计"键，弹出一个"选择运动规律"对话框；选定推程和回程运动规律，在该界面上，单击"确定"键，返回凸轮机构设计对话框；待计算结果出来后，在该界面上，单击"确定"键，计算机自动将设计好的盘形凸轮机构的尺寸填写在参数输入界面对应的参数框内。也可以自行设计，然后按设计的尺寸调整推杆偏距和滑道的位置。

(4)启动实验台的电动机，待盘形凸轮机构运转平稳后，测定电动机的功率，填入参数输入界面的对应参数框内。

(5)在盘形凸轮机构原始参数输入界面左下方单击选定的实验内容(凸轮运动仿真，推杆运动仿真)，进入选定实验的界面，如图 3.44 和 3.45 所示。

(6)在选定的实验内容界面左下方单击"仿真"键，动态显示机构即时位置和动态的速度、加速度曲线图。单击"实测"键，进行数据采集和传输，显示实测的速度、加速度曲线图。若动态参数不满足要求或速度波动过大，有关实验界面均会弹出提示"不满足!"及有关参数的修正值。

(7)如果要打印仿真和实测的速度、加速度曲线图，在选定的实验内容的界面下方单击"打印"键，打印机自动打印出仿真和实测的速度、加速度曲线图。

(8)如果要做其他实验，或动态参数不满足要求，在选定的实验内容界面下单击"返回"键，返回盘形凸轮机构原始参数输入界面，校对所有参数并修改有关参数，单击选定的实验内容键，进入有关实验界面。以下步骤同前。

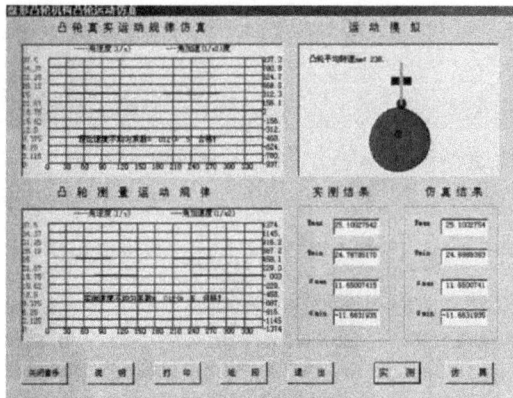

图 3.44　盘形凸轮机构凸轮运动仿真界面　　　图 3.45　盘形凸轮机构推杆运动仿真界面

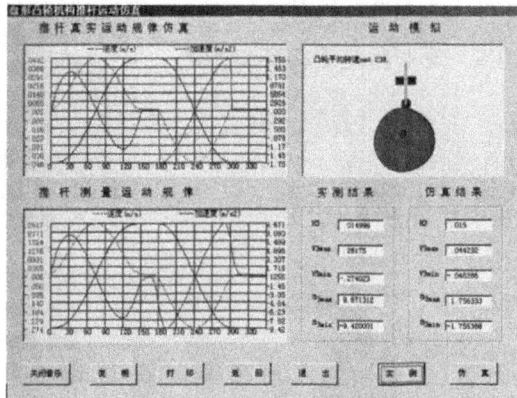

(9)如果实验结束，单击"退出"键，返回 Windows 界面。

3.7.6　圆柱凸轮机构实验步骤

(1)打开计算机，单击"凸轮机构"图标，进入盘形凸轮机构运动测试设计仿真综合试验台软件系统的界面。单击左键，进入盘形凸轮机构动画演示界面。

(2)在盘形凸轮机构动画演示界面左下方单击"圆柱凸轮机构"键，进入圆柱凸轮机构动画演示界面，如图 3.46 所示。

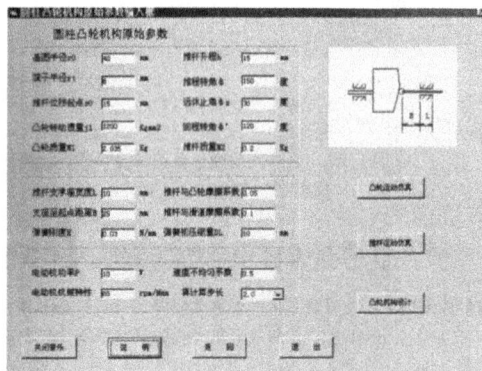

(3)在圆柱凸轮机构动画演示界面左下方单击"圆柱凸轮机构"键，进入圆柱凸轮机构原始参数输入界面，如图 3.47 所示。

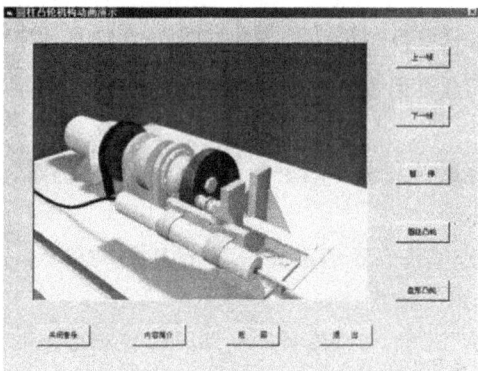

图 3.46　圆柱凸轮机构动画演示界面　　　图 3.47　圆柱凸轮机构原始参数输入界面

(4)在圆柱凸轮机构原始参数输入界面的左下方单击"凸轮机构设计"键，弹出凸轮机构设计对话框；输入必要的原始参数，单击"设计"键，弹出一个"选择运动规律"对话框；选定推程和回程运动规律，在该界面上，单击"确定"键，返回凸轮机构设计对话框；待计算结果出来后，在该界面上，单击"确定"键，计算机自动将设计好的盘形凸轮机构的尺寸填写在参数输入界面对应的参数框内。也可以自行设计，然后按设计的尺寸调整推杆偏距和滑道的位置。

(5)启动实验台的电动机，待圆柱凸轮机构运转平稳后，测定电动机的功率，填入参数输入界面的对应参数框内。

(6)在圆柱凸轮机构原始参数输入界面左下方单击选定"凸轮运动仿真"，进入选定圆柱凸轮机构的凸轮运动仿真及测试分析界面，如图 3.48 和图 3.49 所示。

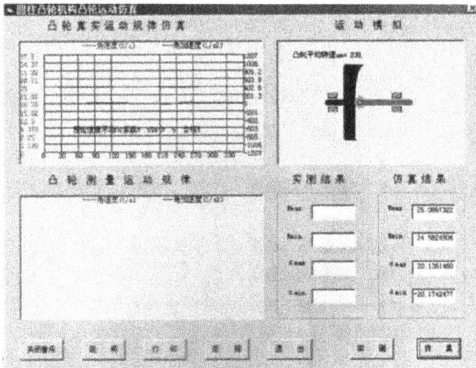

图 3.48　圆柱凸轮机构凸轮运动仿真界面　　　　图 3.49　圆柱凸轮机构推杆运动仿真界面

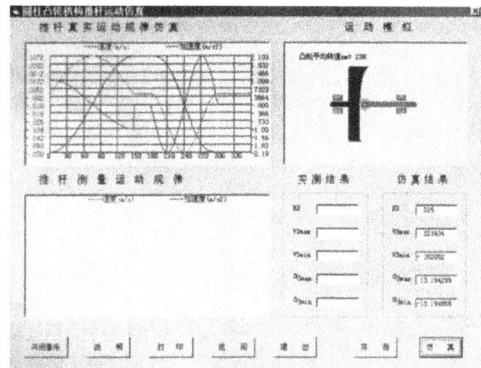

(7)在凸轮运动仿真及测试分析的界面左下方单击"仿真"键，动态显示机构即时位置和凸轮动态的角速度及角加速度曲线图。单击"实测"键，进行数据采集和传输，显示实测的角速度和角加速度曲线图。若动态参数不满足要求或速度波动过大，有关实验界面均会弹出提示 "不满足!"及有关参数的修正值。

(8)如果要打印仿真和实测的角速度及角加速度曲线图，在凸轮运动仿真及测试分析的界面下方单击"打印"键，打印机自动打印出仿真和实测的角速度及角加速度曲线图。

(9)如果要做其他实验，或动态参数不满足要求，在凸轮运动仿真及测试分析的界面下方单击"返回"键，返回圆柱凸轮机构原始参数输入面，校对所有参数并修改有关参数，单击选定的实验内容键，进入有关实验界面。以下步骤同前。

(10)如果实验结束，单击"退出"键，返回 Windows 界面。

3.7.7　思考题

(1)理论计算的位移曲线与实际测得的位移曲线是否一致，为什么？
(2)测试系统中用了哪几个传感器，测得的是什么参数？
(3)两种方法获得的速度和加速度曲线为什么有较大差别？
(4)盘形凸轮机构与圆柱凸轮机构的适用场合有何区别？

3.7.8　实验报告及要求

实验报告要求使用专用的实验报告用纸，内容包括以下几点。
(1)实验目的。
(2)实验内容。
(3)实验设备及测试原理。
(4)测试凸轮机构类型、测试数据及参数曲线，分析实验结果。

3.8　周转轮系传动效率测试

3.8.1　实验目的

(1)测定定轴、行星轮系的传动比，差动轮系输入和输出轴的转速。

(2)测定定轴、行星轮系的传动效率。

(3)了解定轴轮系、周转轮系(行星轮系和差动轮系)和复合轮系的结构。

3.8.2　实验设备

实验设备为 CQZL-A 周转轮系效率测试实验台,如图 3.50 所示。图 3.51 给出了实验台的原理框图。

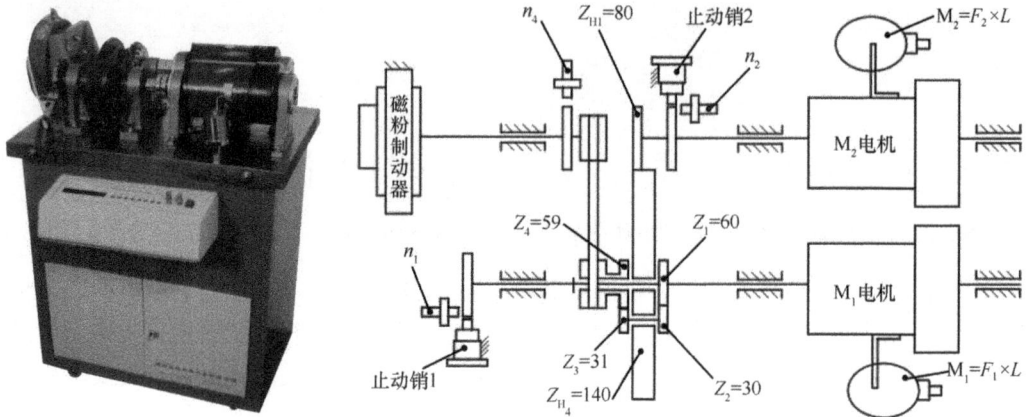

图 3.50　轮系传动实验台及结构

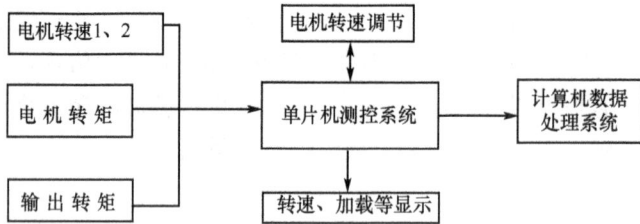

图 3.51　周转轮系传动实验台原理框图

(1)定轴轮系:直流调速电机 M_2 断电,且通过机械止动销 2 使齿轮 H_1 制动,构件 H 的速度 $n_H=0$,直流调速电机 M_1 输出运动和动力,齿轮 1 运动,齿轮 1、行星轮 2 和 3、齿轮 4 和机架组成定轴轮系。齿轮 1 为输入构件,齿轮 4 为输出构件,磁粉制动器通过传动比为 1 的同步带传动给齿轮 4 施加阻力矩 M_4。

(2)行星轮系:直流调速电机 M_1 断电,且通过机械止动销 1 使齿轮 1 制动,$n_1=0$,直流调速电机 M_2 输出运动和动力,齿轮 1 固定,行星轮 2 和 3、齿轮 4、行星架 H(即齿轮 H_2)和机架组成行星轮系,齿轮 H_2 和齿轮 H_1 仍构成定轴轮系。行星架 H 由直流调速电机 M_2 通过齿轮 H_1、H_2 啮合驱动,齿轮 4 为输出构件,磁粉制动器通过传动比 1 的齿形带传动给齿轮 4 施加阻力矩 M_4。

(3)复合轮系:当直流调速电机 M_1 和 M_2 均输出运动和动力时,系统构成复合轮系。齿轮 1、行星轮 2、3、齿轮 4、行星架 H(即齿轮 H_2)和机架组成差动轮系,齿轮 H_2 和齿轮 H_1 构成定轴轮系。对于差动轮系,齿轮 1 由直流调速电机 M_1 驱动,行星架 H 由直流调速电机 M_2 通过齿轮 H_1、H_2 啮合驱动,齿轮 4 为输出构件,磁粉制动器通过传动比 1 的齿形带传动给齿轮 4 施加阻力矩 M_4。

(4)输入、输出转速和力矩的测量：如图 3.50 所示，实验台中的齿轮 1、齿轮 4 和齿轮 H_1 的转速通过各自的传感器 n_1、n_4 和 n_2 测量得到，并传给单片机，操作者可以在屏幕界面上读到对应的 n_1、n_4 和 n_H，行星架的转速 n_H 由 $n_2/(Z_{H2}/Z_{H1})$ 计算得到。

实验台中的各齿轮齿数 $z_1=60$，$z_2=30$，$z_3=31$，$z_4=59$，$Z_{H1}=80$，$Z_{H2}=140$。

磁粉制动器的制动力矩 M_4 取决于所加电流的大小：直流调速电机 M_1 和 M_2 的输出力矩等于电机外壳上的力传感器 M_1 和 M_2 测量的力值 $F(N)$ 与力臂 L（力臂长约 120mm）的乘积。在屏幕界面上可读到对应的 F_1、F_2 和 M_4 值。

(5)直流调速电机 M_1 和 M_2 的转速调整和制动：在齿轮 1 和齿轮 H_1 的轴上各装有制动装置，如图 3.50 所示的止动销和止动轮，插入和拔出止动销可使齿轮 1 和齿轮 H_1 处于制动和非制动状态。根据实验要求，转动直流调速电机的调速旋钮可对直流调速电机的转速 n_1 和 n_2 进行调整。

3.8.3　实验方法与步骤

1. 轮系结构实验

(1)在不通电的情况下，完成如下工作：①齿轮 H_1 和齿轮 1 的制动装置处于非制动状态，再将直流调速电机 M_1 和 M_2 通电，调速至适当转速。②齿轮 1 的制动装置处于制动状态，直流调速电机 M_1 断电；齿轮 H_1 的制动装置处于非制动状态，再将直流调速电机 M_2 通电，调速至适当转速。③齿轮 H_1 的制动装置处于制动状态，直流调速电机 M_2 断电；齿轮 1 的制动装置处于非制动状态，再将直流调速电机 M_1 通电，调速至适当转速。

(2)在上述三种情况下，分别找到定轴轮系、行星轮系、差动轮系和复合轮系。

(3)画出定轴轮系、行星轮系、差动轮系和复合轮系的机构运动简图。

(4)将电机速度调至零，切断电源。

2. 周转轮系传动比实验

1)差动轮系传动比实验

(1)保证齿轮 1 和齿轮 H_1 的制动装置均处于非制动状态。

(2)已知输入构件齿轮 1 和行星架 H 的转速（$n_1=200$r/min，$n_H=100$r/min，且转向相同），通过理论公式计算齿轮 4 的转速 n_4。

(3)设置直流调速电机 M_1 的转速 $n_1=200$r/min，设置直流调速电机 M_2 的转速 n_2（$n_2=n_H(Z_{H2}/Z_{H1})=175$r/min）。

(4)在屏幕上读取齿轮 4 的转速 n_4，与理论值进行比较。

(5)将电机速度调至零，切断电源。

2)行星轮系传动比实验

(1)保证齿轮 1 的制动装置处于制动状态，齿轮 H_1 的制动装置均处于非制动状态。

(2)已知输入构件行星架 H 转速（$n_H=300$r/min），通过理论公式计算齿轮 4 转速 n_4。

(3)设置直流调速电机 M_2 的转速 $n_2(Z_{H2}/Z_{H1})=525$r/min）。

(4)在屏幕上读取齿轮 4 的转速 n_4，与理论值进行比较。

(5)将电机速度调至零，切断电源。

3. 周转轮系及各转化机构的轮系效率实验

(1)接通电源。
(2)保持电机 M_1 和 M_2 断电。
(3)操作步骤。

①齿轮 1 的制动装置处于制动状态，直流调速电机 M_1 断电；齿轮 H_1 的制动装置处于非制动状态，再将直流调速电机 M_2 通电，调速至适当转速。

②齿轮 H_1 的制动装置处于制动状态，直流调速电机 M_2 断电；齿轮 1 的制动装置处于非制动状态，再将直流调速电机 M_1 通电，调速至适当转速。

③齿轮 H_1 和齿轮 1 的制动装置处于非制动状态，再将直流调速电机 M_1 和 M_2 通电，调速至适当转速。

④给磁粉制动器设定适当工作电流，根据制动器特性曲线得到相应的阻力矩值 M_4。
⑤缓慢提高电机 M_2 的转速 n_2 为 200～600r/min。
⑥在屏幕上记录相应的电机 M_2 外壳上力传感器的读数 F_2 和齿轮 4 的转速 n_4。
⑦通过手工计算或计算机数据处理，可得到定轴轮系和行星轮系的传动效率。
⑧将电机速度调至零，切断电源。

3.8.4　注意事项

(1)必须启动电机后再加载，且加载值不得过大，实验完毕后应先卸载后停机，以免烧坏电机。
(2)实验完毕后，应将调速按钮旋至最低，关闭电源开关，切断电源。
(3)考虑实验的安全，要保证电机转速不要超过 800r/min。

3.8.5　思考题

(1)试比较行星轮系与周转轮系的异同点。
(2)行星轮系效率计算的理论基础是什么？
(3)为什么行星轮系高速运转时，效率的理论值与实测值之间误差较大？

3.8.6　实验报告及要求

实验报告要求使用专用的实验报告用纸，内容包括：
(1)实验目的。
(2)实验设备及测试原理。
(3)绘制测试轮系的机构运动简图，计算传动比和轮系效率，分析实验结果。

3.9　刚性转子动平衡

3.9.1　实验目的

(1)了解转子不平衡的危害。

(2)了解转子不平衡的利用。

(3)掌握用动平衡机进行刚性转子动平衡的原理与方法。

3.9.2　实验内容

(1)认真观察各种动平衡机的结构,找出他们的区别与特点。

(2)在一台动平衡试验机上进行实验操作,在规定时间内将转子平衡到最佳状况。

(3)确定平衡后的转子达到的精度等级(方法见《机械原理》教材)。

(4)观察分析各种利用转子不平衡工作和未达到平衡要求的机器的运转情况,对不平衡的危害及利用建立感性认识。

3.9.3　实验设备及仪器工具

(1)不同规格的动平衡实验机。

(2)各类转子、加重块。

(3)天平、橡皮泥及手工具。

(4)利用转子不平衡工作的机器实例;未达到平衡要求的机器实例。

3.9.4　动平衡试验机的结构

1. 软支承动平衡机

如图 3.52 所示,DS-100 型闪光式动平衡机为软支承动平衡机,即转子的平衡转速(角速度)一般是转子及其支承系统的固有频率的 2 倍以上。它由摆架部分、振动信号发生器、机械传动部分和电测箱组成,闪光式软支承动平衡机的工作原理如下。

被实验的转子安放在用弹簧片吊着的两个水平摆架上,形成两个自由度的振动系统。由驱动装置使转子转动,由于转子的不平衡,摆架将作水平振动,振动频

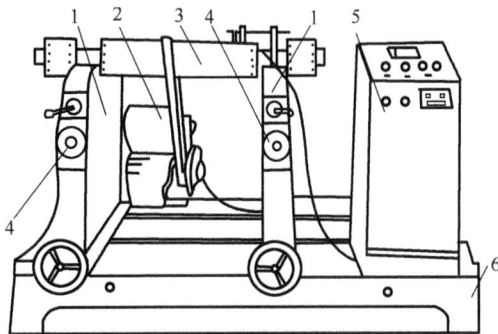

图 3.52　DS-100 型闪光式动平衡机示意图
1-摇摆架;2-电机;3-转子;4-传感器;5-电测箱;6-床身

率即转子的转动频率,振幅的大小与不平衡质径积成比例。每个摆架上连接一个电磁传感器,它输出的电压信号与不平衡质径积成比例。然后将信号经选频放大,由电压表指示出来,这就确定了每个平面内不平衡质径积的大小。不平衡质径积的方位确定也可以利用同一信号,经限幅放大、微分、检波,被处理成单向脉冲信号。这些脉冲信号恰好发生在不平衡质径积处在水平位置时,利用这些脉冲信号触发一只闪光灯,闪光灯从水平位置照亮标记在转子周边的号码。每当不平衡质径积处于水平位置时,闪光灯被触发,照亮相应的号码,其他号码经过水平位置时闪光灯熄灭,所以能看到的号码就是不平衡质径积所在的方位。

该动平衡机要求被测转子的直径在 700mm 以内,被测转子质量为 5~100kg。RYQ-10

型动平衡机为另一种形式的软支承动平衡机，其测试原理和操作方法与硬支承动平衡机相似。

2. 硬支承动平衡机

YWD-100/2 和 YYW-300 动平衡机为硬支承动平衡机，限定转子的最大质量分别为 100 kg 和 300 kg。

硬支承动平衡机将转子支承在刚性很大的支承架上，支承架及转子沿水平方向的固有频率应为转子转速的 3 倍以上。支承的振幅与不平衡质量产生的离心惯性力成正比，且相位相同。硬支承动平衡机的测试原理如下。

如图 3.53 所示的具有不平衡质量 m_1、m_2 的转子在动平衡支架上振动时，在 m_1、m_2 所产生的离心惯性力作用下，支架将产生 V_1、V_2 的正弦振动。V_1、V_2 与 m_1、m_2 的关系为

$$\begin{cases} m_1 = A_{11}V_1 + A_{12}V_2 \\ m_2 = A_{21}V_1 + A_{22}V_2 \end{cases} \tag{3.17}$$

式中，A_{11}，A_{12}，A_{21}，A_{22} 对于特定转子在一定转速下转动时是常数。确定它们的过程称为系统标定。完成标定后，通过测量 V_1、V_2 来计算 m_1、m_2 的过程就是该转子的测试过程。在转子上贴一标记，光电传感器对准标记，转子每转一圈，光电传感器产生一个脉冲信号。两支承上的振动 V_1、V_2 经速度传感器变为正弦交变信号，振荡频率与转子转动频率相同。微机控制多路电子开关和 A/D 卡，对信号进行采样之后计算 V_1、V_2 的幅值和相角，根据状态控制和键盘命令进行各种计算，并在显示框中显示结果。测试仪器面板大同小异，图 3.54 是其中的一个。

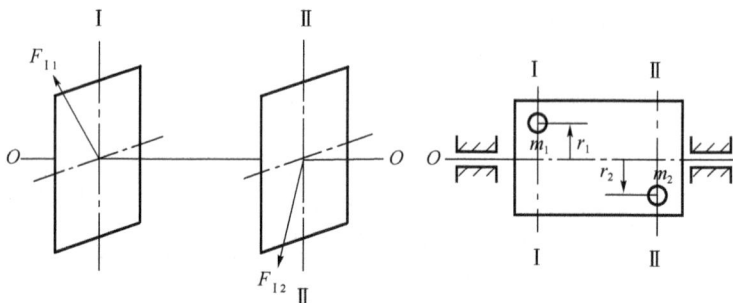

图 3.53　动平衡原理

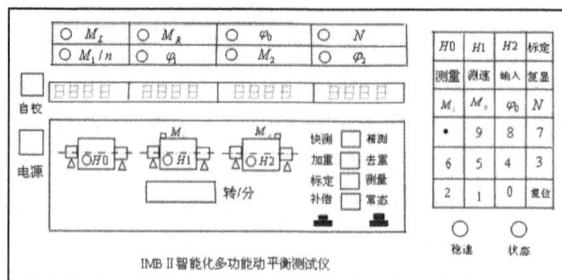

图 3.54　仪器操作面板

3.9.5　实验原理

当一个不平衡转子绕 O—O 轴回转时，该转子上各部分不平衡质量所产生的离心惯性力总可以转化为两个力 F_{I1} 和 F_{I2}，这两个力作用于任意选择的垂直于回转轴的两个平行平面 I—I 和 II—II 内。该转子的不平衡质量所产生的离心惯性力，就相当于在 I—I 和 II—II 两个平面上出现了距轴线分别为 r_1 和 r_2 的两个不平衡质量 m_1 和 m_2 所产生的不平衡力的作用，如图 3.53 所示。

因此，动平衡的任务就在于如何选择两个平衡质量 $m_{1平}$ 和 $m_{2平}$ 分别加于 I—I 和 II—II 平面内，与轴线距离分别为 R_1 和 R_2，使其产生的惯性力分别与 $\vec{F}_{I1}$ 和 $\vec{F}_{I2}$ 大小相等而方向相反，即

$$\begin{cases} m_{1平}\vec{R}_1 = -m_1\vec{r}_1 \\ m_{2平}\vec{R}_2 = -m_2\vec{r}_2 \end{cases} \tag{3.18}$$

此时

$$\begin{cases} \Sigma\vec{F}_I = 0 \\ \Sigma\vec{T}_I = 0 \end{cases} \tag{3.19}$$

式中，$\vec{F}_I$ 为惯性力；$\vec{T}_I$ 为惯性力矩。

该转子达到平衡。刚性转子的不平衡都可以认为是两个选定平面(称为平衡平面)内有两个不平衡的质量所致，这就是动平衡机进行平衡试验的理论基础。

3.9.6　注意事项

(1)开机前人员一定要离开被测转子，放好防护罩。

(2)软支承动平衡机开机前使机架处于锁止状态，待运转平衡后开机架，停机前先锁住机架，以防止损坏仪器。

3.9.7　操作方法

在 YYW-30 动平衡机上，转子需通过联轴器与平衡机主轴连接，在 YWD-100/2 动平衡机上，电机通过带传动直接带动转子转动。按下"启动"电源开关，待转子转动正常后进行如下操作。

1. 标定

测量不平衡质量 m_1、m_2 是通过测量支承上的 V_1、V_2 实现的。标定就是对要测的转子，在一定转速下确定 m_1、m_2 与 V_1、V_2 之间的关系，即确定式(3.17)中的系数 A_{11}，A_{12}，A_{21}，A_{22} 的过程。其标定规程如下。

(1)开仪器，置"精测"、"常态"。

(2)在转子 0° 位置上左加重(已知)，开机架。

(3)按"测速"，调到预定实验转速，按"复位"(待显示符号后，稍候 5s)。

(4)按"H1"(显示 H1 后，停机架，取下加重)。

(5)在转子 0° 位置上右加重(已知)，开机架。

(6)按"测速"，调到预定实验转速，按"复位"(待显示符号后，稍候 5s)。

(7)按"H2"(显示 H2 后，停机架，取下加重)。

(8)开机架。

(9)按"测速",调到预定实验转速,按"复位"(待显示符号后,稍候 5s)。

(10)按"H0"(显示 H0 后)。

(11)按"输入"、"M_L",输入左加质量(g),按"M_R",输入右加质量(g),按"ϕ_0",输入加重时的角度(一般输入"0"),按"N",输入转子编号(任意两位数)。按下"标定"键,再按"标定",稍后,拔出"标定"键后就可以按"测量"进行测量了。

标定时选"精测",测量时选"快测"。

2. 测量

对已进行标定的转子,可按下述步骤进行测量。

(1)开仪器,开机架,置"快测"。

(2)按"测速",调速到预定转速,即标定时的转速,按"复位",显示符号后,稍候 5s。

(3)按"输入",按"N",输入转子号(如果标定后直接测量,此步省略)。

(4)按"测量",仪器开始对信号进行采样,计算后显示不平衡的大小和相位(注意"加重/去重"键的状态)。

(5)加重或去重后重新测量,直到满足平衡精度。

3.9.8 思考题

(1)试分析比较软支承动平衡机与硬支承动平衡机的主要区别。

(2)刚性转子进行动平衡实验的目的是什么?

(3)同一转子在不同的动平衡实验机上测得的不平衡质量是否会完全相同,为什么?

(4)工程上规定许用不平衡量的目的是什么?为什么绝对的平衡是不可能的?

(5)作往复移动或平面运动的构件,能否用动平衡实验机将其不平衡惯性力平衡?为什么?

3.9.9 实验报告及要求

实验报告要求使用专用的实验报告用纸,内容包括以下几点。

(1)实验目的。

(2)实验设备及测试原理。

(3)平衡精度的计算过程,分析实验结果。

附:确定转子平衡精度等级的方法

$$e = \frac{m_{平}r}{m}$$

$$A = \frac{e\omega}{1000}$$

式中:e 为转子质心偏移量,μm;$m_平$ 为测得的应加在两个平衡面上的平衡质量之和,g;m 为被测转子的质量,kg;r 为被测转子加平衡质量处的向径,mm;ω 为被测转子的工作转速,1/s。

根据 A 值查文献《误差理论与数据处理》(费业泰,2000)平衡–章中的"各种典型转子的平衡精度等级"表,确定对应的精度等级。要求的精度等级也在该表该选取,按一般机械零件平衡精度取 6.3 级,其中的 ω 用工作转速。

第4章　机械设计课程实验

4.1　典型机械零件失效分析

4.1.1　实验目的

(1)了解机械零件典型失效形式的特点。

(2)掌握机械零件失效分析的一般方法和步骤。

(3)了解机械零件失效的原因及提高机械零件承载能力的对策。

4.1.2　实验内容

(1)目测观察失效零件，了解损伤特征。

(2)利用放大镜，体视显微镜对断裂零件断口的宏、微观形貌特征进行详细观察，找出断裂源和其他断裂特征。

(3)利用放大镜，体视显微镜观察磨损、胶合零件表面的损伤形貌。

(4)分析典型零件的失效形式和原因，提出预防措施。

4.1.3　实验设备和样件

(1)体视显微镜，放大镜，照相机。

(2)各种失效零件。

4.1.4　机械零件的典型失效形式

1. 断裂

1)静载断裂

零件上的工作应力超过材料的强度极限时，在一次或几次应力循环中，导致零件断裂。

2)疲劳断裂

疲劳断裂是损伤的累积过程。在交变载荷作用下，零件的局部高应力区首先形成初始微裂纹，随着应力循环次数的增加，微裂纹逐渐扩展，当有效承载面积不足以承受外载荷时，就突然断裂。工程中零件的断裂80%以上属于疲劳断裂。零件发生疲劳断裂时，其工作应力远低于材料的强度极限。

3)疲劳断裂断口的主要宏观特征

疲劳断口上有三个区域(图4.1)：在交变应力反复作用下，初始微裂纹形成并缓慢扩展的裂纹源区；疲劳裂纹扩展过程中，裂纹两边相互挤压摩擦形成的光滑疲劳裂纹扩展区；最终断裂时形成的粗糙瞬断区。在疲劳区上可观察到以源区为中心的海滩状标记或贝纹线。断口分析中，可由贝纹线的方向来判定裂纹源的位置。瞬断区的断口往往较粗糙，有粗大的撕裂棱。

4）典型零件断口分析

（1）轮齿折断。轮齿根部过渡圆角处的加工刀痕和截面变化等引起应力集中，在啮合过程中，齿根处产生较大的弯曲应力。当外加载荷过大时，易引起轮齿过载折断，如图 4.2 所示。轮齿啮合过程中，在齿根部易出现微裂纹。反复啮合受载，齿根处的微裂纹逐渐扩展，有效承载面积不足时，导致轮齿瞬时折断——疲劳断齿，如图 4.3 所示。

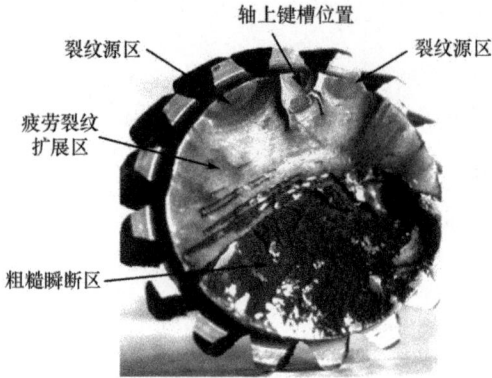

图 4.1　疲劳断裂

图 4.2　过载断齿

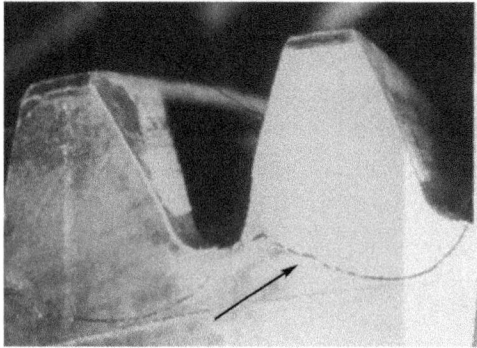

(a) 齿端疲劳裂纹

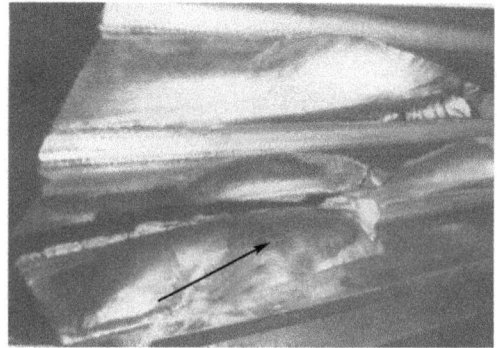

(b) 疲劳断齿裂纹源

图 4.3　疲劳断齿

（2）断轴。工程中多数轴同时承受弯矩和扭矩作用，轴表面上的应力最大。在应力集中部位往往易形成微裂纹，裂纹从表面逐渐向心部扩展，最终导致断轴。若内部存在脆性夹杂或空洞，也会在内部形成初始裂纹，导致轴的断裂。疲劳断轴如图 4.4 所示。

（3）螺栓断裂。螺栓受轴向载荷作用时，因螺纹根部应力集中的作用，易形成微裂纹并扩展，导致螺栓断裂，如图 4.5 所示。

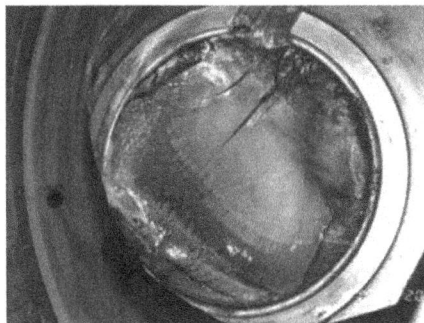

图 4.4　疲劳断轴

裂纹源

图 4.5　螺栓断裂

2. 表面损伤

1)接触疲劳

相互接触工作的零件,在接触应力的反复作用下,表面形成麻点或材料成片状剥落,使表面疲劳失效。接触疲劳的典型形式是齿轮及滚动轴承的点蚀和剥落。

(1)疲劳点蚀。

齿轮轮齿啮合或滚动轴承滚动元件工作过程中,由表面形成微裂纹,并在交变接触应力的反复作用下,与表面成一定角度向零件体内扩展,在工作表面上形成麻坑,即点蚀。点蚀常产生于软齿面齿轮轮齿靠近节线处的下齿面,点蚀坑呈贝壳状。

(2)疲劳剥落。

齿面剥落是硬齿面齿轮的主要失效形式。由于表面强化处理,表面的强度提高,而次表层或硬化层与心部的过渡区处的强度相对较弱。因而,剥落裂纹起始于表面下。在啮合受载过程中,裂纹与表面平行扩展,达到一定长度后,通过二次裂纹到达表面,使材料以片状分离。剥落坑无规则形状,齿面各处均可能出现剥落,但更多地出现在靠近节线的上下侧。

点蚀和剥落均会使接触表面的精度降低,产生强烈的振动和噪声,使齿轮或轴承传动失效。点蚀和剥落的典型形貌如图 4.6 所示。

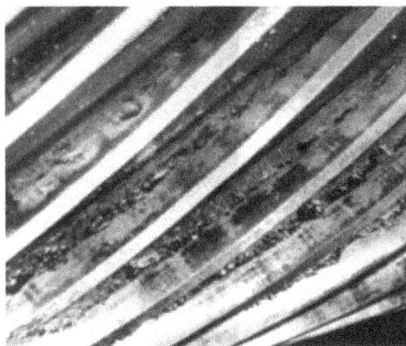

(a) 齿面点蚀

(b) 齿面剥落

图 4.6　点蚀与剥落图

2）磨损

相对运动零件表面材料发生转移损失为磨损。磨损使零件的精度和强度降低而失效。轴承轴颈或轴瓦磨损及齿面磨损会导致传动精度降低，过大的磨损还会导致轮齿的弯曲强度不足而断齿。齿轮齿面磨损如图 4.7 所示。

3）腐蚀

零件表面产生化学及电化学反应，相对运动使表面腐蚀产物脱落，使零件几何精度降低。齿面腐蚀如图 4.8 所示。有时会形成腐蚀裂纹，在交变应力作用下导致腐蚀疲劳断裂。

图 4.7　齿轮齿面磨损	图 4.8　齿面腐蚀

4）胶合

胶合是两接触表面相对运动过程中，表面黏着撕裂而形成的表面损伤。根据表面材料副发生黏着的原因不同，胶合损伤分为热胶合（图 4.9（a））与冷胶合（图 4.9（b））。

过高的相对滑动速度和接触应力的作用，使表面温度升高而黏着。而后，相对运动使黏着处撕裂，沿相对滑动方向形成涂抹划痕为热胶合。由过大的接触应力及一定的滑动速度而使表面材料黏着、撕裂形成划痕为冷胶合。

	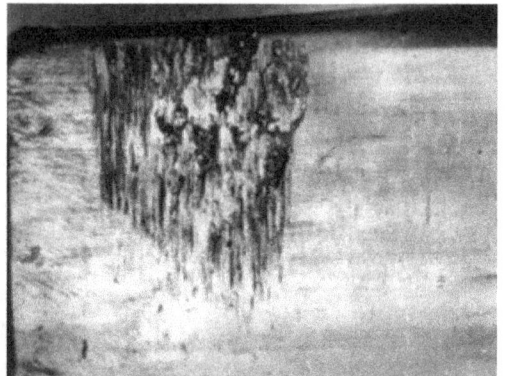
(a)热胶合	(b)冷胶合

图 4.9　热胶合与冷胶合

3. 变形失效

当零件上作用的应力超过材料的屈服极限时，会产生塑性变形导致零件丧失工作能力。

1）齿面（体）塑变

当齿面的硬度较低，而传递的载荷又较大时，轮齿啮合过程中，齿面的材料会沿摩擦力方向产生塑性流动,在主动轮齿节线处形成凹沟(图4.10(a)),在从动轮齿节线处形成凸脊(图4.10(b)),而导致齿轮传动失效。齿轮受到过大载荷作用时,齿体也会产生塑性变形(图4.10(c)、(d))。

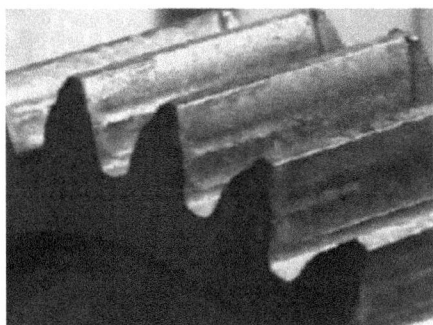
(a)齿面塑变(主动)

(b)齿面塑变(从动)

(c)齿体塑变(一)

(d)齿体塑变(二)

图4.10 齿面塑变与齿体塑变

2)键连接的挤压塑性变形

键连接中,各结合面上的比压超过一定值时,强度较弱的零件将产生塑性变形,而使连接失效。

4.1.5 机械零件失效分析的一般方法和步骤

(1)现场观察取样。了解零件的使用情况、工作环境、损伤情况等原始资料。常用放大镜、照相机、复膜等记录损伤零件及其断口。

(2)断口分析。用体视显微镜和扫描电子显微镜观察断口,判定裂纹源位置和裂纹扩展的路径,分析断裂性质及环境等因素对断裂的影响。

(3)材质分析。分析材料的成分和组织是否符合要求。

(4)性能分析。常用拉伸实验、冲击性能实验判定零件材料的力学性能是否满足要求。用常规硬度计和显微硬度计测定硬度。

(5)力学分析计算。

(6)加工精度分析。

(7)编写失效分析报告。通过以上分析和各种检验结果进行综合分析,找出零件的失效原因,并提出改进措施。

4.1.6 思考题

(1)机械零件的静载断裂与疲劳断裂各有何特征？与所受载荷性质、应力性质、机械零件的运动状态有何关系？

(2)轴疲劳断裂的初始裂纹常起源于哪些部位？

(3)齿轮齿面点蚀和剥落的断口形态、位置有何差别？齿面疲劳失效形式与热处理方式和齿面硬度有何关系？

(4)胶合失效与哪些因素有关？如何提高机械零件的抗胶合失效能力？

(5)磨损失效与哪些因素有关？如何提高机械零件的抗磨损失效能力？

4.1.7 实验报告及要求

实验报告要求使用专用的实验报告用纸，内容包括以下几点。

(1)实验目的。

(2)实验内容。

(3)机械零件失效分析过程和应考虑的因素。

(4)用图形和文字对损伤零件记录与描述。

(5)失效零件损伤区域不同部位的宏现和微观形貌特征描述。

(6)分析零件的失效形式和性质。

4.2 螺栓连接静、动态测试

4.2.1 实验目的

(1)了解螺栓连接在拧紧过程中各部分的受力情况。

(2)计算螺栓相对刚度，并绘制螺栓连接的受力变形图。

(3)验证受轴向工作载荷时，受预紧螺栓连接的变形规律及对螺栓总拉力的影响，分析影响螺栓总拉力的因素。

(4)通过螺栓的动载实验，改变螺栓连接的相对刚度，观察螺栓动应力幅的变化，以验证提高螺栓连接强度的措施。

(5)通过动载实验，改变被连接件的相对刚度，观察螺栓动应力幅的变化，以验证提高螺栓连接强度的措施。

(6)初步掌握电阻应变仪的工作原理和使用方法。

4.2.2 实验内容

(1)(空心)螺栓连接静、动态实验。(空心螺栓+刚性垫圈+无锥塞)

(2)改变被连接件刚度的静、动态实验。(空心螺栓+刚性垫圈+有锥塞)

(3)改变螺栓刚度的连接静、动态实验。(实心螺栓+刚性垫圈+无锥塞)

(4)改变垫片刚度的静、动态实验。(空心螺栓+弹性垫圈+无锥塞)

4.2.3 实验仪器和器材

(1)LZS 螺栓连接综合实验台。

（2）CQYDJ-4 静动态测量仪。

（3）其他仪器工具：螺丝刀，扳手等。

4.2.4　实验设备

1. 螺栓连接实验台的结构和工作原理

螺栓连接实验台的结构主要包括三部分：螺栓部分、被连接件部分和加载部分，如图 4.11 所示。

（1）螺栓部分包括 M16 空心螺栓 10、大螺母 12、组合垫片 13 和 M8 小螺杆 17 组成，空心螺栓贴有测拉力和扭矩的两组应变片，分别测量螺栓在拧紧时所受的预紧拉力和扭矩。空心螺栓的内孔中装有 M8 小螺杆，拧紧或松开其上的手柄杆，即可改变空心螺栓的实际受截面积，以达到改变连接件刚度的目的。组合垫片设计成刚性和弹性两用的结构，用以改变被连接件系统的刚度。

（2）被连接件部分由上板 20、下板 5 和八角环 15、锥塞 7 组成，八角环上贴有一组应变片，测量被连接件受力的大小，中部有锥形孔，插入或拔出锥塞即可改变八角环的受力，以改变被连接件系统的刚度。

（3）加载部分由蜗杆 2、蜗轮 4、挺杆 18 和弹簧 9 组成，挺杆上贴有应变片，用以测量所加工作载荷的大小，蜗杆一端与电动机 1 相连，另一端装有手轮 19，启动电动机或转动手轮使挺杆上升或下降，以达到加载、卸载(改变工作载荷)的目的。

2. LSD-A 型静动态测量仪的工作原理

实验台各被测件的应变量用 CQYDJ-4 型静、动态电阻应变仪测量，通过标定或计算即可换算出各部分的大小。CQYDJ-4 型静、动态电阻应变仪是利用金属材料的特性，将非电量的变化转换成电量变化的测量仪，应变测量的转换元件——应变片是用极细的金属电阻丝绕成或用金属箔片印刷腐蚀而成的，用黏结剂将应变片牢固地贴在被测物体上，当被测

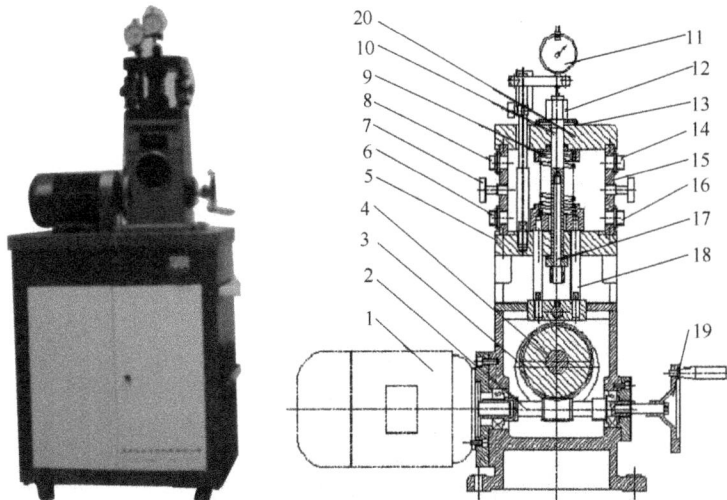

图 4.11　LZS-A 型螺栓连接实验台

1-电动机；2-蜗杆；3-凸轮；4-蜗轮；5-下板；6-扭力插座；7-锥塞；8-拉力插座；9-弹簧；10-空心螺栓；
11-千分表；12-大螺母；13-组合垫片(一面刚性一面弹性)；14-八角环压力插座；15-八角环；
16-挺杆压力插座；17-M8 小螺杆；18-挺杆；19-手轮；20-上板

物体受到外力作用长度发生改变时，粘贴在被测物体上的应变片也相应变化，应变片的电阻值也随着发生了 ΔR 的变化，这样就把机械量变化转换成电量(电阻值)的变化。用灵敏的电阻测量仪——电桥，测出电阻值的变化 $\Delta R/R$，就可以换算出相应的应变 ε，并可以直接在测量仪的液晶 128×64 点阵的大显示屏读出应变值。通过 A/D 板，该仪器可以向计算机发送被测点的应变值，供计算机处理。

LZS 螺栓连接综合实验台各测点均采用箔式电阻应变片，其阻值为 120Ω，灵敏系数 $k=2.20$，各测点均为两片应变片，按半桥测量要求粘贴组成如图 4.12 所示半桥电路(即测量桥的两桥臂)，图中 A、B、C 三点应为连接线中的三色细导线，其黄色线(即 B 点)为两应变片之公共点。

3. CQYDJ-4 型静、动态电阻应变仪使用说明

1)概述

CQYDJ-4 型静、动态电阻应变仪采用全数字化智能设计(图 4.13)，本机控制模式时采用 LCD 液晶 128×64 点阵的显示屏显示当前测点序号及测得的绝对应变值和相对应变值，同时具备灵敏系数数字设定桥路单点、多点自动平衡及自动扫描测试等功能；计算机控制模式时，可通过连接计算机与相应软件组成多点静、动态电阻应变测量分析系统，完成从采集存档到生成测试报告等一系列功能，轻松实现虚拟仪器测试。

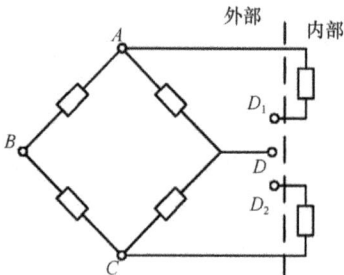

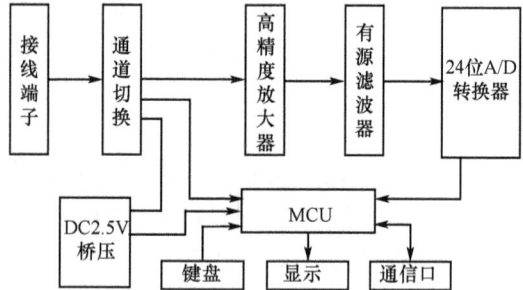

图 4.12　测量桥连接图　　　图 4.13　CQYDJ-4 型电阻应变仪系统示意图

2)主要性能指标

测量范围：$0\sim\pm30000\mu\varepsilon$

零点不平衡：$\pm10000\mu\varepsilon$

灵敏度系数设定范围：$2.00\sim2.55$

基本误差：$\pm0.2\%$F.S. ±2 个字

自动扫描速度：1 点/2

测量方式：1/4 桥、半桥、全桥

零点漂移：$\pm2\mu\varepsilon$/4h；$\pm0.5\mu\varepsilon$/℃

桥压：DC2.5V

分辨率：$1\mu\varepsilon$

测数：12 点

显示：LCD—128×64　　测点序号、6 位测量应变值

电源：AC220V($\pm10\%$)R50Hz

功耗：约 10W

外形尺寸(mm)：$320\times220\times148$(宽×深×高)，深度含仪器把手

3）面板功能按键说明

前面板功能按键定义如图 4.14 所示，后面板如图 4.15 所示。

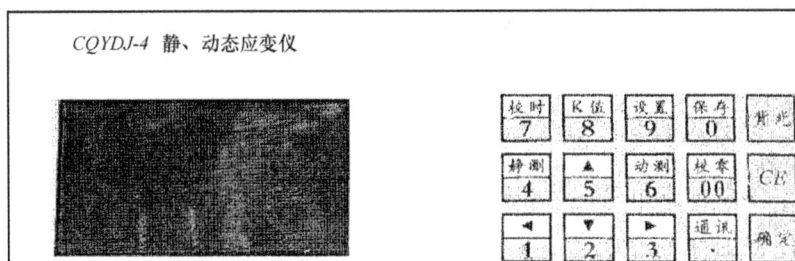

图 4.14　CQYDJ-4 型电阻应变仪前面板

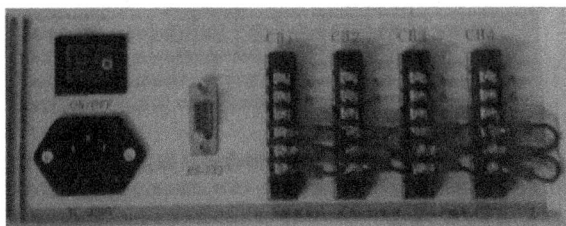

图 4.15　CQYDJ-4 型电阻应变仪后面板

面板各键的说明如下：

校时：按该键后对本仪器时间进行校时。

K 值：按该键后进入应变片灵敏系数修改状态。灵敏系数设置完毕后自动保持，下次开机时仍生效。

设置：暂无操作功能。

保存：暂无操作功能。

背光：按该键后背光熄灭，再按该键背光亮。

静测：按该键进入静态电阻应变测量状态。

动测：按该键进入动态电阻应变测量状态。

校零：按该键进入通道自动校零。

C E：按该键清除错误输入或退出该功能操作。

联机：静态应变数据采集分析系统(计算机程控)联机、退出手动测量操作。

确定：按该键确定该功能操作。

▲▼：上、下项目选择移动键。

0～9：为数字键。

4）测量

在进入自动测量状态下仪器给应变片预热 5min 后，即可进行测试。按"校零"键应变仪器可进行所有测点的桥路自动平衡。此时，通道显示从 01 依次递增到 04，LCD 液晶显示屏显示。同时校零指示灯在 LCD 液晶显示屏显示。

进入动态测量状态时，进行测量，同时在 LCD 液晶显示屏显示相应的动态测量状态，同时通过 RS232 通信口向上位机传送测量数据，校零同上。

在手动状态下测量仪器预热 15min 后，即可进行测试，校零同上。

如通道出现短路状况，静态应变仪在 LCD 液晶显示屏显示该通道"桥压短路"字样，同时报警，通道短路消除，静态应变仪自动恢复该通道测量。

4. 计算机专用的多媒体软件和其他配套器具

(1)实验台专用多媒体软件，该软件可进行螺栓静态连接实验和动态连接实验的数据处理、整理，并打印出所需的实测曲线和理论曲线图，待实验结束后进行分析。

(2)专用扭力扳手 0～200N·m 一把，量程为 0～1mm 的千分表两个。

4.2.5　实验方法和步骤

初始时，实验台八角环上未安装两锥塞，空心螺栓上的 M8 小螺栓手柄为松开状态，组合垫片为刚性垫片。下面对各个实验项目以空心螺栓连接静、动态实验为例说明实验方法和步骤。

实验一：（空心螺栓+刚性垫圈+无锥塞）螺栓连接静、动态实验

1)螺栓连接静态实验方法与步骤

(1)用静动态测量仪配套的 4 根信号数据线的插头端将实验台各测点插座连接好，各测点的布置为：电机侧八角环的上方为螺栓拉力，下方为螺栓扭力。手轮侧八角环的上方为八角环压力，下方为挺杆压力。然后再将数据线分别接到测量仪背面 CH1、CH2、CH3、CH4 各通道的 A、B、C 接线端子上。用配套的串口线接测量仪背面的 9 芯 RS232 插座，另一头连接计算机上的 RS232 串口。

(2)打开测量仪电源开关，启动计算机，进入软件封面，单击"静态螺栓实验"，进入静态螺栓实验主界面。单击"串口测量"菜单，用以检查通信是否正常，通信正常方可进行以下实验步骤。

(3)进入静态螺栓主界面，单击"实验项目选择"→"空心螺杆"项，（默认值）。

(4)转动实验台手轮，挺杆下降，使弹簧下座接触下板面，卸掉弹簧施加给空间螺栓的轴向载荷。将用以测量被连接件与连接件(螺栓)变形量的两块千分表，分别安装在表架上，使表的测杆触头分别与上板面和螺栓顶端面少许(0.5mm)接触。

(5)手拧大螺母至恰好与垫片接触。螺栓不应有松动的感觉，分别将两千分表调零。单击"校零"键，软件对上一步骤采集的数据进行清零处理。

(6)用扭力矩扳手预紧被测螺栓，当扳手力矩为 30～40N·m 时，取下扳手，完成螺栓预紧。

(7)将千分表测量的螺栓受拉变形值和八角环受压变形值输入到相应的"千分表值输入"框中。

(8)单击"预紧"键，软件进行螺栓预紧后，预紧工况的数据采集和处理，同时生成预紧时的理论曲线。

(9)如果预紧正确，单击"标定"键进行参数标定，此时标定系数被自动修正。

(10)用手将实验台上的手轮逆时针旋转，使挺杆上升至一定高度(≤15mm)，压缩弹簧对空心螺栓轴向加载，力的大小可以通过上升高度控制，塞入 ϕ15mm 的测量棒确定，然后将千分表测到的变形值再次输入到相应的"千分表值输入"框中。

(11) 单击"加载"键，进行轴向加载工况的数据采集和处理，同时生成理论曲线和实测曲线图。

(12) 如果"加载"正确，单击"标定"键进行参数标定，此时标定系数被自动修正。

(13) 单击"实验报告"键，生成实验报告。

2) 螺栓连接动态实验

(1) 螺栓连接静态实验结束后，返回软件主界面，单击"动态螺栓"进入动态螺栓实验界面。

(2) 重复静态实验方法与步骤中的 (1)～(12) 步。如果你已经做了静态实验，则此处不必重做。

(3) 取下实验台右侧手轮，开启实验台电动机开关，单击"动态"键，使电动机运转，进行动态工况的数据采集和处理，同时生成理论曲线和实测曲线图。

(4) 单击"实验报告"键，生成实验报告。

(5) 动态螺栓连接实验结束，将实验台恢复成初始状态。

实验二：（空心螺栓+刚性垫圈+有锥塞）螺栓连接静、动态实验

(1) 将 2 个锥塞分别插入两侧八角环中间的锥孔中。

(2) 按照实验内容一中的步骤 (2)～(3) 完成测试实验。

实验三：（实心螺栓+刚性垫圈+无锥塞）螺栓连接静、动态实验

(1) 将两侧八角环中间的锥孔中的 2 个锥塞取下。

(2) 将前面手柄置于右侧"实心螺杆"处。

(3) 按照实验内容一中的步骤 (2)～(3) 完成测试实验。

4.2.6　注意事项

(1) 电机的接线必须正确，电机的旋转方向为逆时针（面向手轮正面）。

(2) 进行动态实验，开启电机电源开关时必须注意把手轮卸下来，避免电机转动时发生安全事故，并可减少实验台振动和噪声。

4.2.7　思考题

(1) 分析实验数据说明影响螺栓变形的协调关系。

(2) 分析影响螺栓连接相对刚度的因素。

(3) 分析提高承受变载荷的螺栓连接疲劳强度的措施有哪些。

4.2.8　实验报告及要求

实验报告要求使用专用的实验报告用纸，内容包括以下几点。

(1) 实验目的。

(2) 实验原理。

(3) 记录静态实验时螺栓预紧后螺栓的拉力、扭力矩，加载前后螺栓和被连接件的受力与变形；绘制螺栓静态受力下的理论和实测受力变形图；绘制螺栓动态受力下的理论和实测受力变形图；描绘动载荷下螺栓、八角环和挺杆的载荷变化曲线；计算动载荷下螺栓最大应力、最小应力和应力幅。

(4)实验结果分析：对比螺栓的理论和实测变形图，分析说明差别和原因；分析动载荷下影响螺栓应力幅的因素。

4.3　多功能螺栓组连接特性综合测试

4.3.1　实验目的

(1)测试螺栓组连接在翻转力矩作用下各螺栓所受的载荷。
(2)深化课程学习中对螺栓组连接受力分析的认识。
(3)初步掌握电阻应变仪的工作原理和使用方法。

4.3.2　实验仪器和工具

(1)多功能螺栓组连接实验台。
(2)电阻应变仪。
(3)砝码。
(4)其他仪器工具：螺丝刀，扳手。

4.3.3　实验设备和原理

多功能螺栓组连接实验台结构如图 4.16 和图 4.17 所示，被连接件机座 1 和托架 5 被双排共 10 个螺栓 2 连接，连接面间加入垫片 4(硬橡胶板)，砝码 8 的重力通过双级杠杆加载系统 7(1∶75)增

图 4.16　多功能螺栓组连接特性实验台

力作用到托架 5 上，托架受到翻转力矩的作用，螺栓组连接受横向载荷和倾覆力矩联合作用，各个螺栓所受轴向力不同，它们的轴向变形也就不同。在各个螺栓上贴有电阻应变片，可在螺栓中段测试部位的任一侧贴一片，或在对称的两侧各贴一片，如图 4.18 所示。各个螺栓的受力可通过贴在其上的电阻应变片的变形，用电阻应变仪测得。

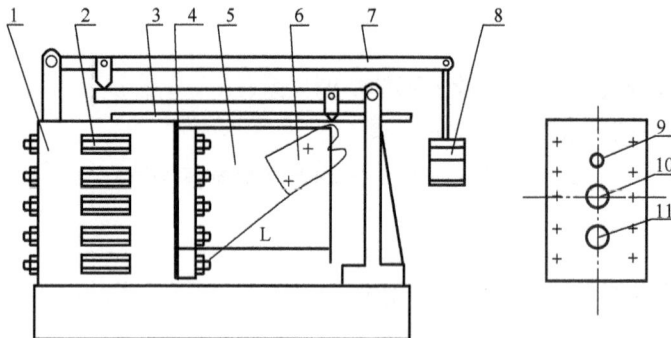

图 4.17　多功能螺栓组连接实验台结构
1-机座；2-测试螺栓；3-测试梁；4-垫片；5-托架；6-测试齿块；7-双级杠杆加载系统；
8-砝码；9-齿板接线柱；10、11-螺栓

4.3.4　实验原理

静态电阻应变仪的工作原理如图 4.19 所示，主要由测量桥、桥压、滤波器、A/D 转换

器、MCU、键盘、显示屏组成。测量方法为由 DC2.5V
高精度稳定桥压供电，通过高精度放大器，把测量
桥桥臂压差(μV 信号)放大，后经过数字滤波器，滤
去杂波信号，通过 24 位 A/D 模数转换送入 MCU(即
CPU)处理，调零点方式采用计算机内部自动调零。
送显示屏显示测量数据，同时配有 RS232 通信口，
可以与计算机通信。

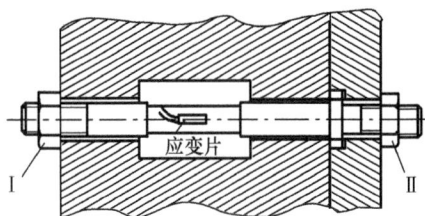

图 4.18　螺栓安装及贴片图

$$\Delta U_{BD} = \frac{E}{4K}\varepsilon \tag{4.1}$$

式中，ΔU_{BD} 为工作片平衡电压差；E 为桥压；K 为电阻应变系数；ε 为应变值。

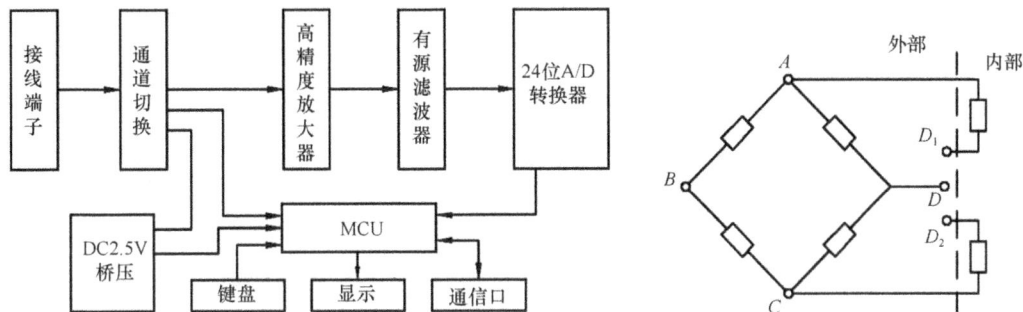

图 4.19　静态应变仪系统组成

　　当工作电阻片由于螺栓受力变形，长度变化 ΔL 时，其电阻也要变化 ΔR，并且 $\Delta R/R$ 正
比于 $\Delta l/l$，ΔR 使测量桥失去平衡。通过应变仪测量出 ΔU_{BD} 的变化，测量出螺栓的应变量。
工作电阻应变片和补偿电阻应变片分别接入电阻应变仪测量桥的一个臂，当工作电阻片由于
螺栓受力变形，长度变化 Δl 时，其电阻值也要变化 ΔR，并且 $\Delta R/R$ 正比于 $\Delta l/l$，ΔR 使测
量桥失去平衡，使毫安表恢复零点，读出读数桥的调节量，即为被测螺栓的应变量。

4.3.5　实验方法

　　1)仪器连线

　　用导线从实验台的接线柱上把各螺栓的应变片引出端及补偿片的连线连接到电阻应变
仪上。采用半桥测量的方法：如每个螺栓上只贴一个应变片，其连线如图 4.20 所示；如每个
螺栓上对称两侧各贴两个应变片，其连线如图 4.21 所示。后者可消除螺栓偏心受力的影响。

　　2)螺栓初预紧

　　抬起杠杆加载系统，不使加载系统的自重加到螺栓组连接件上。先将图 4.18 中所示的
左端各螺母 I 用手(不能用扳手)尽力拧紧，然后在把右端的各螺母也用手尽力拧紧。(如果
在实验前螺栓已经受力，则应将其拧松后再进行初预紧。)

　　3)应变测量点预调平衡

　　以各螺栓初预紧后的状态为初始状态，先将杠杆加载系统安装好，使加载砝码的重力
通过杠杆放大，加到托架上；然后再进行各螺栓应变测量的"调零"(预调平衡)，即把应
变仪上各测量点的应变量都调到"零"读数。预调平衡砝码加载前，应松开测试齿块(即使

载荷直接加在托架上，测试齿块不受力）；加载后，加载杠杆一般呈向向右倾斜状态。

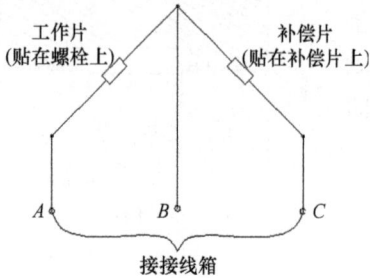

图 4.20   单片测量连线图

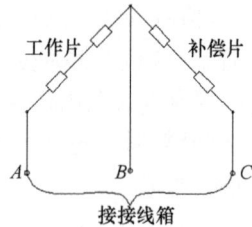

图 4.21   双片测量连线图

4）螺栓预紧

实现预调平衡之后，再用扳手拧各螺栓右端螺母Ⅱ来加预紧力。为防止预紧时螺栓测试端受到扭矩作用产生扭转变形，在螺栓的右端设有一段 U 形断面，它嵌入托架接合面处的矩形槽中，以平衡拧紧力矩。在预紧过程中，为防止各螺栓预紧变形的相互影响，各螺栓应先后交叉并重复预紧（可按 1、10、5、6、7、4、2、9、8、3 依次进行），使各螺栓均预紧到相同的设定应变量（即应变仪显示值为 $\varepsilon=280\sim320\mu\varepsilon$）。为此，要反复调整预紧 3、4 次或更多。在预紧过程中，用应变仪来监测。螺栓预紧后，加载杠杆一般会呈右端上翘状态。

5）加载实验

完成螺栓预紧后，在杠杆加载系统上依次增加砝码，实现逐步加载。加载后，记录各螺栓的应变值（据此计算各螺栓的总拉力）。注意：加载后，任一螺栓的总应变值（预紧应变+工作应变）不应超过允许的最大应变值 $\varepsilon_{max}\leqslant800\mu\varepsilon$），以免螺栓超载损坏。

4.3.6   实验步骤

(1)检查各螺栓处于卸载状态。

(2)将各螺栓的电阻应变片接到应变仪预 S 调箱上。

(3)在不加载情况下，先用手拧紧螺栓组左端各螺母，再用手拧紧右端螺母，实现螺栓初预紧。

(4)在初预紧情况下，把应变仪上各个测量点的应变量都调到"零"，实现预调平衡。

(5)用扳手交叉拧紧螺栓组右端各螺母，使各螺栓均预紧到相同的设定预应变量（应变仪显示的相对应变值为 $\varepsilon=280\sim320\mu\varepsilon$），（可按螺栓序号 1、10、5、6、7、4、2、9、8、3 依次进行），预紧一遍后再按照上述顺序预紧多次，直到所有通道的相对应变值达到要求。

(6)依次增加砝码，实现逐步加载到 2.5kg，记录各螺栓的应变值（砝码质量可加载 0.5kg、1.0kg、1.5kg、2.0kg、2.5kg）。

(7)测试完毕，逐步卸载，并去除各螺栓预紧力。

(8)整理数据，计算各螺栓的总拉力，填写实验报告。

4.3.7   思考题

(1)螺栓组连接理论计算与实测的工作载荷间存在误差的原因有哪些？

(2)实验台上的螺栓组连接可能的失效形式有哪些？

4.3.8　实验报告及要求

实验报告要求使用专用的实验报告用纸，内容包括以下几点。

(1) 实验目的。

(2) 实验原理。

(3) 实验条件。

(4) 记录预紧后各螺栓的应变值和各加载条件下各螺栓的应变值，计算各螺栓的工作拉力和总拉力，绘制各加载条件下各螺栓的工作拉力和总拉力的理论和实测图。

(5) 分析螺栓组中各螺栓受力的差异，并说明原因；分析理论受力图与实测受力图的差异，并说明原因。

4.4　多种螺旋传动参数与效率测试

4.4.1　实验目的

(1) 了解螺旋传动的几何关系和运动关系。

(2) 测定螺旋传动效率，掌握测试方法。

(3) 测定螺旋传动效率和螺旋升角的关系，掌握测试方法。

(4) 了解测定螺旋传动效率和螺旋升角关系的原理。

4.4.2　实验内容

(1) 螺纹几何关系和运动关系的测定。

(2) 螺旋副受力测定。

(3) 螺旋副的传动效率测定。

(4) 螺旋传动效率和升角关系的测定。

4.4.3　实验仪器

(1) CQL-D 螺旋传动实验台。

(2) 计算机、打印机。

4.4.4　实验设备

1. 主要结构、功能和调整

螺旋传动实验台外形主要结构如图 4.22 所示，各部分的功能和调整说明如下。

1) 直流电机

在进行螺旋副传动效率实验时该电机作为驱动电机，为实验装置提供动力。在对不自锁螺旋副进行逆传动(螺母主动、螺杆被动)实验时，该电机可作为发电机用能耗制动的方法对螺杆加载。

2) 转矩转速传感器

图 4.22　螺旋传动实验台

1-直流电机；2-转矩转速传感器；3-位移传感器；
4-联轴器；5-螺旋副架；6-快速装拆螺旋副装置

转矩转速传感器是一种测量机械转动转矩，转速的精量仪器，用途十分广泛。这里用于测量螺杆转动时的转速及转矩。

3）直线位移传感器

测量机械直线运动的位移的测量仪器，用于测量螺母运动的位移速度。

4）链条联轴器

该链条联轴器主要用于传递运动，亦可方便调整转矩转速传感器的零位。

5）实验用螺旋副架

该架设计安装了三种形式的螺杆螺母副，供实验选用，分别是一组五根不同导程的梯形螺旋副，两根矩形螺旋副以及两根锯齿形螺旋副。

6）快速装拆螺旋副的装置

该装置的结构如图4.23所示。拆卸实验螺旋副操作：顺时针（面向实验台右侧）旋转手轮1，丝杆2转动，带动螺母套4及滑块3向右移动，活套在滑块上的顶尖5也跟着脱离开实验螺旋副螺杆的中心孔。安装实验螺旋副操作：安装实验螺旋副以后，逆时针转动手轮，使滑块向左移动直到顶尖顶住实验螺杆中心孔，程度以能转动灵活为准。

7）砝码组

该砝码组用于对实验螺旋副加轴向载荷，每块重量50N，共8块，总计重量为400N。

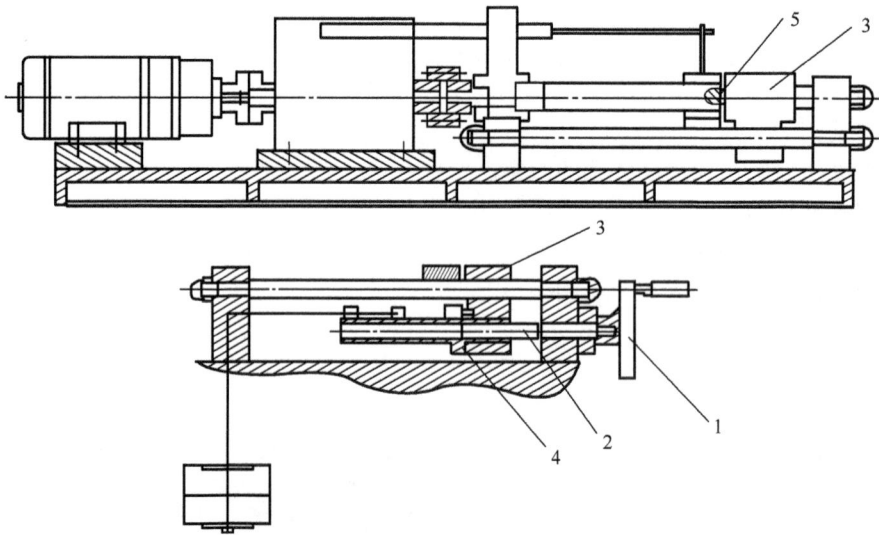

图4.23　螺旋传动实验台结构图

1-旋转手轮；2-丝杠；3-滑块；4-螺母套；5-顶尖

2. 实验装置基本参数

（1）带减速器直流调速电机 $P=40W$，$N=0\sim50r/min$。

（2）转矩转速传感器 ZJ-10　转矩 10N·m。

（3）直线位移传感器 WYDC-125　有效量程 $0\sim125mm$　输出信号 $0\sim5V$。

（4）实验螺旋副：$\phi32$（1～5）线梯形螺纹：螺距 $P=12$，导程 $S=12$、24、36、48、60；$\phi32$ 单、双线锯齿型螺纹：螺距 $P=10$，导程 $S=10$、20；$\phi32$ 单、双线矩形螺纹：螺距 $P=12$，

导程 S=10、20。

(5)负载砝码：4 块 50N/块（50kg/块）。

(6)实验台配置螺旋副参数如表 4.1 所示。

表 4.1 实验螺旋副参数

螺纹型号	牙型	螺距	头数	导程	螺型大径	螺纹中径	螺纹小径	半牙形角	数量
Tr32×12-8e	梯形	12	1	12	32	29	26	15°	1
Tr32×24(p12)-8e	梯形	12	2	24	32	29	26	15°	1
Tr32×36(p12)-8e	梯形	12	3	36	32	29	26	15°	1
Tr32×48(p12)-8e	梯形	12	4	48	32	29	26	15°	1
Tr32×60(p12)-8e	梯形	12	5	60	32	29	26	15°	1
B32×10-8e	锯齿	10	1	10	32	29	26	3°	1
B32×20(p10)-8e	锯齿	10	2	20	32	29	26	3°	1
	矩形	10	1	10	32	29	26	0	1
	矩形	10	2	20	32	29	26	0	1

注：摩擦系数一搬为 0.06～0.16

3. 操作使用说明

操作面板布置如图 4.24 所示。

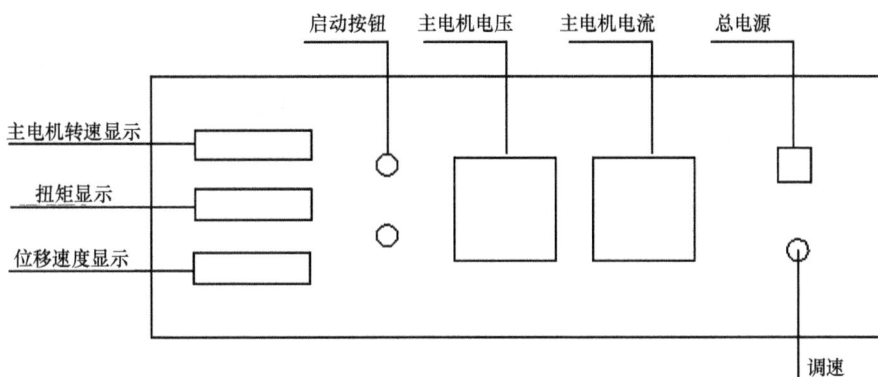

图 4.24 实验台操作面板

4. 实验软件操作说明

(1)接好实验台的三相电源和单相电源，以及电脑的信号线和电源线。

(2)按下实验台总电源开关，转动主电机调速旋扭（电压调在 100～200V），按下主电机开启按扭，主电机带动螺旋来回转动，数显窗口显示转速、扭矩、位移速度等实测数据。

(3)打开计算机，进入该螺旋传动测试系统软件界面。

(4)单击"菜单栏\设置\串口通讯参数"选项，选择当前通信用串口端口号，波特率设为

9600，数据位为8，停止位为1，奇偶校验属性设置为无。设置完毕后单击存盘以保存设置。

(5)在被测试螺纹参数数据库中，输入当前实验用的螺纹的相关参数。如实验编号、螺纹牙形(可选：①矩形；②梯形；③锯齿形)、大径、小径、中径、螺距、半牙形角(输入角度)、摩擦系数、轴向力、导程、线数、实验日期。参数输入完毕后，单击"√"键，确定设置有效。

(6)打开实验电机，单击右边"采样"键。这时，软件操作界面上的采样数据显示面板会实时地显示采样信息，包括转速、转矩和速度。并通过参数运算实时地显示实测效率值。同时，软件下面的效率实时曲线将绘出当前螺纹的理论效率曲线(红)和实测效率曲线(蓝)。

(7)单击"记录"键，将当前时刻的采样数据记录入数据库。

(8)实验完成，单击"停止"键，停止采样，然后单击"菜单\文件\退出系统"或直接关闭窗口。

(9)如需对多根螺纹进行实验，单击左边实验参数数据库中的"↑"键，添加记录。

5.传感器调零步骤

(1)确定小电极的转向与主轴正转的方向相反。

(2)在停止采样的情况下进入"设置"菜单的"扭矩传感器参数"界面：先将系数、扭矩量程、齿数、采样周期等设成与传感器铭牌上的参数相同，并将"小电极转速"设为"0"。

(3)单击"向仪器写参数"，听到电路板上蜂鸣器发出"嘀"声后表示向仪器写参数成功，然后单击"存盘"键。

(4)单击"采样"读"转速"窗口内所显示的数值，并记录下后单击"停止"。

(5)再次进入"设置"菜单下的"扭矩传感器参数"界面，将步骤(4)中所记下的转速值写入"小电机转速"栏中，然后单击"扭矩零点"读出"扭矩零点"值。听到电路板上蜂鸣器发出的"嘀"声之后，表示扭矩零点值设置成功。再设置"向仪器写参数"值，听到电路板上蜂鸣器发出"嘀"声后，表示该项设置成功。

(6)单击"存盘"键。

4.4.5 实验步骤

1.实验内容

实验一：螺纹几何关系和运动关系

(1)实验原理。螺纹的主要几何参数包括：大径 d，小径 d_1，中径 d_2，螺距 P，导程 S。在实验中可以测出这些几何参数，螺纹升角 λ 计算公式为

$$\lambda = \arctan \frac{S}{\pi d_2} = \arctan \frac{nP}{\pi d_2} \tag{4.2}$$

式中，n 为线数，实验中选择单线螺纹($n=1$)和双线螺纹($n=2$)分别进行实验。

在螺旋副中，当螺母相对螺杆转过 ϕ 角时，螺母将沿螺杆的轴向移动一距离 $L = \frac{S\phi}{2\pi}$。其运动形式如图 4.25 所示。

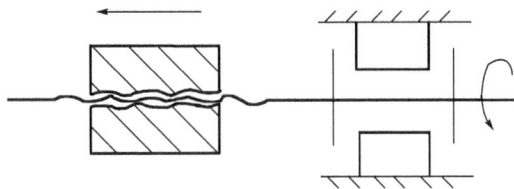

图 4.25　螺旋传动的运动形式

(2)实验方案。利用测量工具可以测量出上述外螺纹几何参数(d、d_1、P、S),这里 $S=P$ 和 $S=2P$,然后可以计算出中径 d_2 和螺纹升角 λ,具体的实验步骤如下。

①先选用普通单线螺纹进行实验,用游标卡尺分别测出 d、d_1、P,并记录。

②利用 $d_2 \approx (d + d_1) / 2$ 计算出 d_2,并记录。

③通过式(4.2)计算出螺纹升角 λ,并记录。

④在螺杆上套上螺母,螺杆不动,让螺母旋转 N 圈(N 可以选择),量出螺母移动的距离,与 $L=NS$ 进行比较,并记录。

⑤在螺杆上套上螺母,螺母不动,让螺杆旋转 N 圈,量出螺母移动的距离,与实验步骤④进行比较,并记录。

⑥把单线螺纹换成双线螺纹进行实验,重复上述实验步骤。

⑦用更换不同牙型螺纹进行实验,重复上述实验步骤。

实验二:螺旋副受力实验

(1)实验原理。螺旋副工作时主要承受转矩和轴向力的作用关系为

$$T = \frac{1}{2}Qd_2\tan(\lambda + \varphi) \qquad (4.3)$$

式中,T 为转矩,N·m;Q 为轴向力,N;φ 为螺旋副当量摩擦角,其数值可以根据所选择的螺纹牙型确定。

受力如图 4.26 所示,在实验中可以分别测出轴向力 Q 和转矩 T,判断是否满足理论关系及差别。

(2)实验方案。在本实验方案中对实验台的要求是:根据所加砝码(轴向力)的大小能随时准确地测出转矩的大小。代入式(4.3),看是否满足理论关系式,实验步骤如下。

①这里选用单线螺纹进行实验,将它与螺母装配,加一确定大小的轴向力 Q_1,记下实验测得的转矩的大小和轴向力的大小,并记录。根据所选螺纹类型确定 φ 的数值,将数据代入公式(4.3),计算出 T_1 的大小,比较计算值和实测值。

②在 Q_1 基础上增加 100N,记下实验测得的转矩的大小和轴向力的大小,记录并计算出 T_2 的大小,比较计算值和实测值。

③在 Q_2 的基础上再增加 100N,记下实验测得的转矩的大小和轴向力的大小,记录计算出 T_3 的大小,比较计算值和实测值。

④把单线螺纹替换为双线螺纹,重复以上实验步骤。

⑤更换不同牙形螺纹,重复以上实验步骤。

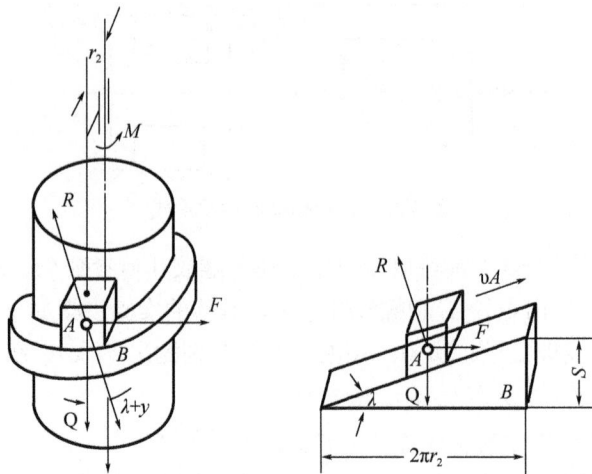

图 4.26 螺旋副受力

实验三：螺旋副的传动效率测试实验

(1)实验原理。对于螺旋传动，当螺母固定，螺杆转动，螺母沿轴向移动的方向与轴向力的方向相反时，螺杆转动所需的力矩为公式(4.3)，效率计算式为

$$\eta = \frac{\tan\lambda}{\tan(\lambda + \varphi)} \tag{4.4}$$

螺母沿轴向移动的方向与轴向力的方向相同时，螺杆转动所需的力矩为公式为

$$T' = \frac{1}{2}Q_p d_2 \tan(\lambda - \varphi) \tag{4.5a}$$

效率计算式为

$$\eta' = \frac{\tan(\lambda - \varphi)}{\tan\lambda} \tag{4.5b}$$

根据实验的数据和公式可以分别计算出螺杆转动和螺母移动的效率，并进行比较。对于不同牙型和不同头数的螺杆其效率肯定会有所不同，将实验数据和理论数据进行比较。

(2)实验方案。实验方案中对实验台的要求：能够测出螺杆转动和螺母移动的实际效率，实验步骤如下。

①选用单线矩形螺纹进行实验，螺杆转动，螺母移动，记录实测的效率，和根据公式计算出来的效率进行比较。

②选用双线矩形螺纹进行实验，重复以上实验步骤，并比较单线与双线螺纹的效率。

③把矩形螺纹换为锯齿形螺纹进行实验，重复上述实验步骤。

④比较所有的实验数据。

实验四：绘制螺旋升角与传动效率曲线

在本实验方案中对实验台的要求是：实验台需要配置一组不同导程的梯形螺纹副，至少5根。实验步骤如下。

(1)选用单线梯形螺纹进行实验，螺杆转动，螺母移动，记录实测的效率，和根据公式计算出来的效率进行比较。

(2)选用双线梯形螺纹进行实验，重复以上实验步骤。

(3)选用三线梯形螺纹进行实验，重复以上实验步骤。

(4)选用四线梯形螺纹进行实验，重复以上实验步骤。

(5)选用五线梯形螺纹进行实验，重复以上实验步骤。

(6)整理所有的实验数据。绘制螺旋升角与传动效率曲线，如图 4.27 所示。

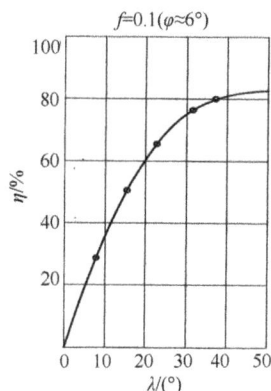

图 4.27　螺旋升角与传动效率曲线

2.软件实验步骤及方法

(1)打开软件，单击 "设置"打开"I 扭矩传感器参数"如图 4.28 所示。

(2)根据铭牌输写传感器"系数"，扭矩量程，"齿数"，如图 4.29 所示。

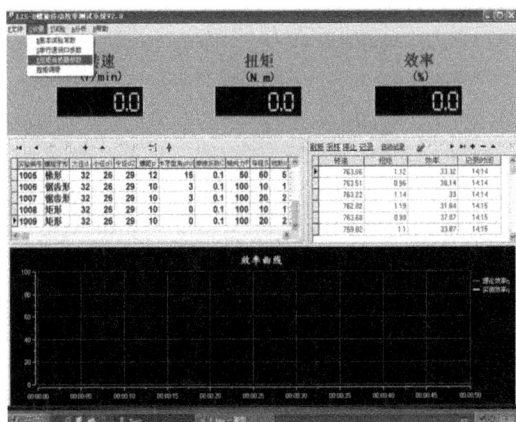

图 4.28　主页面

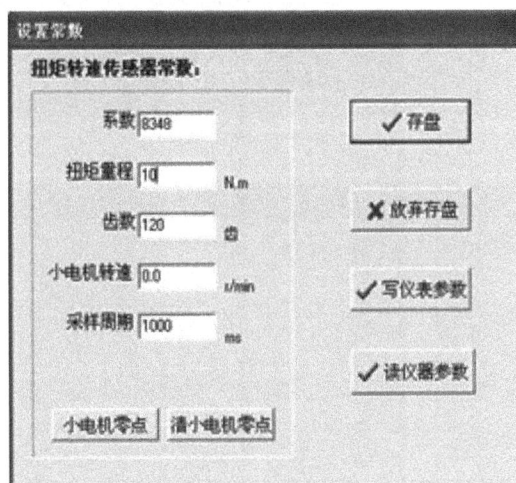

图 4.29　参数输入

(3)单击"写仪表参数"，电路响一声，单击"确定"键，如图 4.30 所示。

(4)单击 "读仪表参数"，单击"确定"键，如图 4.31 所示。

(5)单击"扭矩调零"，如图 4.32 所示。

(6)把扭矩传感电机转动(注与螺杆向上转动的方向相反及配重拉起的方向)，在拉起的方向单击"自动调零"，如图 4.33 所示。

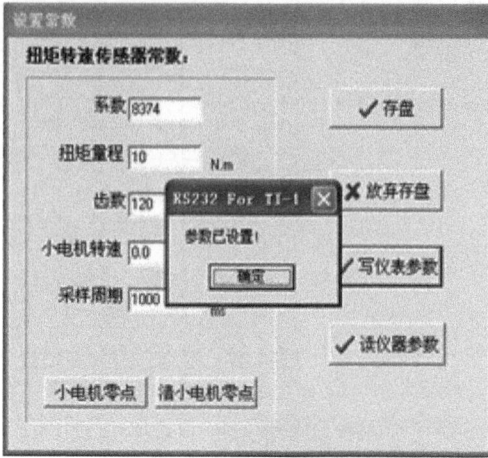

图 4.30　仪表参数设定

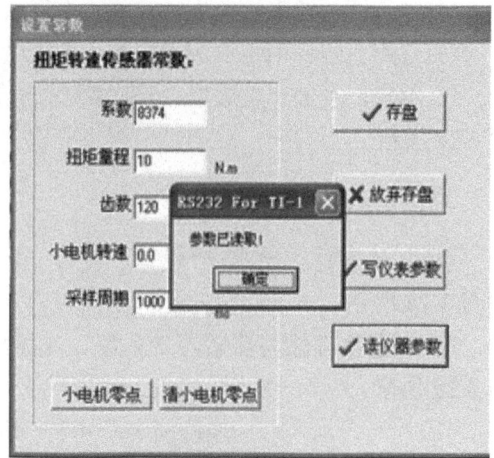

图 4.31　参数读取

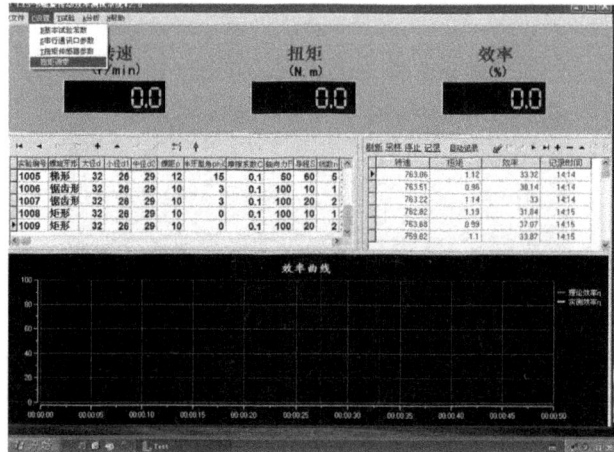

图 4.32　扭矩调零

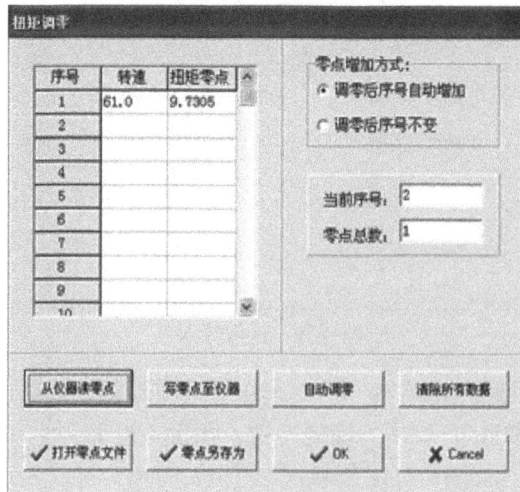

图 4.33　自动调零

(7) 单击"写零点至仪器",设置扭矩零点,如图 4.34 所示。

(8) 单击"仪器读零点",如图 4.35 所示。

(9) 根据螺旋杆的种类和参数、配重选择实验项目。如图 4.36 左边实验项目(1001 变色)所示。

(10) 关扭矩传感电机,单击"采样",实测曲线如图 4.37 所示。

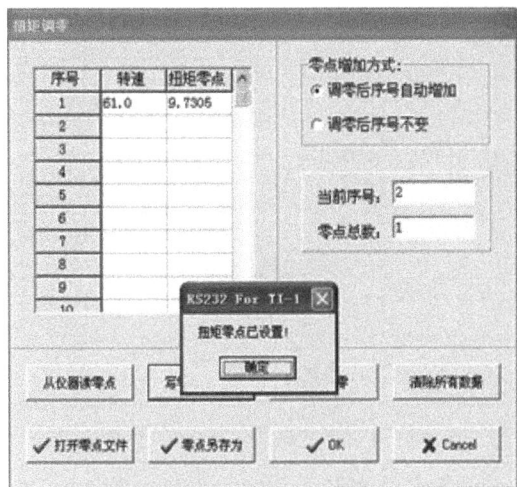

图 4.34　扭矩零点设置

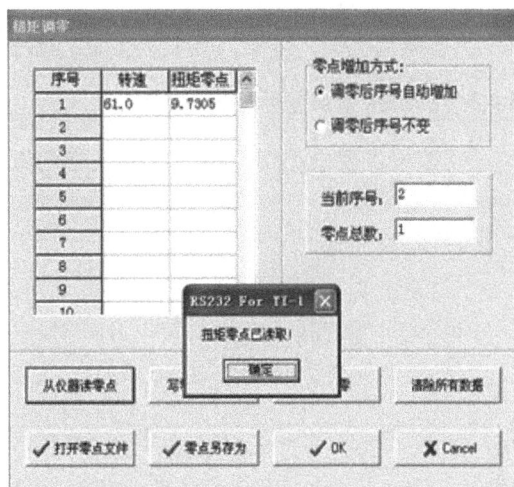

图 4.35　扭矩零点读取

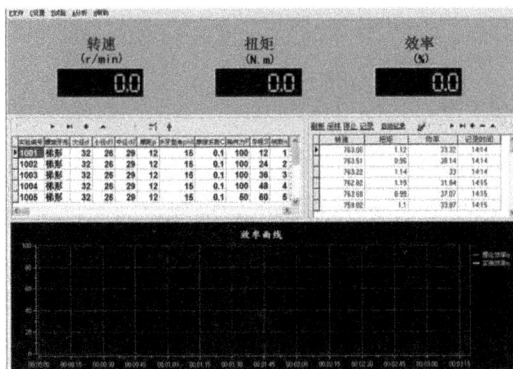

图 4.36　实验项目选择

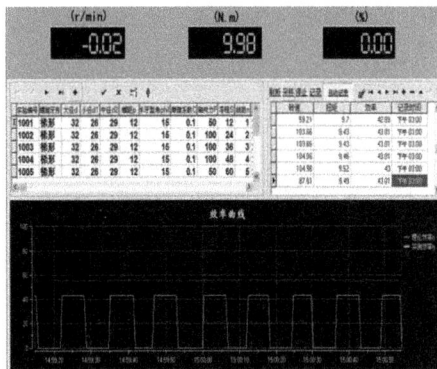

图 4.37　实验测试结果

4.4.6　注意事项

(1) 转动的螺杆螺母副,因极易将衣服和头发卷入其上,造成不应有的伤害事故,所以在操作实验台时:必须将头发置于帽子中或衣服里;必须挽起长袖或穿短袖;禁止戴手套操作运行的设备。

(2) 实验用螺母与支承座之间间隙很小,往复运动的螺母容易在此处造成手指压伤,禁止将手指放入此处。

(3) 垂直方向拿取或者观察不自锁螺杆螺母时,特别是从装螺旋副架中取出螺杆螺母时,请一定拿着螺母从架中取出来,螺杆带横方销的一端应朝上方,以免造成螺杆脱落砸伤手脚的事故。

(4) 更换实验用螺旋副时,必须在法砝码组下面放入适当高度的垫块将砝码垫起后再进行操作,以免砝码因重力下滑造成压伤手指的事故。

(5)设备必须可靠接地。

4.4.7 思考题

(1)分别推导螺母沿轴向移动方向和轴向力方向分别相反或相同时，螺旋副的效率。

(2)螺纹自锁的条件及原因。

(3)螺旋传动中的螺母为什么多采用青铜材料？

4.4.8 实验报告及要求

实验报告要求使用专用的实验报告用纸，内容包括以下几点。

(1)实验目的。

(2)实验原理。

(3)记录实验测试数据，给出螺纹几何关系和运动关系。

(4)记录螺旋副受力测试数据并分析。

(5)绘制螺旋副传动效率测试数据、螺纹升角与传动效率曲线。

4.5 带传动效率测试分析

4.5.1 实验目的

(1)观测带传动中的弹性滑动和打滑现象，以及它们与带传递载荷之间的关系。

(2)比较预紧力大小对带传动承载能力的影响。

(3)比较分析平带、V带和圆带传动的承载能力。

(4)测定并绘制带传动的弹性滑动曲线和效率曲线，了解带传动所传递载荷与弹性滑差率及传动效率之间的关系。

(5)了解带传动实验台的构造和工作原理，掌握带传动转矩、转速的测量方法。

4.5.2 实验设备

(1)CQP-C带传动实验台。

(2)传动带和带轮。

(3)装配工具。

4.5.3 实验装置结构与工作原理

1. 实验装置基本参数

(1)直流伺服电动机：功率355W，调速范围50～1500r/min，精度1r/min。

(2)预紧力最大值：3.5kg·f(1kg·f=9.80665N)。

(3)转矩力测杆力臂长：$L_1=L_2=120$mm(L_1、L_2为电机转子轴心至力传感器中心的距离)。

(4)测力杆刚度系数：$K_1=K_2=0.24$N/格。

(5)带轮直径：平带轮与圆带轮$d_1=d_2=120$mm，V带轮$d_1=120$mm，$d_2=80$mm。

(6)压力传感器：精度 1%，量程 0～50N。

(7)直流发电机：功率 355W，加载范围 0～320W。

2. 实验设备工作原理

实验台主要结构如图 4.38 所示。

(1)实验带 6 装在主动带轮和从动带轮上。主动带轮装在直流伺服电动机 5 的主轴前端，该电动机为特制的两端外壳由滚动轴承支承的直流伺服电动机，滚动轴承座固定在移动底板 1 上，整个电动机可相对两端滚动轴承座转动，移动底板 1 能相对机座 10 在水平方向滑动。从动带轮装在发电机 8 的主轴前端，该发电机为特制的两端外壳由滚动轴承支撑的直流伺服发电机，滚动轴承座固定在机座 10 上，整个发电机也可相对两端滚动轴承座转动。

(2)砝码及砝码架 2 通过尼龙绳与移动底板 1 相连，用于张紧实验带，增加或减少砝码，即可增大或减少实验带的初拉力。

(3)发电机 8 的输出电路中并联有 8 个 40W 灯泡 9，组成实验台加载系统，该加载系统可通过计算机软件主界面上的加载按钮控制，也可用实验台面板上触摸按钮 6、7(图 4.39)进行手动控制并显示。

(4)实验台面板布置如图 4.39 所示。

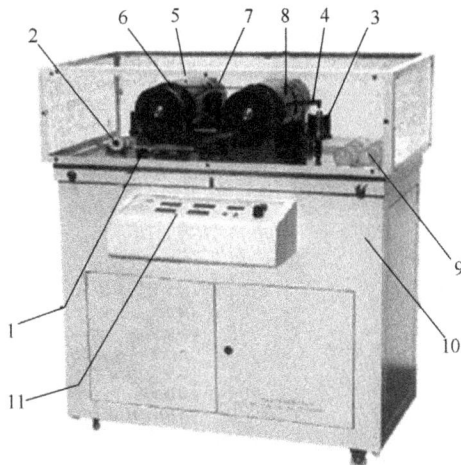

图 4.38　带传动实验台

1-电动机移动底板；2-砝码及砝码架；3-力传感器；4-转矩力测杆；5-电动机；6-实验带；

7-光电测速装置；8-发电机；9-负载灯泡组；10-机座；11-操作面板

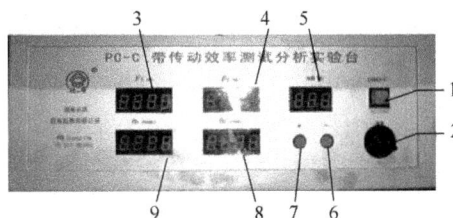

图 4.39　带传动实验台面板布置图

1-电源开关；2-电动机转速调节；3-电动机转速显示；4-发电机转速显示；5-加载显示；

6-卸载按钮；7-加载按钮；8-发电机转矩显示；9-电动机转矩显示

(5)主动带轮的驱动转矩 T_1 和从动带轮的负载转矩 T_2 均是通过电机外壳的反力矩来测

定的。当电动机 5 启动和发电机 8 加负载后，由于定子与转子间磁场的相互作用，电动机的外壳(定子)将向转子回转的反向(逆时针)翻转。两电机外壳上均固定有转矩力测杆 4，把电机外壳翻转时产生的转矩力传递给转感器 3。主、从动带轮转矩力可直接在面板上的数码管窗口上读取，并可传到计算机中进行计算分析。带传动实验分析界面窗口上直接显示主、从动带轮上的转矩值。

主、从动带轮上的转矩分别为

$$T_1 = Q_1 K_1 L_1 \tag{4.6}$$

和

$$T_2 = Q_2 K_2 L_2 \tag{4.7}$$

式中，Q_1、Q_2 为电动机转矩力，N；K_1、K_2 为转矩力测杆刚性系数($K_1 = K_2 = 0.24$N/格)；L_1、L_2 为力臂长，即电机转子中心至传感器轴心距离($L_1 = L_2 = 120$mm)。

(6)两电动机的主轴后端均装有光电测速转盘 7，转盘上有一小孔，转盘一侧固定有光电传感器，传感器侧头正对转盘小孔，主轴转动时，可在实验台面板数码管窗口上直接读出主轴转速(即带轮转速)，并可传到计算机中进行计算分析。

(7)滑动率 ε。主、从动带轮转速 n_1、n_2 可从实验台面板窗口或带传动实验分析界面窗口上直接读出。由于带传动存在弹性滑动，使 $v_2 < v_1$，其速度降低程度用滑差率 ε 表示为

$$\varepsilon = \frac{v_1 - v_2}{v_1} \times 100\% = \frac{d_1 n_1 - d_2 n_2}{d_1 n_1} \times 100\% \tag{4.8}$$

当 $d_1 = d_2$ 时

$$\varepsilon = \frac{n_1 - n_2}{n_1} \times 100\%$$

式中，d_1、d_2 为主、从动带轮基准直径，mm；v_1、v_2 为主、从动带轮的圆周速度，m/s；n_1、n_2 为主、从动带轮的转速，r/min。

(8)带传动效率 η 为

$$\eta = \frac{P_1}{P_2} = \frac{T_2 n_2}{T_1 n_1} \times 100\% \tag{4.9}$$

式中，P_1、P_2 为主、从动带轮上的功率，kW。

改变带传动的负载，其 T_1、T_2、n_1、n_2 也都在改变，这样就可算得一系列 ε、η 值，以 T_2 为横坐标，分别以 ε、η 为纵坐标，可绘制出弹性滑动曲线和效率曲线。

3. 测试软件操作

打开带传动实验测试软件，进入主界面后可查看带传动实验的相关介绍，如图 4.40 所示。

测试功能介绍如下。

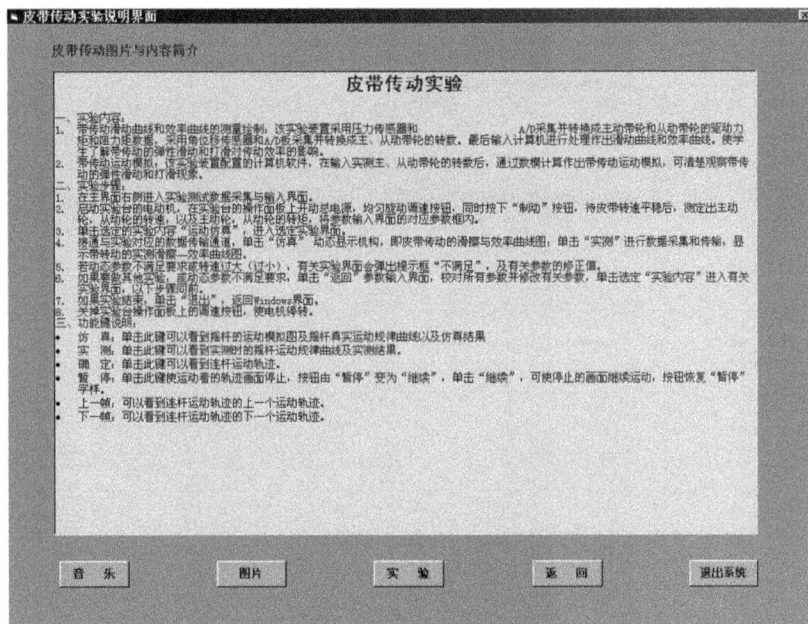

图 4.40　带传动实验说明界面

实验：单击此键，进入带传动实验分析界面。

音乐：单击此键，音乐关闭，同时"关闭音乐"变为"打开音乐"；反之，单击"打开音乐"，音乐打开，"打开音乐"变为"关闭音乐"。

图片：单击此键，弹出带传动实验说明框。

返回：单击此键，返回带传动实验台软件封面。

退出系统：单击此键，结束程序的运行，返回 Windows 界面。

带传动实验分析界面如图 4.41 所示，该界面开有皮带传动弹性滑动和打滑现象动画模拟窗口、带传动滑动曲线和效率曲线的测试绘制窗口。

各功能说明如下。

运动模拟：单击此键，可以清楚观察带传动的运动和弹性滑动及打滑现象。

加载：击此键可加载灯泡组负荷，每击一次可增加一个灯泡（40W）负荷功率。

稳定测试：单击此键，稳定记录实时显示的带传动的实测数据。

实测曲线：单击此键，显示带传动滑动曲线和效率曲线。

音乐：单击此键，音乐关闭，同时"关闭音乐"变为"打开音乐"；反之，单击"打开音乐"，音乐打开，"打开音乐"变为"关闭音乐"。

操作说明：单击此键，弹出带传动实验说明框。

重做实验：单击此键，重新加载、测试。

打印：单击此键，弹出"打印"对话框，将带传动滑动曲线和效率曲线打印出来或保存为文件。

返回：单击此键，返回带传动实验说明界面。

退出系统：单击此键，结束程序的运行，返回 Windows 界面。

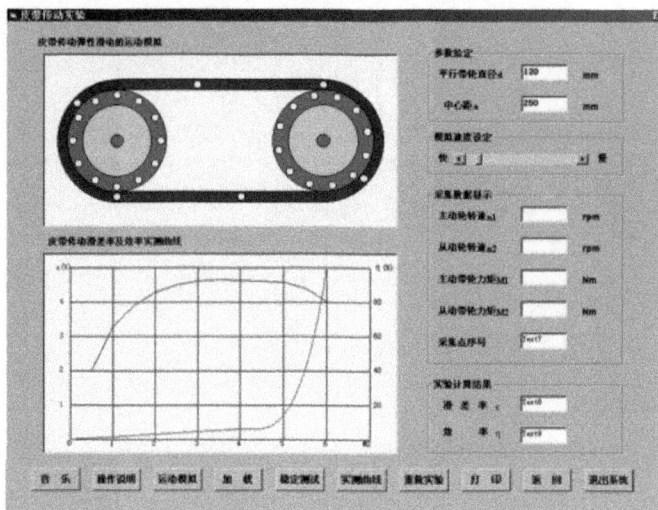

图 4.41　带传动实验分析

4.5.4　实验步骤

（1）打开计算机，单击"带传动"图标，进入带传动封面。单击左键，进入带传动实验说明界面。再单击"实验"键，进入带传动实验分析界面。

（2）在实验台带轮上安装实验平带，接通实验台电源，电源指示灯亮，调整转矩力测杆，使其处于平衡状态；加砝码 3kg，使带具有预紧力。

（3）按顺时针方向慢慢地旋转电动机转速调节旋钮，使电动机逐渐加速到 n_1=1000r/min 左右，待带传动运动平稳后，记录带轮转速 n_1、n_2 和电动机转矩力 Q_1、Q_2 一组数据。

（4）在带传动实验分析下方单击"运动模拟"键，再单击"加载"键，每间隔 5～10s，逐个打开灯泡（即加载），单击"稳定测试"键，逐组记录数据 n_1、n_2 及 Q_1、Q_2，注意 n_1 与 n_2 间的差值，分别在实验台上及实验分析界面运动模拟窗口观察带传动的弹性滑动现象。

（5）再单击"加载"键，继续增加负载，直到 $\varepsilon \geqslant 3\%$，带传动进入打滑区，若再继续增加负载，$n_1$ 与 n_2 之差迅速增大，带传动出现明显打滑现象。同时，分别在实验台及实验分析界面的运动模拟窗口观察带传动的打滑现象。

（6）如果实验效果不理想，可单击"重做实验"，即可从步骤（4）起重做实验。

（7）单击"实测曲线"键，显示绘制的带传动滑动曲线和效率曲线，如果需要可单击"打印"键，打印机即可自动打印带传动弹性滑动曲线和效率曲线。

（8）按面板"卸载"按钮，关闭全部灯泡，将砝码减到 2kg，再重复（3）～（7）步实验。

（9）按面板"卸载"按钮，关闭全部灯泡；关闭实验台电源，拆下平带及平带轮，分别装上 V 带轮、V 带或圆带轮、圆带，加砝码 3kg，重复（3）～（7）步实验。

（10）关闭电源，取下砝码，单击"退出系统"，返回 Windows 界面。

（11）整理实验数据，如果未自动打印实验曲线，则需要手工绘制带传动弹性滑动曲线和效率曲线。

4.5.5　注意事项

（1）实验前应反复推动电动机移动底板，使其运动灵活。

(2) 带及带轮应保持清洁，不得粘油。如果不清洁，可用汽油或酒精清洗，再用干抹布擦干。

(3) 在启动实验台电源开关之前，必须做到：①将面板上转速调节旋钮逆时针旋到止位，以避免电动机突然高速运动产生冲击损坏传感器；②应在砝码架上加上一定的砝码，使带张紧；③应卸去发电机所有的负载。

(4) 实验时，先将电动机转速逐渐调至 1000r/min，稳定 5min，使带传动性能稳定。

(5) 采集数据时，一定要等转速窗口数据稳定后进行，两次采集间隔 5～10s。

(6) 当带加载至打滑时，运转时间不能过长，以防带过度磨损。

(7) 若出现平带飞出的情况，可将带调头后装上带轮，再进行实验。若带调头后仍出现飞出情况，则需将电动机支座固定螺钉拧松，将两电动机的轴线调整平行后再拧紧螺钉，装带实验。

4.5.6　思考题

(1) 带传动的弹性滑动和打滑有何不同? 产生的原因是什么? 各有何后果?

(2) 比较不同预紧力作用下，带的弹性滑动曲线及效率曲线各有何不同?

(3) 比较平带、V 带、圆带传动的承载能力，说明原因。

(4) 比较两种不同预紧力时 V 带传动的承载能力，说明原因。

(5) 综合分析影响带传动承载能力的因素。

4.5.7　实验报告及要求

实验报告要求使用专用的实验报告用纸，内容包括以下几点。

(1) 实验目的。

(2) 实验原理。

(3) 实验用带传动基本参数记录，不同预紧力作用下实验测试数据。

(4) 绘制效率曲线和滑动率曲线。

(5) 分析不同普通 V 带、平带和圆带传动效率和滑动率曲线。

4.6　齿轮传动效率测试分析

4.6.1　实验目的

(1) 测定齿轮传动效率，掌握测试方法。

(2) 了解计算机测试传动效率的原理。

(3) 了解封闭式功率流测定机械传动效率的原理。

4.6.2　实验设备

(1) 齿轮传动实验台。

(2) 控制箱。

4.6.3　实验装置结构与工作原理

1. 实验装置基本参数

(1) 三相异步电动机额定功率：1.1kW，额定电流：3.16A。

(2)主动齿轮齿数，z_1=70。

(3)从动齿轮齿数，z_2=62。

(4)齿轮模数 m_n=1.5 mm，螺旋角 β=8°6′34.6″。

(5)中心距 a=100 mm。

(6)杠杆长度：$L_1=L_2$=298 mm。

(7)游砣质量 W_0=0.156 kg。

2. 实验设备工作原理

实验设备主要由齿轮传动实验台(图 4.42)和控制箱(图 4.43)两部分组成，实验台采用两台三相异步电动机、一台作为主动电机，另一台作为负载电机，齿轮箱安装于两电机之间。

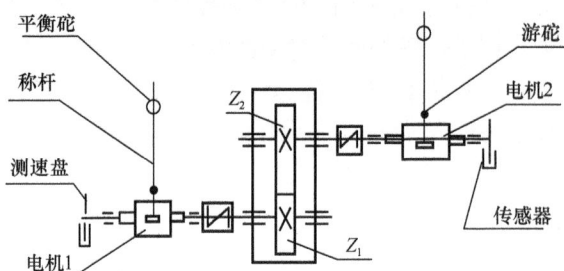

图 4.42　齿轮传动实验台

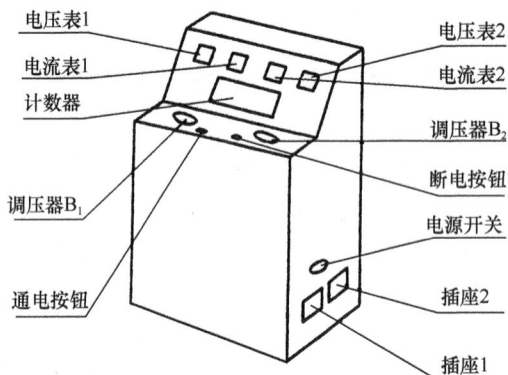

图 4.43　控制箱

两电机分别安装于平衡支承上，可绕自身轴线自由摆动。同时，为了测得平衡力矩，在电机外壳的顶部装有平衡杠杆，电机底部装有可调配重的平衡铁，平衡杠杆上有游砣和镶嵌有水准泡的平衡砣。电机轴的另一端装有测速盘，测速盘开有 60 条细缝，两侧分别装有红外发光管和光敏三极管。测速盘每转一周给出 60 个脉冲信号，用于计数器取样 1s 直接计数，自动重复数字显示两电机的转速(r/min)。

控制箱面板上装有两个通断电按钮，用来接通和切断系统电源；两块电压表和两块电流表用来显示两电机的电压和电流；两个调压器控制两台电机；两个转速表显示两个带轮的转速。

两台相同型号的异步电动机分别通过三相调压器并接于电网。实验测试时，带动主动轮的电机 1 的转速低于同步转速，处于电动机运行状态，产生的电磁力矩与电机转子转向相同；电机 2 的转速高于同步转速，处于发电机运行状态，产生的电磁力矩与电机转子转向相反，成为制动力矩。

3. 实验原理

1) 转矩的测定

在两电机上装有秤杆，测定时，首先将机壳在静止时利用平衡砣使秤杆水平。调节调压器 2 增大电流给系统加载时，电机 1 和电机 2 的机壳受力矩作用，转过一定的角度。此时，电机 1 的转速微降，为了使电机 1 的转速恒定，需调节调压器 1 和调压器 2 使电机 1 转速恒定，这时方可利用砝码和游砣将电机 1 和电机 2 上的秤杆重新平衡，从而求出转矩的大小，其计算公式分别为

$$T_1 = L_1 W_1 + a_1 W \tag{4.10}$$

和

$$T_2 = L_2 W_2 + a_2 W \tag{4.11}$$

式中，T_1、T_2 分别为电机 1、2 转矩，N·m；W 为游砣质量，kg；a_1、a_2 分别为电机 1、2 秤杆上游砣的位置，mm；W_1、W_2 分别为秤杆 1、2 上所加的砝码质量，kg。

2) 效率的测定

齿轮的传动效率是由输出功率与输入功率之比来确定的。而功率的大小又是由与齿轮相连的电机的转速和转矩来求得的，即

$$\eta = \frac{输出功率}{输入功率} = \frac{T_2 \cdot n_2}{T_1 \cdot n_1} \tag{4.12}$$

式中，n_1、n_2 分别为电机 1、2 的转速。

实验中采用的方法是：测定一定转速下，不同载荷时齿轮的传动效率，即

$$\frac{T_2 n_2}{T_1 n_1} = \frac{T_2 Z_1}{T_1 Z_2} = i \frac{T_2}{T_1} \times 100\% \tag{4.13}$$

圆周力为

$$F_t = \frac{2T_2}{d_2} = \frac{19 \cdot 6 T_2}{d_2} \tag{4.14}$$

4.6.4　实验步骤

(1) 实验前，详细阅读实验指导书，熟悉实验台和控制箱。

(2) 将杠杆上的游砣放到零位，用平衡砣调整杠杆，通过平衡砣上的空气泡判断杠杆的平衡，杠杆调平后，将平衡砣固定在平衡位置上。

(3) 按下通电按钮接通电源，旋转两调压器使电压表和电流表的指针回零。

(4) 在空载情况下，旋转调压器 1 启动电机，使电机 1 的转速为 n_1=915r/min，待电机运转平稳后，记录空载时的转速。

(5) 加载测量，以控制箱上的电流表为依据，旋转调压器 2 增大电流，逐级给系统进行加载，所加电流大小由电机 1 的额定电流除以实验要求测量的点数决定。

(6) 逐级加载时，电机 1 和电机 2 的机壳受力矩作用转过一定的角度，电机 1 的转速也

将有所减小，为了保证电机 1 转速恒定，需调节调压器 1 和调压器 2，既要保证电机 1 转速恒定，又要保证所加载荷基本满足分级规定。这时方可利用砝码和游砣将杠杆调节平衡（以平衡砣上的空气泡为准），记录实验数据。依次加载重复上述过程，测出 10 组数据并记录。

(7)测试完后，先将两调压器调回零位，再将两杠杆上所加砝码卸下，最后切断电源。

(8)整理实验数据，编写实验报告。

4.6.5 思考题

(1)计算机测定实验中控制系统是如何实现的？

(2)齿轮传动中存在弹性滑动和打滑现象吗？

(3)为什么实验台采用封闭加载系统？

4.6.6 实验报告及要求

实验报告要求使用专用的实验报告用纸，内容包括以下几点。

(1)实验目的。

(2)实验原理。

(3)实验数据记录和处理。

(4)绘制效率曲线并分析实验结果。

4.7 滚动轴承性能测试

4.7.1 实验目的

(1)轴承外圈分布载荷的测试。

(2)轴承外圈载荷及应力变化规律测试，滚动体及内圈载荷应力变化规律的模拟。

(3)对成对组合安装的向心角接触轴承进行载荷分析及当量动载荷、轴承寿命的计算，观察不同载荷下内部轴向力引起的"放松"和"压紧"现象。

4.7.2 实验设备

(1)CQG-A 滚动轴承实验台。

(2)测试计算机。

(3)装配工具。

4.7.3 实验台结构

实验所采用设备为 CQG-A 滚动轴承实验台(图 4.44)，主要配置有直流减速电机 1 台(150W，22V，输出转速 0～100r/min)，径向加载传感器 1 个(量程 0～10kN)，轴向加载传感器 1 个(量程 0～10kN)，实验用轴承 2 个(型号 30213)等。微型直流减速电

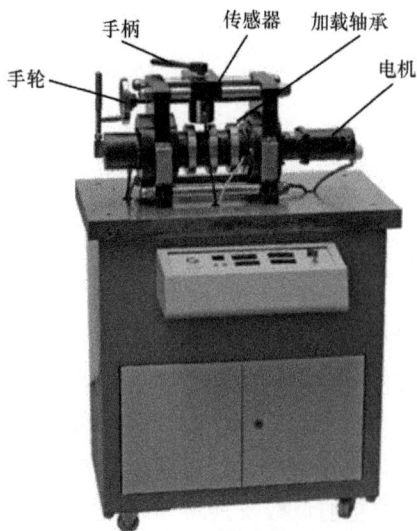

图 4.44 滚动轴承实验台

机驱动轴回转，轴由一对正传的圆锥滚子轴承支承，该对轴承为测试实验轴承。轴中部对称安装有三个径向加载轴承(型号 6014)、间距 50mm，轴承外圈与可移动的力传感器接触。传感器由托板、弹簧安装在滑块上，转动手柄可通过螺钉与滑块间的螺旋传动来调整传感器对加载轴承施加载荷的大小。转动手轮可通过丝杆与螺母组成的螺旋传动来带动滑块在两根滑杆上移动，从而调整传感器的位置。在轴的右端板上固定的支座内装有力传感器，转动手柄可调整通过心轴对轴施加的轴向载荷的大小。CQG-A 滚动轴承实验台面板布置如图 4.45 所示。

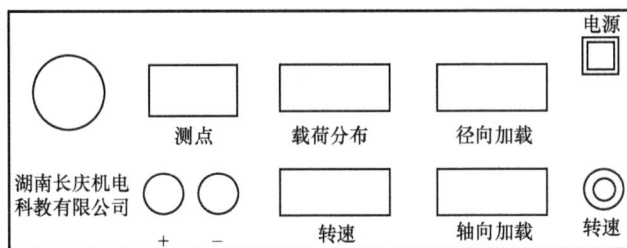

图 4.45　滚动轴承实验台面板布置图

4.7.4　实验原理

1. 轴承外圈上的载荷分布

以正装(面对面)无游隙圆锥滚子轴承(型号 30213)为测试对象，轴承外圈上贴有均布的 8 个电阻应变片(图 4.46)，由电阻应变仪测得各应变片的变形，从而得到均布各点的载荷分布。轴承承载时，载荷通过轴颈作用于内圈上，再通过内外圈间的滚动体来传递，如图 4.47 所示。径向载荷 F_R 通过轴颈作用于内圈，位于上半圈的滚动体不会受力，内外圈下半圈与滚动体接触处共同产生局部接触变形，在 F_R 作用线上接触点处的变形量最大，向两边逐渐减小。

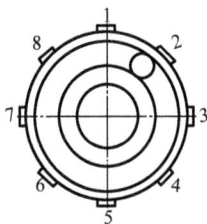

图 4.46　外圈上均布贴的应变片

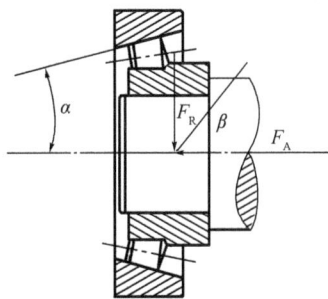

图 4.47　圆锥滚子轴承受载图

接触载荷也是处于 F_R 作用线上接触点处最大，向两边逐渐减小。所有滚动体作用在内圈上的接触力的向量和必定等于径向载荷 F_R。当径向载荷 F_R 大小一定时，受载滚动体数目(即承载区大小)与轴承所受的轴向载荷 F_A 大小有关。当轴向载荷 F_A 逐渐增大时，轴承内接触的滚动体数目逐渐增多。当 $F_A \approx F_R\tan\alpha$ 时，仅有 1~2 个滚动体受载，F_A 逐渐加大，承载滚动体数目逐渐增多，如图 4.48(a)所示；当 $F_A \approx 1.25F_R\tan\alpha$ 时，可达到下半圈滚动体全部受载，如图 4.48(b)所示；当 $F_A \approx 1.7F_R\tan\alpha$ 时，开始使全部滚动体受载，如图 4.48(c)所示，此时 F_R 作用线上接触点处的接触载荷反而比图 4.48(b)的小；当 $F_A > 1.7F_R\tan\alpha$ 时，全部滚动体受载，如图 4.48(d)所示。

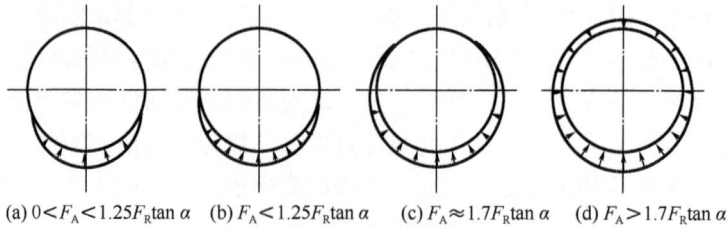

(a) $0 < F_A < 1.25 F_R \tan \alpha$　(b) $F_A < 1.25 F_R \tan \alpha$　(c) $F_A \approx 1.7 F_R \tan \alpha$　(d) $F_A > 1.7 F_R \tan \alpha$

图 4.48　轴向载荷变化时受载滚动体数目的变化

2. 轴承工作条件下轴承元件上的载荷及应力变化规律

轴承工作时各个元件上所受的载荷及产生的应力是时刻变化的，轴承的滚动体、内圈和外圈各自的载荷及应力变化规律是各不相同的。滚动轴承工作时，对于滚动体上的某一点 A 而言(图 4.49)，它的载荷以及应力是周期性变化的，当滚动体进入承载区后所受载荷由零逐渐增加到某一最大值，然后再逐渐降低到零，如图 4.50(a) 所示；对于转动套圈(内圈)上的某一点 F，它会随着滚动体的运动而运动，与滚动体的受载情况类似。当和滚动体接触时承受载荷，脱离接触时所受载荷降为零，所受载荷也是周期性不稳定变化的，但是和滚动体还是有区别的，如图 4.50(b) 所示。对于固定套圈(外圈)上的一个具体点，每当一个滚动体滚过时，便承受一次载荷，其大小是不变的，也就是承受稳定的脉动循环载荷的作用，载荷变动频率的高低取决于滚动体中心的圆周速度。但是对不同的点其载荷大小又不同(图 4.50 所示)，处于 F_R 作用线上的点 B 将受到最大的载荷，向两边(C、D 点)逐渐减小，如果只是部分滚动体受载，上半部的 E 点及其左右不受载荷，所以在不同的点有一系列的脉动循环载荷的作用，如图 4.50(c) 所示。

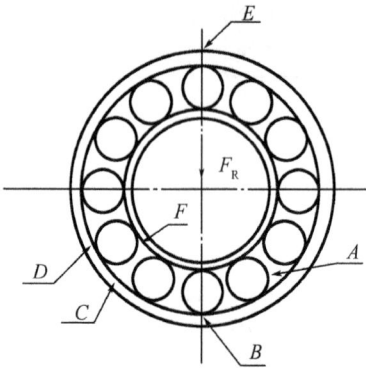

图 4.49　轴承元件受力示意图

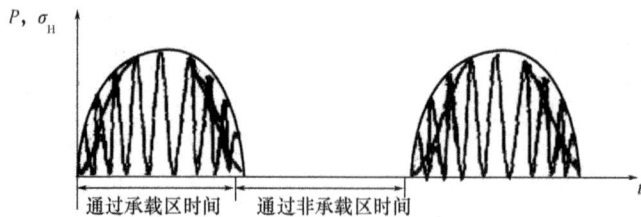

(a) 滚动体上某点的载荷及应力

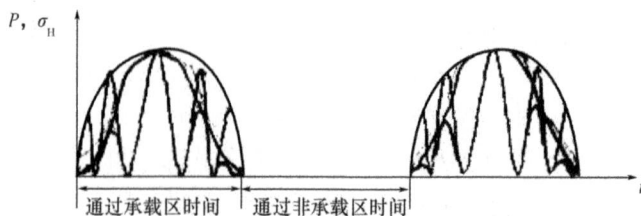

(b) 转动套圈上某点的载荷及应力

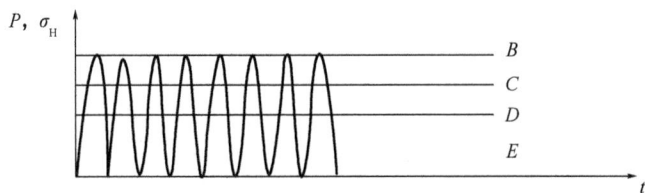

(c) 轴承元素上的载荷及应力变化图

图 4.50　轴承元件上的载荷及应力变化图

3. 成对组合安装向心角接触轴承载荷分析及当量动载荷、轴承寿命计算

图 4.51 为一对正装的圆锥滚子轴承(型号 30213)，当这对轴承支承的转轴上承受某一确定大小的外加径向载荷 F_R 和外加轴向载荷 F_A 时，随着 F_R 作用的轴向位置不同，轴承将得到不同的径向由 R_1、R_2；由径向载荷产生派生轴向力(即内部轴向力) S_1、S_2。一个轴承的派生轴向力对另一个轴承来说就是外部轴向力了，当然，F_A 也是外部轴向力，二者之和或差才是轴承 I 或 II 的全部外部轴向力 A_1、A_2；派生轴向力 S 使轴承"放松"，外部轴向力 A 使轴承"压紧"，比较它们的大小即可判定两个轴承中哪个"放松"，哪个"压紧"。

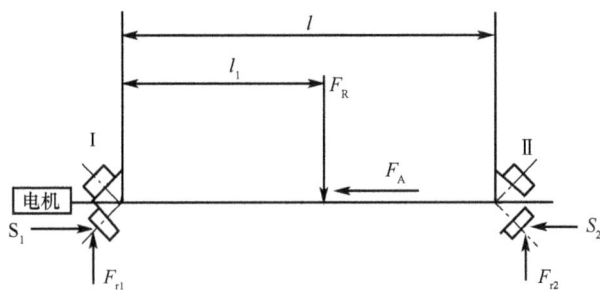

图 4.51　向心角接触轴承载荷分析

"放松"轴承的轴向力 A 即为其派生轴向力($A_1 = S_1$ 或 $A_2 = S_2$)；"压紧"轴承的轴向力 A 为其外部轴向力综合结果($A_1 = F_A + S_2$，$A_2 = S_1 - F_A$)。成对安装的两个向心角接触轴承总有一个是"放松"的，另一个是"压紧"的。即：

$S_1 > F_A + S_2$ 时，I 轴承"放松"，$A_1 = S_1$；II 轴承"压紧"，$A_2 = S_1 - F_A > S_2$。

$S_1 < F_A + S_2$ 时，I 轴承"压紧"，$A_1 = F_A + S_2$；II 轴承"放松"，$A_2 = S_2 > S_1 - F_A$。

根据 $P = f_p(X F_r + Y A)$ 计算出两个轴承的当量动载荷 P_1、P_2，式中，X、Y 分别为径向动载荷系数和轴向动载荷系数，f_p 为载荷系数，无击或轻微冲击时 $f_p = 1.0 \sim 1.2$；中等冲击时，$f_p = 1.2 \sim 1.8$；强大冲击时，$f_p = 1.8 \sim 3.0$。

分别计算出两个轴承的寿命，实验中使用的 30213 单列圆锥滚子轴承参数如表 4.2 所示。

表 4.2　30213 单列圆锥滚子轴承参数

参数	接触角 α	派生轴向力 S	判断因子 e	$A/R \leqslant e$		$A/R > e$		额定动载荷 C	指数 ε
				X	Y	X	Y		
数值	15°6′34″	$R/2Y$	0.4	1	0	0.4	1.5	112000	10/3

4.7.5　实验步骤

通过面板操作，面板窗口数码管显示数据，手工记录、整理数据，然后填写实验报告表格，计算结果，并手工绘制曲线；也可通过计算机辅助实验，操作软件，自动获取数据，自动生成曲线及计算结果。

1. 面板操作步骤

(1)按下面板上的电源开关，接通电源，数显窗口的数码管和 L 指示灯全亮，程序开始自检，全部数码管从 0 开始跳到 9 后，自检结束，各窗口应正常显示实验台当前数据。例如，不开电机时，"转速"显示为 0，"温度"显示为常温，"测点"显示为 01。

(2)按上翻键一次，可将"测点"显示加 1，按下翻键一次，可将"测点"显示减 1，最多显示为 08。

(3)校零。校零的方法是：当"测点"为 01 时，按 SET 键，"应变值"窗口显示"－－PL－－"，按 END 键，"测点"和"应变值"两个窗口内同时闪烁后会停在某一数值(0 左右)；再按上翻键，当"测点"为 02 时，按 SET 键，"应变值"窗口显示"－－PL－－"，按 END 键，"测点"和"应变值"两个窗口内同时闪烁后会停在某一数值(0 左右)；以此类推至 08 测点。如果校零的结果不太理想，可多校几次。

2. 实验台操作实验步骤

1)轴承外圈上的载荷分布测试

(1)关停电机，让实验台轴承处于不运转状态。将径向载荷加载装置调整到 $l_1=l/2$ 位置，对主轴施加径向载荷 F_R=8000N。

(2)对轴施加轴向载荷 F_A=10N，记录 I、II 轴承外圈各应变片应变值。

(3)逐渐增加轴上的轴向载荷 F_R，当 I 轴承上处于水平面上的 3、7 号应变片的应变值刚刚不为零(如为 1N 时)，记录此时 R 值及 I、II 轴承外圈各应变片的应变值。

(4)继续增加轴上的轴向载荷 F_A，当 I 轴承上最高的 1 号应变片的应变值刚刚不为零(如为 1N 时)，记录此时 F_A 值及 I、II 轴承外圈各应变片的应变值。

(5)将轴上的轴向载荷 F_A 增至 $F_A \approx 600$N 时，记录 I、II 轴承外圈各应变片的应变值。

(6)整理数据、卸载，绘制 I 轴承在(2)、(3)、(4)、(5)时的承载曲线图。

2)轴承元件上的载荷及应力变化规律测试

(1)启动电机，使实验台主轴以一定的转速运转($n<100$r/min＝，在 l_1=1/2 处对主轴施加径向载荷 F_R= 8000N，同时对主轴施加轴向载荷 $F_R \approx 400$N，待主轴稳定运转。

(2)记录主轴转速、I 轴承外圈上各应变片的应变值，绘制外圈上载荷及应力变化图。

(3)模拟滚动体及内圈上一点载荷及应力变化图。

(4)停机、卸载。

3)成对组合安装的圆锥滚子轴承载荷分析及当量动载荷计算，轴承的"放松"和"压紧"现象观察，轴承寿命计算实验

(1)启动电机，使实验台主轴以一定的转速运转($n<100$r/min＝，对主轴施加轴向载荷 $F_A \approx 500$N。

(2) 在 $l_1=l/2$ 处施加径向载荷 $F_R= 8000N$, 观察轴承Ⅰ、Ⅱ的"放松"和"压紧"现象。

(3) 在 $l_1=l/4$ 处施加径向载荷 $F_R=8000N$, 观察轴承Ⅰ、Ⅱ的"放松"和"压紧"现象。

(4) 在 $l_1=3l/4$ 处施加径向载荷 $F_R=8000N$, 观察轴承Ⅰ、Ⅱ的"放松"和"压紧"现象。

(5) 分别计算 (2)、(3)、(4) 时两个轴承的径向载荷 R_1、R_2, 派生轴向力 S_1、S_2, 外部轴向载荷 A_1、A_2, 当量动载荷 P_1、P_2, 及轴承寿命 L_{h1}、L_{h2}。

(6) 将施加的轴向载荷改为 $F_A=1500N$, 重复上述 (2)～(5) 实验步骤。

(7) 整理数据, 把数据列成表格, 停机、卸载。

4.7.6　思考题

(1) 向心角接触轴承受到径向载荷 F_R 作用时, 产生派生轴向力原因。方向如何判断?

(2) 逐步增大向心角接触轴承的轴向载荷时, 其承载区如何变化? 半圈受载与整圈受载时, 固定圈上最大接触应力哪个大?

(3) 分别说明轴承固定套圈、滚动体、转动套圈上载荷及应力的变化规律。

(4) 如何判断成对安装的向心角接触轴承的"放松"和"压紧"?

(5) 如何计算轴承的当量动载荷 P 和轴承寿命 L_h?

(6) 分别比较说明轴上径向载荷 F_R 作用位置及轴向载荷 F_A 大小对轴承寿命的影响。

4.7.7　实验报告及要求

实验报告要求使用专用的实验报告用纸, 内容包括以下几点。

(1) 实验目的。

(2) 实验原理。

(3) 轴承外圈在和分布测试并记录实验数据。

(4) 轴承元件上载荷及应力变化规律测试和曲线绘制。

(5) 组合安装轴承载荷分析及当量动载荷和轴承寿命计算, 并分析不同外载荷作用下轴承寿命的变化。

4.8　流体动压滑动轴承性能测试

4.8.1　实验目的

(1) 观察径向滑动轴承流体动压润滑油膜的形成过程和现象。

(2) 观察载荷和转速改变时径向油膜压力的变化情况。

(3) 观察径向滑动轴承油膜的轴向压力分布情况。

(4) 测定和绘制径向滑动轴承径向油膜压力曲线, 求轴承的承载能力。

(5) 了解径向滑动轴承的摩擦系数 f 的测量方法和摩擦特性曲线 λ 的绘制方法。

4.8.2　实验设备

(1) 流体动压滑动轴承实验台。

(2) 调试工具。

4.8.3　实验台结构

1. 实验装置主要技术参数

(1) 实验轴瓦内径 d=70mm；长度 B=125mm；表面粗糙度$\sqrt{Ra1.6}$；材料 ZCuSn5Pb5Zn5。

(2) 加载范围 0～1000N（0～100kg·f）。

(3) 负载传感器精度 0.01，量程 0～10mm。

(4) 压力传感器精度 2.5%，量程 0～0.6MPa。

(5) 测力杆上测力点与轴承中心距离 L=120mm。

(6) 测力计标定值 K=0.098N/△，△为百分表读数。

(7) 电机功率 355W；调速范围 3～500r/min。

2. 实验台结构

HS-B 流体动压轴承实验台（图 4.52、图 4.53）用于液体动压滑动轴承实验，主要利用它来观察滑动轴承的结构及油膜形成的过程，测量其径向油膜压力分布，通过测定可以绘制出摩擦特性曲线、径向油膜压力分布曲线并测定其承载量。该实验台主轴 9 由两个高精度的深沟球轴承支承。直流电机 1 通过 V 带 2 驱动主轴 9，主轴顺时针旋转，主轴上装有精密加工制造的主轴瓦 8，由装在底座里的无极调速器实现主轴的无级变速，主轴的转速由装在面板上的左数码管直接读出。主轴瓦外圆处被加载装置压住，旋转加载杆 4 即可对轴瓦加载，加载大小由负载传感器测出，由面板上右数码管显示。主轴瓦上装有测力杆，通过摩擦力传感器 6 可得出摩擦力值。主轴瓦前端装有七只（1～7 号）测径向压力传感器 3，传感器的进油口在轴瓦的 1/2 处。在轴瓦全长的 1/4 处装有一个测轴向油压的压力传感器，即第 8 号压力传感器，传感器的进油口在轴瓦的 1/4 处。

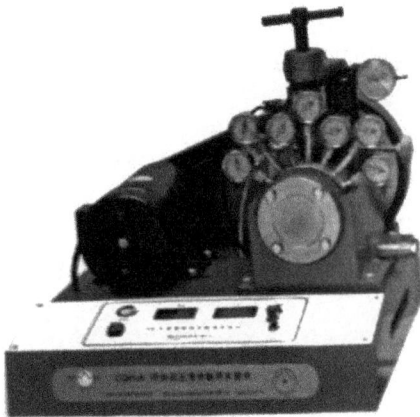

图 4.52　流体动压轴承实验台

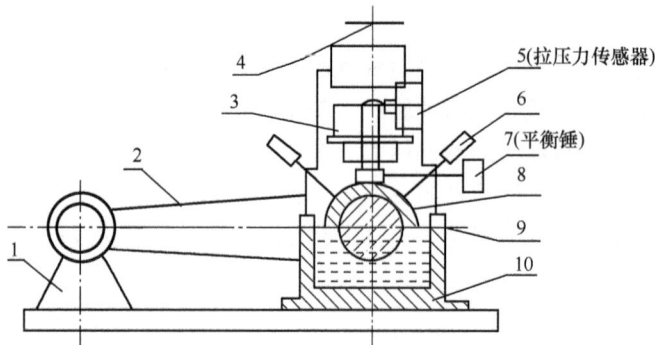

图 4.53　实验台结构示意图

1-直流电机；2-V 带传动；3-传感器；4-加载杆；5-弹簧片；
6-摩擦力传感器；7-压力传感器；8-主轴瓦；9-主轴；10-箱体

4.8.4　实验原理

1. 实验台的传动装置

由直流电动机 1 通过 V 带 2 驱动主轴 9 沿顺时针(面对实验台面板)方向转动,由无极调速器实现无极调速。本实验台主轴的转速范围为 3~500r/min,主轴的转速由数码管直接读出。

2. 轴与轴瓦间的油膜压力测量装置

轴的材料为 45 钢,经表面淬火、磨光,由滚动轴承支承在箱体 10 上,轴的下半部浸泡在润滑油中,本实验台采用的润滑油的牌号为 N68,该油在 20℃时的动力黏度为 0.34Pa·s。主轴瓦 8 的材料为铸锡铅青铜。牌号为 ZCuSn5Pb5Zn5。在轴瓦的一个径向平面内沿圆周钻有 7 个小孔,每个孔沿圆周相隔 20°,每个小孔连接一个压力传感器 7,用来测量该径向平面内相应点的油膜压力,由此可绘制径向油膜压力分布曲线。沿轴瓦的一个轴向剖面装有两个压力传感器,用来观察有限长滑动轴承沿轴向的油膜压力情况。

3. 加载装置

油膜的径向压力分布曲线是在一定的载荷和转速下绘制而成的。当载荷改变或者轴的转速改变时所测出的压力值不同,因而所绘出的压力分布曲线的形状也不同。转速的改变方法如前所述。本实验台采用螺旋加载,转动螺杆即可改变载荷的大小,所加载荷之值通过传感器数字显示,直接在实验台的操纵板上读出。

4. 摩擦系数测量装置

径向滑动轴承摩擦系数 f 随轴承的特性系数 $\lambda = \dfrac{\eta n}{p}$ 值的改变而改变($\tilde{\eta}$ 为油的动力黏度;n 为轴的转速;p 为压力;$p = \dfrac{W}{Bd}$,W 为轴上的载荷,W=轴瓦自重+外加载荷,实验台轴瓦自重为 40N,B 为轴瓦的宽度,d 为轴的直径。本实验台 B=125mm,d=70mm),如图 4.54 所示。

在边界摩擦 f 时,f 随 λ 的增大而变化很小,进入混合摩擦后,λ 的改变引起 f 的急剧变化,在刚形成液体摩擦时 f 达到最小值。此后,随 λ 的增大油膜厚度也随之增大,因而 f 也有所增大。

摩擦系数为

$$f = \frac{\pi^2}{30\psi} \times \frac{\eta n}{p} + 0.55\psi \tag{4.15}$$

式中,ψ 为相对间隙;ξ 为随轴承长径比而变化的系数,对于 $l/d<1$ 的轴承 $\xi=(d/l)^{1.5}$;对于 $l/d \geqslant 1$ 的轴承 $\xi=1$。

5. 摩擦状态指示装置

指示装置的原理如图 4.55 所示。当轴不转动时,可看到指示灯发光;当轴在很低的转速下转动时,轴将润滑油带入轴和轴瓦之间收敛性间隙内,但由于此时的油膜很薄,轴与轴瓦之间部分微观不平度的凸峰处仍在接触,故闪动发光;当轴的转速达到一定值时,轴与轴瓦之间形成的压力油膜厚度完全遮盖两表面之间微观不平度的凸峰高度,油膜完全将轴与轴瓦隔开，指示灯则熄灭。

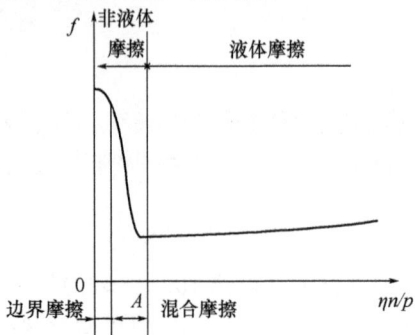

图 4.54　$f - \dfrac{\eta n}{p}$ 线图　　　　　　　图 4.55　油膜显示装置电路图

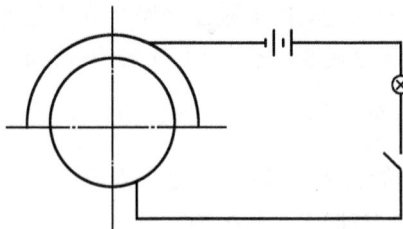

4.8.5　实验步骤

1. 准备工作

(1)用汽油将油箱清理干净，加入 N68 机油至圆形油标中线。

(2)面板上调速旋钮逆时针旋到底(转速最低)，加载螺旋杆旋至与负载传感器脱离接触。

(3)在弹簧片 5 的端部安装摩擦力传感器 6，使其触头具有一定的压力值。

(4)通电后，面板上两组数码管发光(左—转速，右—负载)，调节调零旋钮使负载数码管清零。

(5)旋转调速旋钮，使电机在 100~200r/min 转速运行，此时油膜指示灯应熄灭，稳定运行 3~4min。

2.测试绘制径向油膜压力分布曲线与承载曲线图

(1)启动电机，将轴的转速逐渐调整到一定值(可取 300r/min 左右)，注意观察从轴开始运转至300r/min 时指示灯亮度的变化情况，待指示灯完全熄灭，此时处于完全液体润滑状态。

(2)旋动加载螺杆，逐渐加载至一定值(30~70kg·f)。

(3)打开滑动轴承实验软件，进入滑动轴承实验教学界面，单击"油膜压力分析"键，进入油膜压力分析。单击"稳定测试"键，稳定采集滑动轴承八个压力传感器测试数据。

(4)测试完成后，将得到实测与仿真的八个压力传感器位置点的压力值。

(5)根据得到的各压力传感器的压力值按一定比例绘制出油压分布曲线。具体如下：沿着圆周表面从左到右画出角度分别为 30°、50°、70°、90°、110°、130°、150°的油孔点 1、2、3、4、5、6、7 的位置，通过这些点与圆心 O 连线，在各连线的延长线上，依据压力传感器测出的压力值按照 0.1MPa=5mm 的比例画出压力线 1—1′，2—2′，3—3′，…，7—7′。将各点连成光滑曲线，此曲线就是所测轴承的一个径向截面的油膜径向压力分布曲线。

油膜压力沿轴承半圆周的分布，理论上按极坐标雷诺方程分布，实际上可用周向均布的压力表来测各点压力，以一定比例尺在坐标纸上绘制压力分布曲线(图 4.56(a))；沿轴承宽度的压力分布，理论上呈抛物线分布，实际上可用轴向均布的压力表来测量(图 4.56(b))；轴向压力按抛物线分布时，抛物线下面积与其相应的矩形面积之比 $K=2/3$，K 为油膜压力轴向分布不均匀系数。

采用与图 4.56(a)相同的比例尺，画出图 4.57，使其直径线 d 及其上的分点 1″，2″，…，7″

与图 4.56(a)对应相同，过这些分点引垂直线段 1′—1″，2′—2″，…，7′—7″分别等于图 4.56(a)中的法向压力分量 1—1′，2—2′，…，7—7′。将图 4.57 的 1′，2′，…，7′等点连成圆滑的压力分布曲线，则曲线下的面积 A 表示单位宽度油膜承载能力 $P_{dB=1} = A \cdot \mu_A$，其中 $\mu_A(\text{N} \cdot \text{mm}^2)$ 为比例系数。于是，轴承全宽的油膜承载能力为

$$P' = KBA\mu_A = \frac{2}{3}BA\mu_A$$

面积 A 可用曲线所围的坐标格数求得。

由砝码杠杆系统加到轴承上的载荷 P 与测量的油膜承载能力 P'，理论上应该相等，实际上不可能相等，测试总是会有误差的，其误差百分比为

$$\frac{\Delta P}{P} = \left| \frac{P - P'}{P} \right| \times 100\%$$

(6)单击"弹出轴承曲线图"，即可显示轴承承载能力曲线图，打印结果。

(7)卸载、减速后停机。

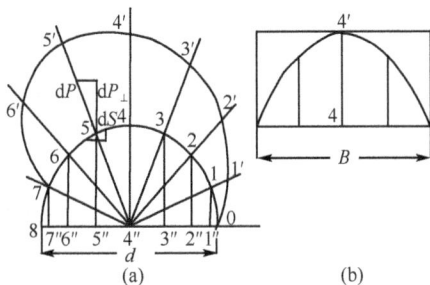

图 4.56　油压分布曲线　　　　图 4.57　油膜承载能力

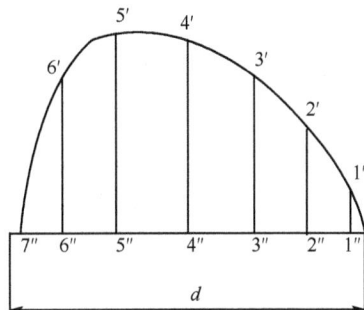

3. 测试摩擦系数 f 与绘制摩擦特性曲线

(1)启动电机，将轴的转速逐渐调整到一定值(可取 300r/min 左右)，旋动加载螺杆，逐渐加载到一定值(30～70kgf)。

(2)待转速稳定后，分级减速，依次记录转速 300～2r/min(级差为 20r/min)时各点的摩擦力值。

(3)测试完成后，单击"稳定测试"键旁的"结束"键(该键在测试完成后显示可见)，即可绘制滑动轴承摩擦特征实测和仿真曲线图，打印结果。

(4)卸载、减速后停机，关闭测试软件，关闭计算机。

4.8.6　思考题

(1)载荷和转速的变化对油膜压力的影响。

(2)载荷对最小油膜厚度的影响。

(3)试分析摩擦特性曲线上拐点的意义及曲线走向变化的原因。

4.8.7　实验报告及要求

实验报告要求使用专用的实验报告用纸，内容包括以下几点。

(1)实验目的。

(2)实验原理。

(3)滑动轴承摩擦特性曲线测试数据记录机曲线绘制。

(4)绘制油膜压力分布曲线。

(5)绘制承载能力曲线，计算油膜承载能力，分析实验结果。

4.9　机械传动性能综合测试

4.9.1　实验目的

(1)通过测试常见机械传动装置(如带传动、链传动、齿轮传动、蜗杆传动等)在传递运动与动力过程中的参数(如速度、转矩、传动比、功率、传动效率、振动等)及其变化规律，加深对常见机械传动性能的认识和理解。

(2)通过测试由常见机械传动组成的不同传动系统的参数曲线，掌握机械传动合理布置的基本要求。

(3)通过实验认识智能化机械传动性能综合测试实验台的工作原理，掌握计算机辅助实验的新方法，培养进行设计性实验与创新性实验的能力。

4.9.2　实验设备

本实验在机械传动性能综合测试实验台上进行。本实验台采用模块化结构，由不同种类的机械传动装置、联轴器、变频电机、加载装置和工控机等模块组成。学生可以根据选择或设计的实验类型、方案和内容，自己动手进行传动连接、安装调试和测试，进行设计性实验、综合性实验或创新性实验。

机械传动性能综合测试实验台硬件组成布局如图 4.58 和图 4.59 所示。实验台组成部件的主要技术参数如表 4.3 所示。

图 4.58　机械传动性能综合测试实验台

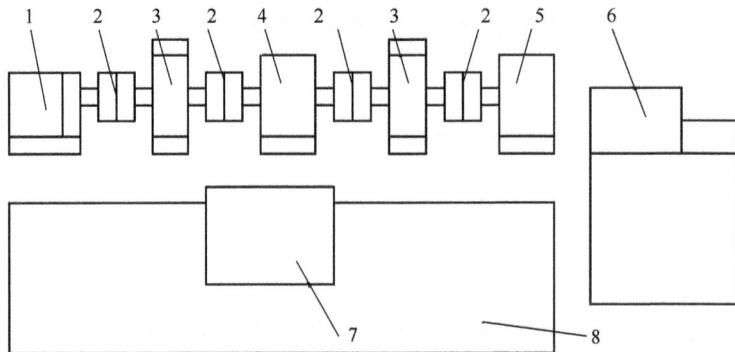

图 4.59　实验台的结构布局

1-变频调速电机；2-联轴器；3-转矩转速传感器；4-传动装置；5-加载与制动装置；6-工控机；7-电器控制柜；8-台座

表 4.3　部件的主要技术参数

序号	组成部件	技术参数	备注
1	变频调速电机	550W	
2	ZJ 型转矩转速传感器	Ⅰ规格：10N·m，输出信号幅度不小于 100mV Ⅱ规格：50N·m，输出信号幅度不小于 100mV	
3	机械传动装置(试件)	直齿圆柱齿轮减速器：$i=5$ 蜗杆减速器：$i=10$ V 带传动 齿形带传动：$P_b=9.525$，$z_b=80$ 套筒滚子链传动：$z_1=17$　$z_2=25$	1 台 WPA50-1/10 Z 型带 3 根 齿形带 1 根 08A 型 3 根
4	磁粉制动器	额定转矩：50 N·m；激磁电流：2A 允许滑差功率：1.1kW	

为了提高实验设备的精度，实验台采用两个转矩测量卡进行采样。测量精度达到 $\pm 0.2\%$F.S.，能满足教学实验与科研生产实验的实际需要。

机械传动性能综合测试实验台采用自动控制测试技术设计，所有电机程控起停，转速程控调节，负载程控调节，用转矩测量卡替代转矩测量仪，整台设备能够自动进行数据采集处理，自动输出实验结果，是高度智能化的产品。其控制系统主界面如图 4.60 所示。

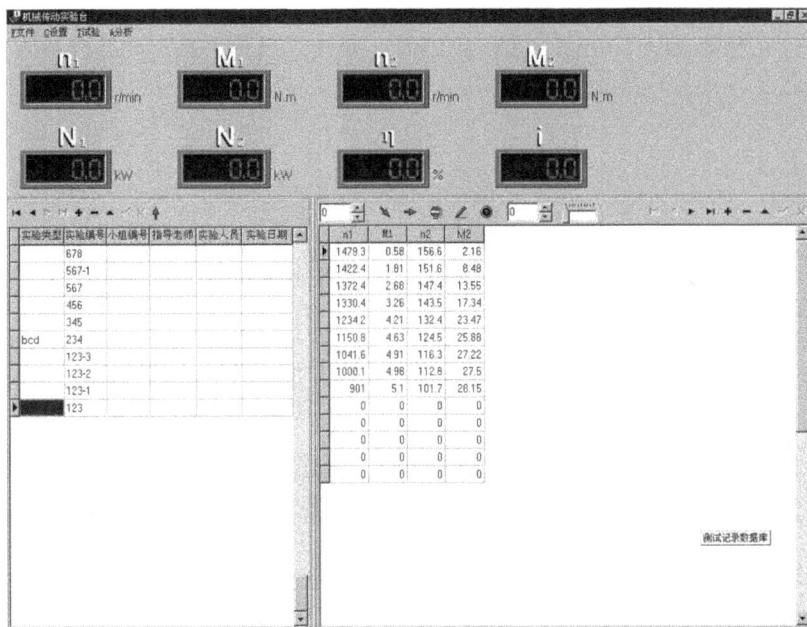

图 4.60　实验台控制系统主界面

4.9.3　实验原理

机械传动性能综合测试实验台的工作原理如图 4.61 和图 4.62 所示。

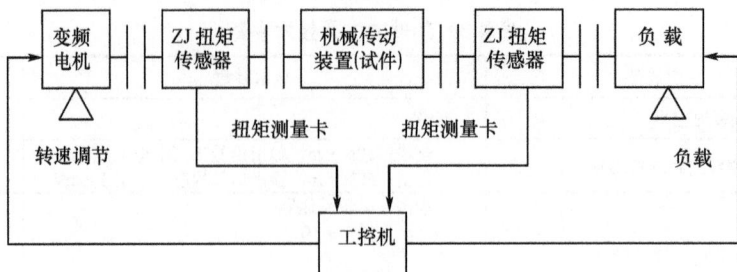

图 4.61　实验台的运动和动力参数测试原理

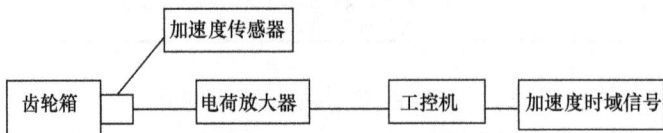

图 4.62　实验台的振动参数测试原理

运用机械传动性能综合测试实验台能完成多类实验项目，学生可以自主选择被测试传动装置进行实验。通过对某种机械传动装置或传动方案性能参数曲线的测试，来分析机械传动的性能特点。

实验中利用实验台的自动控制测试技术能自动测试出机械传动的性能参数，如各轴的转速 n (r/min)、扭矩 M (N·m)、功率 P (kW)。并按照以下关系自动绘制参数曲线。

传动比

$$i = \frac{n_1}{n_2} \tag{4.16}$$

转矩

$$M = 9550 \frac{P}{n} \tag{4.17}$$

传动效率

$$\eta = \frac{P_2}{P_1} = \frac{iM_1}{M_2} \tag{4.18}$$

根据各参数曲线可以对被测机械传动装置或传动系统的传动性能进行分析。对于齿轮传动，可以启动振动测试功能，振动测试原理如图 4.62 所示，观察被测齿轮箱的振动信号。

4.9.4　实验准备

(1)认真阅读本书有关内容，领会图 4.63 所示的实验步骤。

(2)确定实验类型与实验内容。

实验类型 A：典型机械传动装置性能测试实验。V 带传动、齿形带传动、套筒滚子链传动、圆柱齿轮减速器、蜗杆减速器，选择 1～3 种进行传动性能测试实验。

实验类型 B：组合传动系统布置优化实验。要确定选用的典型机械传动装置及其组合布置方案，并进行方案比较实验(表 4.4)。

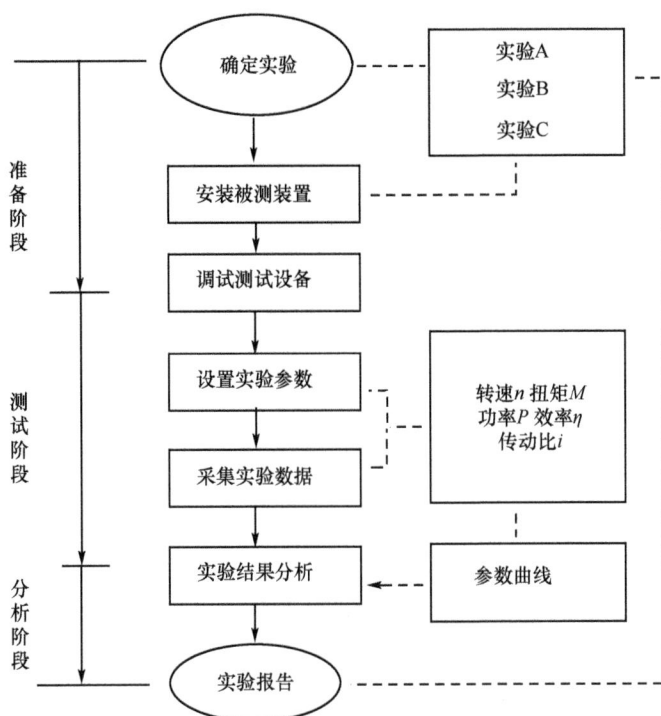

图 4.63　实验步骤

表 4.4　组合传动系统布置

编号	组合布置方案 I	组合布置方案 II
B1	V 带传动-齿轮减速器	齿轮减速器-V 带传动
B2	齿形带传动-齿轮减速器	齿轮减速器-齿形带传动
B3	链传动-齿轮减速器	齿轮减速器-链传动
B4	带传动-蜗杆减速器	蜗杆减速器-带传动
B5	链传动-蜗杆减速器	蜗杆减速器-链传动
B6	V 带传动-链传动	链传动-V 带传动

(3)布置、安装被测机械传动装置(系统)。注意选用合适的调整垫块,确保传动轴之间的同轴线要求。

(4)对测试设备进行调零,以保证测量精度。

4.9.5　操作方法

(1)打开实验台电源总开关和工控机电源开关。

(2)单击 Test 显示测试控制系统主界面,熟悉主界面的各项内容。

(3)键入实验教学信息表:实验类型、实验编号、小组编号、实验人员、指导老师、实验日期等。

(4)单击"设置",确定实验测试参数:转速 n_1、n_2 和转矩 M_1、M_2 等。

(5)单击"分析",确定实验分析所需项目:曲线选项、绘制曲线、打印表格等。

(6)启动主电机,进入"试验"。使电动机转速加快至接近同步转速后,进行加载。加载时要缓慢平稳，否则会影响采样的测试精度。待数据显示稳定后，即可进行数据采样。分级加载，分级采样，采集数据 10 组左右即可。

　　(7)从"分析"中调看参数曲线，确认实验结果。

　　(8)打印实验结果。

　　(9)结束测试。注意逐步卸载，关闭电源开关。

4.9.6　思考题

　　(1)除所做实验的传动形式以外，还有哪些组合传动布置形式可以利用该实验台进行实验？

　　(2)实验中使用了哪些传感器？

　　(3)计算机辅助实验技术在该实验中是如何应用的？起到了什么作用？

4.9.7　实验报告及要求

　　(1)实验结果分析。对于类型 A 实验，重点分析机械传动装置传递运动的平稳性和传递动力的效率；对于类型 B 实验，重点分析不同的布置方案对传动性能的影响。

　　(2)整理实验报告。实验报告的内容主要为：实验原理；实验内容、被测传动部件及组合方式等；测试数据(表)、参数曲线；对实验结果的分析；实验中的新发现、新设想或新建议。

第5章　虚拟设计与仿真实验

虚拟实验是以计算机技术提供的高速计算和可视化功能为基础，以计算机为工具，在虚拟环境中建立机械系统的数学力学模型，根据所建模型，对机械系统进行虚拟运动学分析、虚拟动力学分析、虚拟加工、虚拟装配等，分析机械的运动学和动力学原理、有关结构的合理性和装配过程的协调性等问题。

与实物的物理实验相比，虚拟实验最大的优越性是它的经济性。首先，虚拟实验不需要真实的物理样机，虚拟实验过程，参数的变化基本是实时的，可以方便快捷地进行多种设计方案的比较，既缩短了研究开发周期，又节省了实验和样机制造费用，这是实物物理实验所无法比拟的。此外，传统机械实验系统的实验装置，往往是针对特定机械而设计的，改变实验对象后，原有的实验装置必须重新制造或改装。而虚拟实验的实验装置是计算机和相关软件，通过修改软件就可以对不同的实验对象进行实验。

虽然虚拟实验有许多优越性，但它永远不能完全取代实物的物理实验。因为虚拟实验反映的事物真实性，在很大程度上取决于所建模型的准确性和合理性，当影响因素复杂时，模型可能存在不完备性，影响虚拟实验的准确性；更重要的是模型的准确性和合理性及虚拟实验本身的可信性必须由实物的物理实验验证。

虚拟实验最适合在项目开发初期论证方案的可行性，对所设计装置的运行情况进行可靠度预测，对高风险项目进行前期准备。

美国 MDI（Mechanical Dynamic Inc）公司研制的著名机械系统动力学仿真软件 ADAMS（Automatic Dynamic Analysis of Mechanical System），提供了虚拟样机技术，使设计者能在物理样机生产出来以前，根据设计要求建立计算模型，针对所建模型进行运动学和动力学仿真，并可修改相关参数进行多方案比较，使设计者能在脱离物理样机的情况下对机械系统的多种变异进行研究，实现在计算机上仿真分析复杂机械系统的性能，是进行虚拟实验的一个有效的工具软件。

5.1　连杆机构虚拟设计与仿真

5.1.1　实验目的

(1)巩固连杆机构的运动分析与设计的相关知识。

(2)掌握应用工程软件 ADAMS 建立连杆机构虚拟样机及进行仿真分析的方法。

(3)通过利用自编软件进行连杆机构虚拟设计，熟悉Ⅱ级机构的组成原理与结构分析的实际应用。

(4)了解机械工程人才必须掌握的一些基本知识和技能。

5.1.2　实验设备和软件

(1)计算机：安装运行所需的操作系统(Windows XP 或以上版本)。

(2) ADAMS2010（或以上版本）软件。

(3) 计算机辅助机构设计软件（自编软件）。

5.1.3 实验内容

(1) 自拟一个平面连杆机构分别用 ADAMS 软件和"计算机辅助机构设计"软件建模。

(2) 进行机构的运动性能分析与仿真。

(3) 输出机构仿真曲线结果与动画文件。

5.1.4 实验项目步骤

实验一：基于 ADAMS 软件的连杆机构建模与仿真

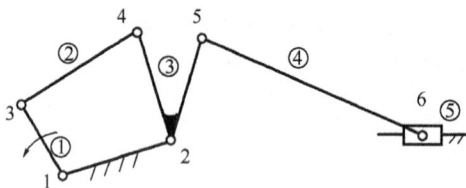

图 5.1 连杆机构

如图 5.1 所示的连杆机构尺寸为 $R_{13}=0.6$m，$R_{34}=1.2$m，$R_{42}=1.0$m，$R_{25}=0.8$m，$R_{56}=2.0$m，滑块导路距 1 点的垂直距离为 0.3m，在选定的坐标系中，点 1(0,0,0)，点 2(1,0.3,0)，主动件 1 的角速度 $\omega_1=10$ rad/s，角加速度 $\varepsilon_1=0$。构件 1 质量为 50kg，构件 2 质量为 9.6kg，构件 3 质量为 14.4kg，构件 4 质量为 16kg，构件 5 质量为 120kg。

工艺阻力为水平方向，作用于滑块上的点 6，滑块向右运动时值为–5000N，向左运动时为 0。求主动件转动一周过程中，滑块的位移、速度、加速度的变化规律，固定铰链 1、2 中反力的大小以及施加于主动件上的平衡力偶的变化规律。

1. 设置工作环境

启动 ADAMS/View 模块，出现如图 5.2 所示的运行界面。可以选择 Create a new model 选项，选择新建模型，在弹出的 New Model 文本框中（图 5.3），输入新建的文件名，选择 Gravity 和 Units，单击 OK 按钮。

图 5.2 ADAMS/View 欢迎界面

进行建模工作之前，需要设置工作环境，如单位、栅格尺寸等。设置方法如下。

(1) 在主菜单 Settings 中选择 Units，选择建模所需 Length、Mass、Force 等单位，

如图 5.4 所示。

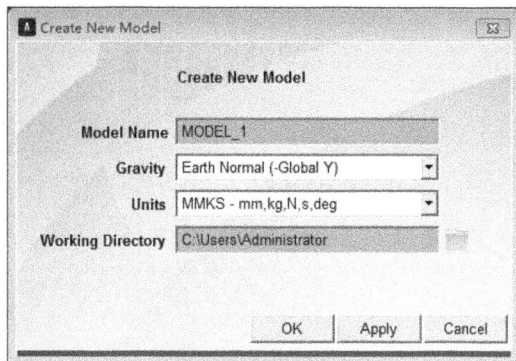

图 5.3　创建新模型

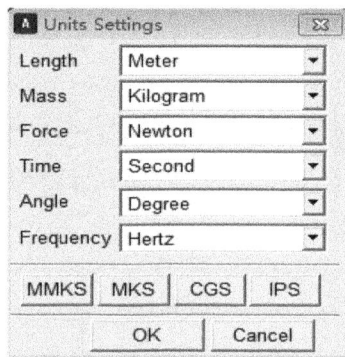

图 5.4　单位名称设置

(2)在主菜单 Settings 中选择 Working Grid，弹出栅格设置对话框，可以更改栅格的尺寸 X、Y 方向的 Size(可设为 10)和格距 Spacing(可设为 0.1)，其余项不变。如图 5.5 所示，单击 OK 按钮。

(3)在主菜单 Settings 中选择 Icons，在弹出标志设置对话框的 New Size 文本框中输入"0.1"，如图 5.6 所示，单击 Apply 后单击 Ok 按钮。

(4)单击🔍图标可以实现对于图像区(栅格和模型)的随意调整。

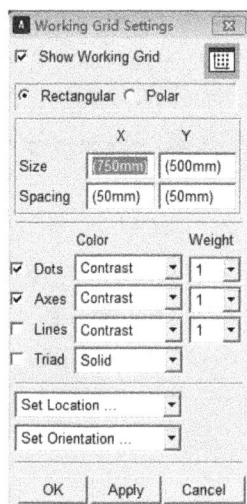

图 5.5　栅格设置

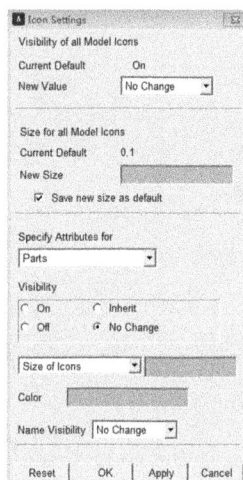

图 5.6　标志设置

2. 创建机构的虚拟样机模型

1)建立设计点

在主界面工具栏 Bodies 的 Construction 图框中单击 ⊙ 图标(图 5.7)。在主工具箱底部出现的文本框中选择 Add to Ground 和 Don't Attach。单击 Point Table 按钮，在弹出的对话框中依次单击 Create 并输入 1、2、3 点的坐标(其中 3 点坐标可输入一特殊位置时的值，本例中输入的是(0,0.6,0))。

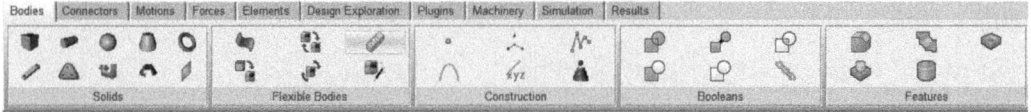

图 5.7　Bodies 工具栏

2）建立设计变量求 4 点

（1）在主界面工具栏 Design Exploration 的 Design Variable 图框中单击 ✏ 图标，如图 5.8 所示。

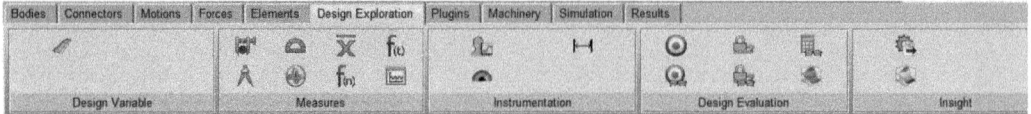

图 5.8　Design Exploration 工具栏

（2）在弹出的对话框中 Name 栏输入变量名，如 m，如图 5.9 所示。

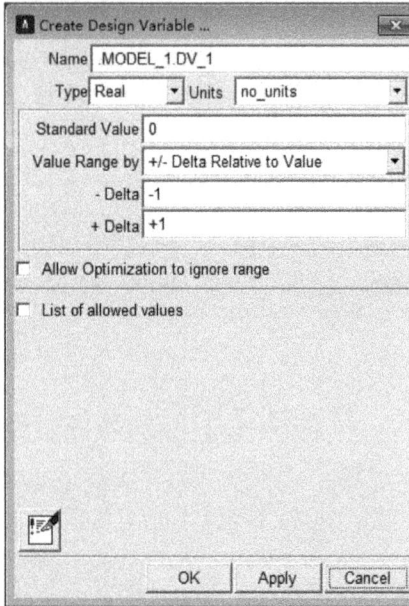

图 5.9　创建设计变量

（3）在 Standard Value 文本框中单击右键，在弹出的菜单中选择 Parameterize→Expression Builder 命令，出现函数编辑器。在函数输入区输入 DX(POINT_3,POINT_2,POINT_2)，并单击 Apply 按钮。

（4）同理，定义变量 p 为 DY(POINT_3,POINT_2,POINT_2)，变量 c 为 sqrt(m**2+p**2)，变量 l_1 为 1.2，变量 l_2 为 1.0，变量 d 为 (c**2+l1**2−l2**2)/(2*l1*c)，变量 e 为 atan(p/m)，变量 alf 为 acos(d)，变量 sit 为 e+alf。

（5）确定 4 点位置。继续建立设计点操作，创建新的点之后，选中 X，在上方输入栏中单击右键，选择 Parameterize→Expression Builder，输入 (POINT_3.loc_x+l1*cos(sit))，单击 OK 按钮。同理，选中新点的 Y 栏，输入 (POINT_3.loc_y+l1*sin(sit))，单击 OK 按钮。点 4 的位置用 (p_{4x},p_{4y}) 来表示，如图 5.10 所示。

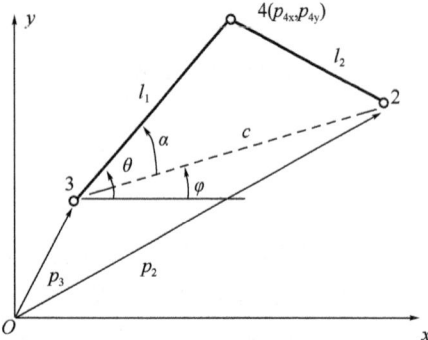

图 5.10　求 4 点参数模型

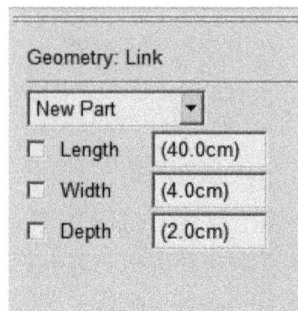

图 5.11　建立杆的对话框

$$c = \sqrt{(p_{3x} - p_{2x})^2 + (p_{3y} - p_{2y})^2}$$

$$\cos a = (c^2 + l_1^2 - l_2^2) / (2l_1 c)$$

$$\varphi = \arctan((p_{3y} - p_{2y}) / (p_{3x} - p_{2x}))$$

$$\theta = \varphi + a$$

$$p_{4x} = p_{3x} + l_1 \cos \theta$$

$$p_{4y} = p_{3y} + l_1 \sin \theta$$

应用的函数说明：

DX(marker_1,marker_2,marker_3)函数返回 marker_1 与 marker_2 在 marker_3 坐标 x 方向的差值。同理，DYC(marker_1,marker_2,marker_3)函数返回 marker_1 与 marker_2 在 marker_3 坐标 y 向的差值。也就是 DX(Point_3,Point_2,Point_2)返回 $p_{3x}-p_{2x}$。

3）创建活动构件

在主界面工具栏 Bodies 的 Solids 图框中选择 🖊 图标并单击。在底部出现的对话框（图 5.11）中选择 New Part，其余三个对话框 Length、Width、Depth 不选。单击 Point_1，拖动鼠标使杆的另一端点落在 Point_3 上，再单击，建立一个杆。同理，再分别以 Point_3、Point_4 为 marker 点建立两个杆。

4）创建运动副

(1)在主工具栏 Connectors 的 Joints 图框中选择 🔧 图标并单击，如图 5.12 所示。

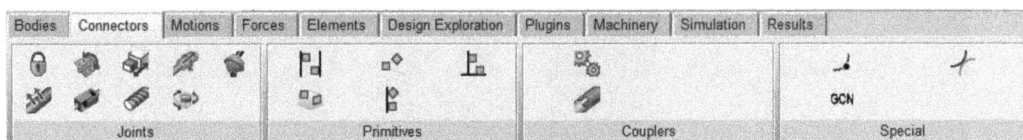

图 5.12　Connectors 工具栏

(2)在下拉菜单中分别选择 1 Location 和 Normal To Grid，如图 5.13 所示。然后单击 Point_1，建立固定铰链 JOINT_1。同理，在 Point_2，建立固定铰链 JOINT_2。

(3)再单击 🔧 图标，在下拉菜单中分别选择 2 Bodies-1 Location 和 Normal To Grid，然后分别单击 Part_2 和 Part_3，最后再单击 Point_3，从而建立一个动铰链。同理在 Point_4 处建立 Part_3 和 Part_4 的动铰链，如图 5.14 所示。

5）加驱动

在主界面工具栏 Motions 的 Joint Motions 中选择转动驱动 🔷 图标并单击。根据设计要求和提示，单击要加驱动的铰链 JOINT_1。此时默认值是 30.0，需要修改可以右键单击 Modify，出现如图 5.15 所示对话框，在

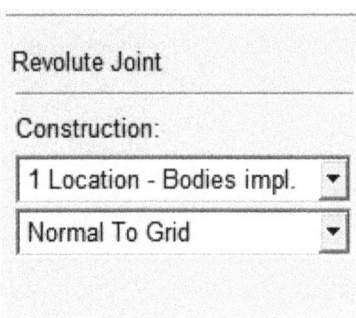

图 5.13　建立固定铰链对话框

Function(time)文本框处选择 Parameterize→Expression Builder，输入"10d * TIME"，单击 OK 按钮。

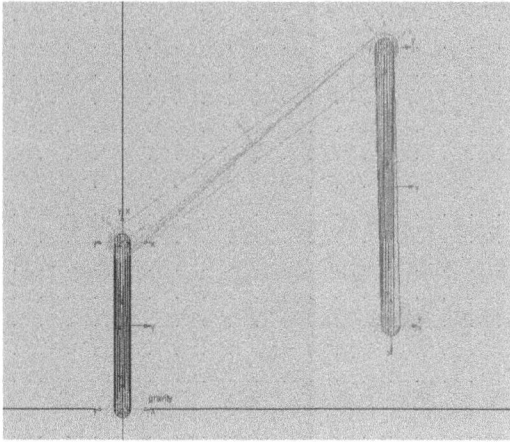

图 5.14　四杆机构模型

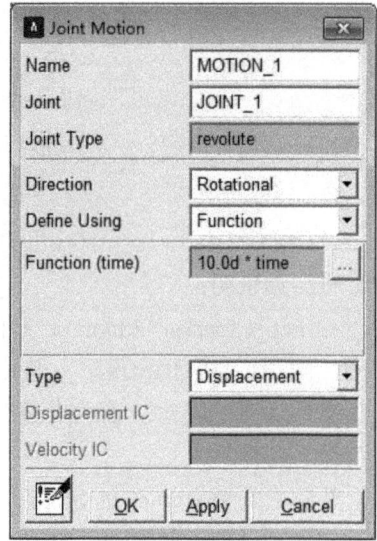

图 5.15　修改驱动

6) 机构仿真

在主界面的工具栏 Simulation 的 Simulate 中选择 图标并单击，出现如图 5.16(a)所示的界面，将 Scripted 改为 Interactive，如图 5.16(b)所示。Duration 右栏可选运动时间，设置好后单击 按钮。

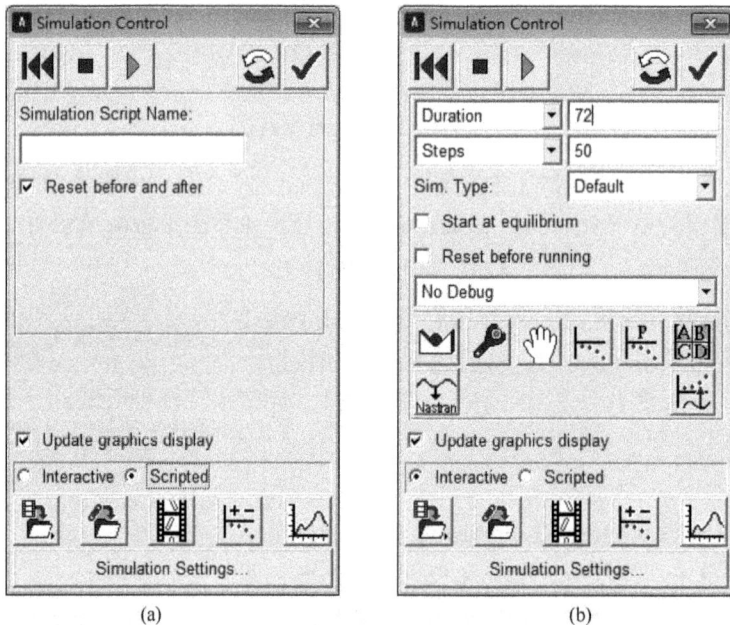

(a)

(b)

图 5.16　机构仿真控制

通过仿真可以检验所建模型是否存在问题。

7) 建立六杆机构

(1) 确定 5 点。单击 图标，选择 Add To Part，在 Length 中输入"0.8"，再选择要添

加点的构件 3(Link_3)，然后以 Point_2 为第一个点，另一点选择 Point_3，即与 Link_3 重合。在主界面工具栏上方，找到旋转图标，并单击，角度栏"Angle"输入 30，并单击顺时针的箭头，这样就可以确定 5 点了。将此杆改名为 Link_5，并在 Link_5 的另一 marker 点生成 Point_5。

(2)确定 6 点。定义设计变量 l4，Standard Value 为 2.0；将 X 改为(Point_5.loc_x + SQRT(l4**2 - (Point_5.Loc_y - 0.3)**2))，单击 OK 按钮；同理，将 Y 改为 0.3。生成新的设计点，并将其改名为 Point_6。

(3)建立第 4 杆。以 5、6 两点建立连杆，改名为 Link_4，将 5 点的 marker 改名为 Marker_5，将 6 点的 marker 改名为 Marker_6。建立动铰链使 4 杆与 3 杆相连。

(4)建立滑块。在主界面工具栏 Bodies 的 Solids 图框中选择 图标并单击，在出现的对话框中选择 New Part，在作图区 Point_6 处拖动鼠标，建立立方体，即滑块。将滑块的重心移到杆件的连接点。单击右键所建滑块的中心，选择 marker.cm，在弹出菜单中选择 Modify，出现如图 5.17 所示对话框，在 Location 栏单击右键，在弹出的对话框中选择 Pick Location，然后单击 Point_6。

(5)建立动铰链。方法同四杆机构建立动铰链，但不同的是对象选择的是构件 4 和滑块。

(6)建立移动副。在主工具栏 Connectors 的 Joints 中选择 图标并单击，在出现的对话框中分别选择 2 Bodies -1 Location 和 Pick Geometry Feature；在主窗口中先分别单击滑块和地面 Ground，再选定 Part_6 的中心点 marker.cm 作为移动副的位置，拖动鼠标使箭头方向水平，确定了移动副的方向。

至此，六杆机构模型建立基本完成，如图 5.18 所示。

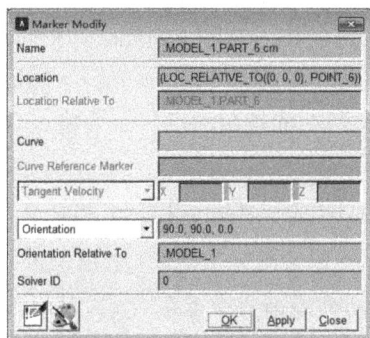

图 5.17　移动滑块重心　　　　　图 5.18　六杆机构模型

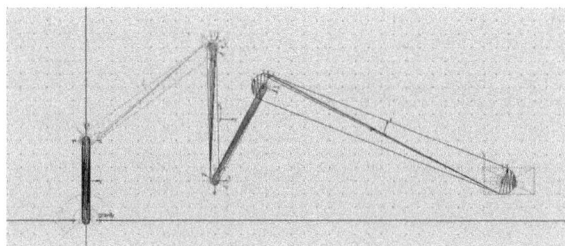

(7)结构细化调整。使用 Adams 进行建模的时候，自动给出各个部件的质心、质量和转动惯量以及默认的材质为钢。用户可以根据需要和实际情况来进行修改。

8)给模型施加力

(1)在主界面工具栏 Forces 的 Applied Forces 中选择 图标并单击。在弹出对话框的 Characteristic 栏选择 Custom，然后在主窗口单击滑块，再选择力的作用点为 Marker.cm，拖动鼠标使箭头水平向右，单击鼠标，即给模型加力，其名称为 SFORCE_1。

(2)编辑力函数。步骤(1)所设定的力为常数，但是本例题要求施加的外力为一变化量，所以需要用函数定义力。

　　将鼠标放在刚刚建立的力上，单击右键，在弹出的对话框(图 5.19)中 Function 右边文本框处单击右键，出现编辑力函数的对话框 Function Build，输入 IF(VX(.MODEL_1.PART_6.CM,0,0,0)：0,0,-5000)。

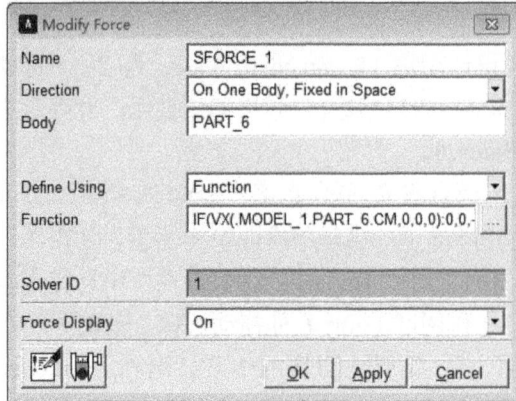

图 5.19　编辑力函数

　　(3)所用到的函数说明。

　　IF 函数说明：

　　IF(expression1：expression2,expression3, expression4)，如果 expression1 小于 0，IF 返回 expression2；如果 expression1 等于 0，IF 返回 expression3；如果 expression1 大于 0，IF 返回 expression4。

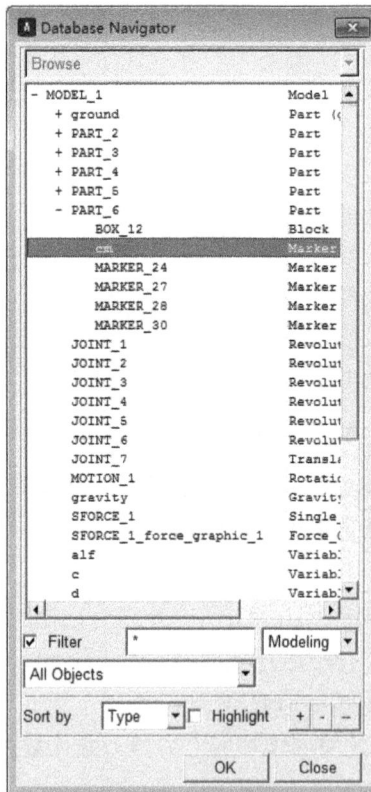

图 5.20　系统导航

　　VX 函数说明：

　　VX 返回两个 Marker 点速度差的 X 分量。

　　VX(To Marker,From Marker,Along Marker，Reference Frame)；To Marker 是要测量速度的点；From Marker 是要减去速度的点；剩余两项都是参考点，如果输入 0，则参考点是坐标原点。

　　VX(.MODEL_1.PART_6.CM,0,0,0)返回 Part_6 质心的速度。

　　3. 测量系统的运动学和动力学参数

　　ADAMS 所 进 行 Marker 点 的 参 数 测 量，在 ADAMS/View 和 ADAMS/Postprocessor(后处理模块)均可以完成。

　　1)用 ADAMS/View 测量

　　(1)选取方法。在主界面工具栏中的 Design Exploration 的 Measures 中选择 [图标]图标并单击，出现如图 5.20 所示 Data Navagator 的对话框。依次点开 MODEL_1 左侧的"+"号和 PART_6 左侧的 "+"号，并选择 cm。

　　(2)测量。选定点以后，将出现 Point Measure 对话框，如图 5.21 所示。在 Characteristic 下拉列表中选择

Translational displacement，在 Component 处选择"X"，其余保持不变，单击 OK 按钮。将出现所求的质心位移曲线图，如图 5.22 所示。在 Characteristic 下拉列表中选择不同的项，可以得到系统的其他参数图，如速度、角速度等。

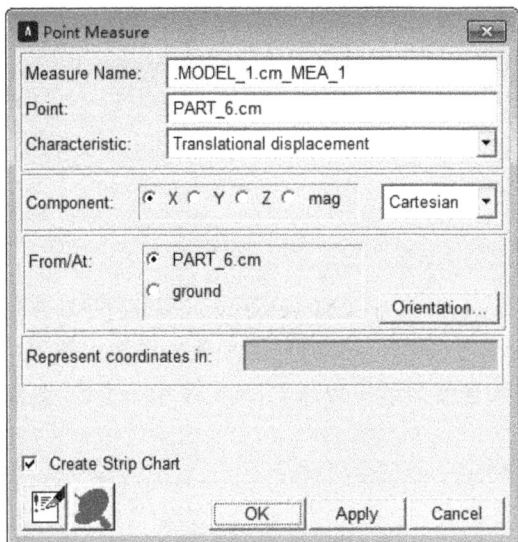

图 5.21　参数测量

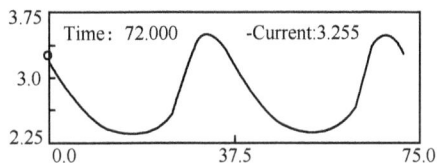

图 5.22　滑块的位移曲线

2) 用 ADAMS 的后处理器完成测量操作。

(1) 在主工具栏 Results 的 Postprocessor 图框中选择 图标并单击，出现如图 5.23 所示的界面。

(2) 在图中下方 Source 文本框中选择 Measures，在 Measures 中选择 cm_MEA_1，再单击 Add Curves 按钮，此时之前所测的图线出现，此图线具有较小刻度，并标明了单位等。

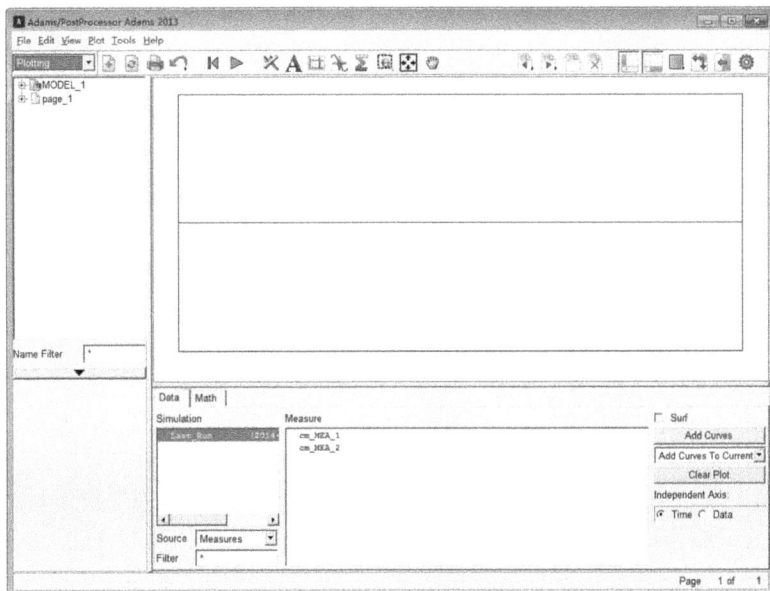

图 5.23　后处理界面

（3）如果没有在 ADAMS/View 当中完成测量，可以在 Source 中选择 Objects，在 Filter 中选择 body，Object 中选择 Part_6。Characteristic 中选择 CM Position，"分量" 里选择"X"，再单击 Add Curves 按钮，如图 5.24 所示，则将出现位移曲线。

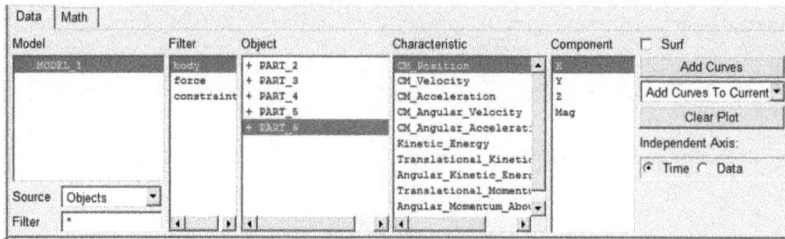

图 5.24　测量运动参数

（4）继续类似第（3）步的操作，当选择 Characteristic 中 CM Velocity，则质心的 X 方向速度曲线加入图中，同样，通过选择 CM Acceleration 将质心 X 方向的加速度也加入图中，如图 5.25 所示。如果希望图线分别表示，则添加曲线之前可以单击图 5.23 中上面   图标，即表示添加新的一页来显示图像。

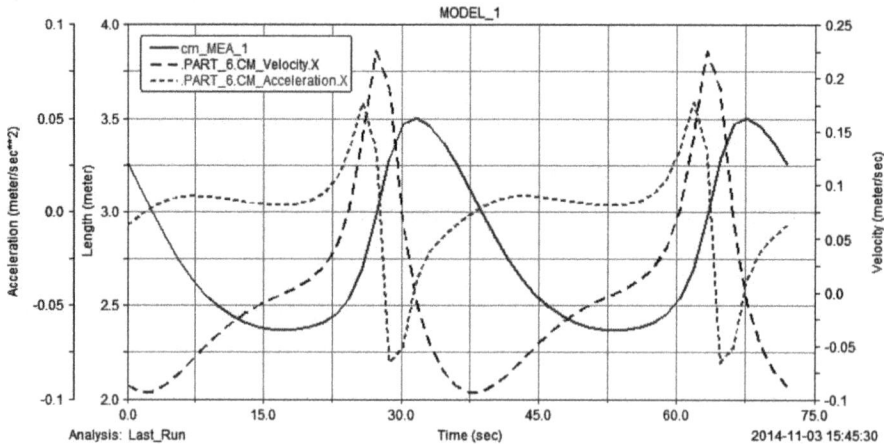

图 5.25　滑块运动线图

（5）测量力。新建一页，在后处理窗口下方的选择框依次选择：Object→Force→SFORCE_1→Element_Force→X→Add Curves，则 SFORCE_1 的 X 方向分量曲线如图 5.26 所示。

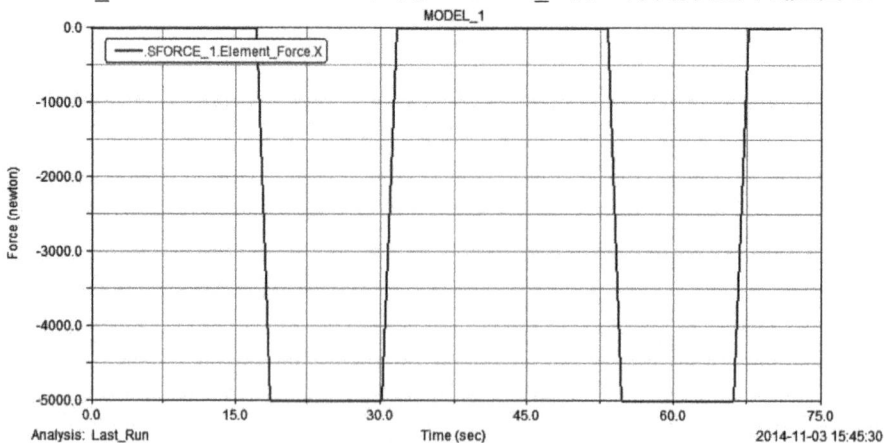

图 5.26　外加力线图

(6) 测量支座反力。后处理窗口下方依次选择：Object→Constraint→JOINT_1→Element_Force→Mag→Add Curves，则 JOINT_1 的合力曲线出现，如图 5.27 所示。

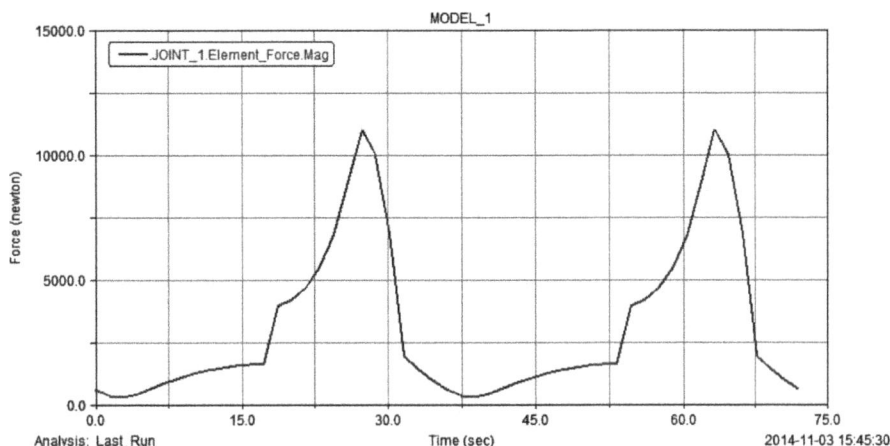

图 5.27　铰链 1 运动副反力

(7) 测量平衡力矩。在后处理窗口下方依次选择：Object→Constraint→MOTION_1→Element_Torque→Z→Add Curves，则 MOTION_1 的平衡力矩图线出现，如图 5.28 所示。

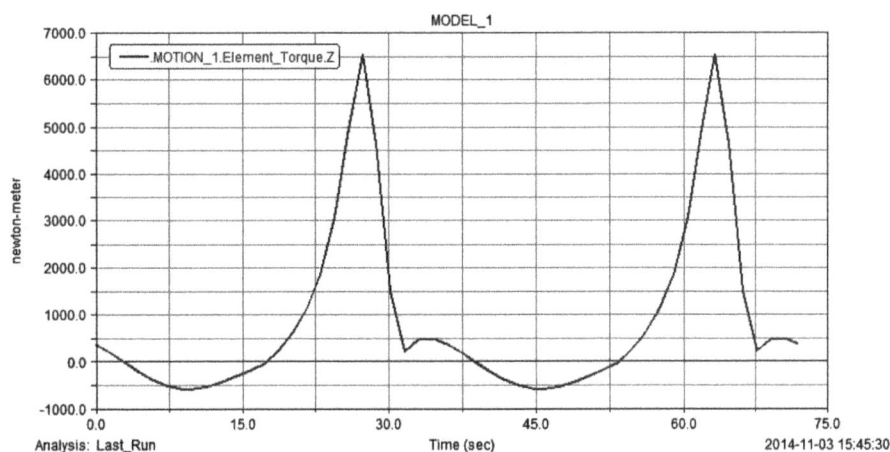

图 5.28　平衡力矩

(8) 可删除曲线。在图中选定曲线，右键，在弹出的菜单中选择 CURVE，然后选择 Delete。

(9) 删除全部曲线。在界面右下角选择 Clear Plot。

(10) 曲线更新。界面中选择 File，选择 Replace Simulations，单击 OK 按钮，可以进行曲线更新。

(11) 同时查看模型的运动和曲线的形状，打开一新窗口，单击右键，选择 LoadAnimation，出现模型，单击"播放"按钮即可，如图 5.29 所示。

实验二：基于自编软件的 II 级机构建模与仿真

本实例针对实例一中图 5.1 所示连杆机构用"计算机辅助机构设计软件"中的连杆机构设计模块进行建模。

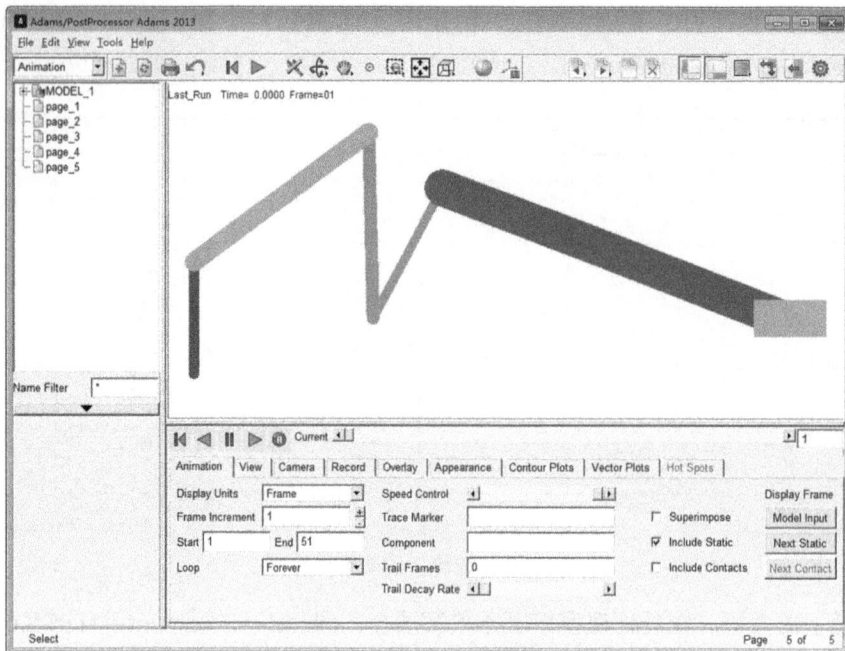

图 5.29　线图、动画同时演示

根据机构组成原理，任何机构都是由基本杆组依次连接于主动件和机架上而组成的。本例中要建立一Ⅱ级机构，首先确定一主动件，然后依次选择组成该机构的Ⅱ级杆组和机架进行连接，即可组成多杆机构。激活任一构件，可以改变尺寸参数；激活任一运动副，可以改变该点的位置。操作步骤如下。

(1)打开软件，进入连杆机构设计界面，窗口中有一主动曲柄，如图 5.30 所示。

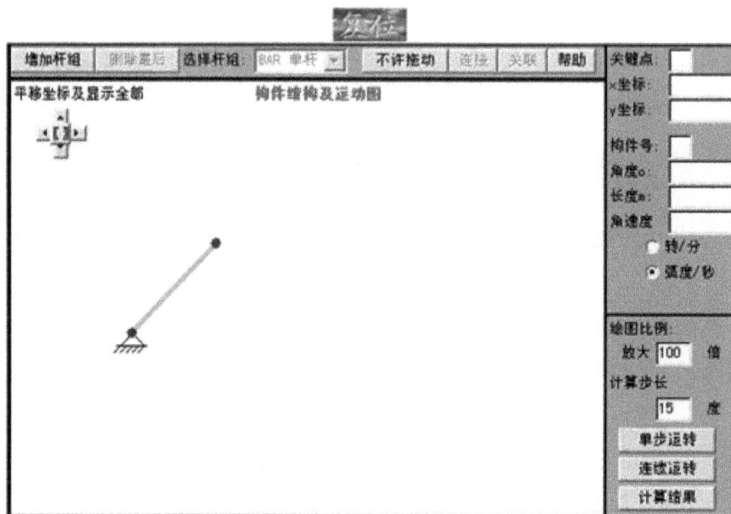

图 5.30　连杆机构设计首页

单击曲柄，窗口右侧界面将显示相应参数，长度、角度、角速度均可以修改。单击构件端点，显示相应点坐标位置，需注意的是，除曲柄自由端外，构件端点均可通过坐标修改来修改位置，但是构件必须有一端固定，否则无法修改。

"拖动/不许拖动"按钮：控制构件是否能被鼠标拖动。在出现"RRR 杆组不能装配"提示或者"尺寸不合适"情况下，可以先将构件拖开，再进行尺寸修改。

"连接"与"关联"按钮：该命令可以控制两个构件连接与关联。首先单击要连接的点(该点呈红色)，单击"连接"按钮(连接点变成绿色)，再将鼠标移至另一连接点(该点也呈绿色)单击，即可完成连接。关联命令与连接命令相似。

(2)单击"增加杆组"按钮，激活"选择杆组"的下拉列表框，选择要创建的杆组，本例中创建 RRR 杆组，所选杆组自动连接到主动件上。

由于所创建的 RRR 杆组的各杆长度与本题不符，则如前所述，拖动杆组使之与主动件脱开，然后修改各构件尺寸；再用连接命令将其与主动件重新相连。

单击"增加杆组"按钮，创建固定铰链，该铰链自动连接到杆组上，然后单击固定铰链，在右侧坐标位置进行相应修改，使其位于预定位置。然后再将其与上一 RRR 杆组相连，得到铰链四杆机构如图 5.31 所示。

(3)单击"增加杆组"按钮，激活"选择杆组"下拉列表框，选择 BAR 单杆，此时单击 3 构件，记下窗口右侧构件参数文本框内显示的角度，根据本题的要求(3、4 构件夹角为 30°)，再单击 4 构件，改变其角度，来满足设计要求。单击 4 构件(该构件呈红色)，再单击"关联"按钮，最后单击 3 构件(呈绿色)，完成 3、4 构件的关联。

(4)仿照前述增加杆组的操作再增加一 RRP 杆组，将导路调至所需方向(由于默认导路方向与本例相同，故不必修改)；最后单击 5 构件，在窗口右侧长度框中修改 5 构件长度并回车完成该机构的搭接，如图 5.32 所示。

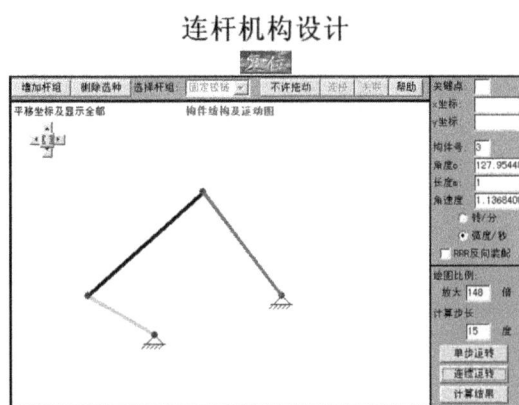

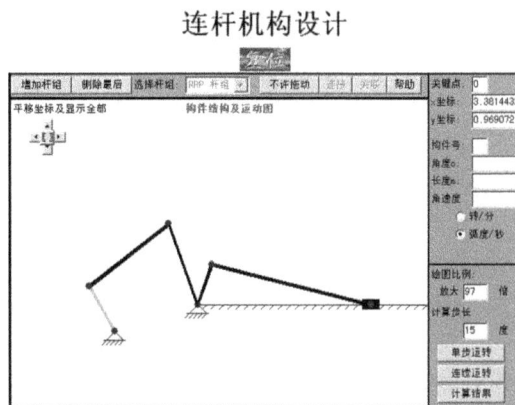

图 5.31　搭接完成的铰链四杆机构　　　图 5.32　搭接完成的六杆机构

(5)单击"单步运转"或者"连续运转"按钮，可进行运动仿真。

(6)单击"计算结果"按钮，出现图 5.33 窗口，需要显示运动曲线的点或构件，可以用鼠标在窗口右上方单击机构图中相应位置激活，也可以在左上方文本框和单选框中手动设定，得出相应曲线，如图 5.33 所示。

(7)单击"输出参数"按钮，所选点或构件的参数立即显示出来，如图 5.34 所示。

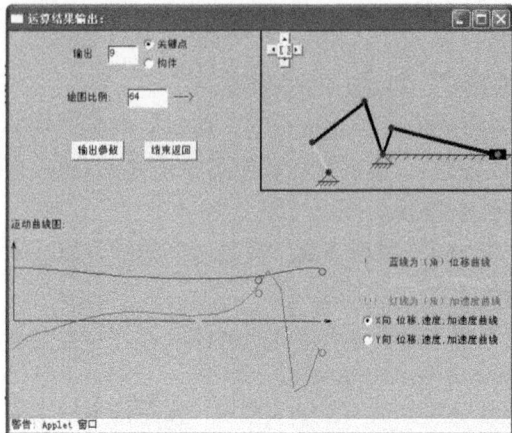

图 5.33　滑块的运动线图

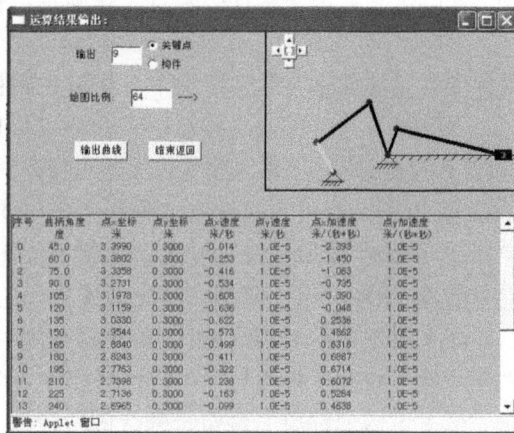

图 5.34　结果输出窗口

5.1.5　思考题

(1)利用 ADAMS 进行连杆机构虚拟样机设计与仿真的一般流程是什么？

(2)利用 ADAMS 测量连杆机构虚拟样机的运动学和动力学参数可以用什么模块实现？

(3)利用 ADAMS 可以得到哪些运动学和动力学参数及曲线？

(4)用计算机辅助机构设计软件进行连杆机构设计建模时应注意什么问题？

(5)用计算机辅助机构设计软件进行建模只能得到哪些参数及曲线？

(6)对比两种方法建模连杆机构虚拟样机各有什么优缺点？

5.2　凸轮机构虚拟设计与仿真

5.2.1　实验目的

(1)巩固凸轮机构设计的相关知识。

(2)掌握应用 ADAMS 进行凸轮机构设计的方法。

(3)通过利用自编软件进行凸轮机构设计，掌握影响凸轮机构的一些参数。

(4)培养应用先进技术解决问题的能力。

5.2.2　实验设备

(1)ADAMS2010(或以上版本)软件，及其安装运行所需的操作系统(Windows XP 或以上版本)。

(2)计算机辅助机构设计软件(自编软件)。

(3)计算机：要求用户的浏览器需要有支持 Java 的功能。

5.2.3　实验内容

(1)基于 ADAMS 软件的凸轮机构建模与仿真。

(2)基于自编软件的凸轮机构建模与仿真。

5.2.4　实验步骤

实验一：基于 ADAMS 软件的凸轮机构建模与仿真

设计一对心直动尖顶从动件盘形凸轮机构。已知推程运动角为 60°，远休止角为 120°，回程运动角为 60°，行程为 10mm，许用压力角为 30°，基圆半径为 30mm，推程和回程都选择等加速等减速运动规律。

1. 设置工作环境

启动 ADAMS/View 并建立一个新的数据文件。在 Model Name 栏中输入"CAM"，单击 OK 按钮，建立一个名为 CAM 的模型。Gravity 和 Units 可选择合适的重力方向和单位。

按照 5.1.4 节中的实例一设置，本例中将栅格尺寸设置为 150，格距设置为 5；将"Model Icons"的默认尺寸改为 10。单击右上角放大图标🔍，将工作栅格适当放大。

2. 建立从动件

(1)打开坐标显示窗口，右键单击右下方第二个图标🔳，选择弹出的四个图标中左下角的图标🔳。

(2)单击主工具栏中的 Point ○ 图标，分别在(0,0,0)和(0,50,0)处设定两点为 Point_1、Point_2，如图 5.35 所示。

(3)单击主工具栏中的 Link ✏ 图标，设置完参数后，在 Point_1、Point_2 之间建立一个杆，即为从动件(从动件的长度、宽度和厚度可任选)。

(4)右键单击杆，在弹出的菜单中选择 Rename 后，出现如图 5.36 所示对话框，将 PART_2 改为 follower(从动件)。

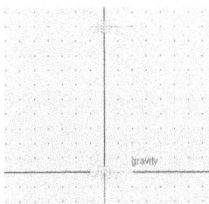

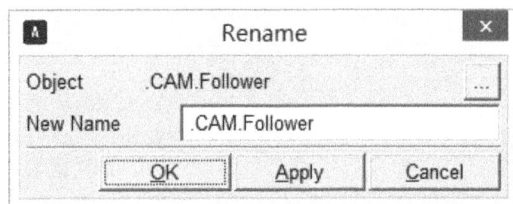

图 5.35　设定两点　　　　　图 5.36　从动件重命名

3. 建立凸轮

(1)在主工具栏中选择 🔳 图标并单击。

(2)将鼠标点在(−50,0,0)处，向右下角拖动任意范围，画一个矩形框，如图 5.37 所示。

(3)右键单击箱体，PART_3 改为 cam(凸轮)。

4. 加运动副和驱动

用转动副使凸轮连接于机架上，再加一转动驱动使凸轮绕机架转动。用移动副使从动件与机架相连，再加一移动驱动使从动件沿机架导路移动。

(1)单击主工具栏中的 图标，然后在主窗口中先单击 cam，再在点(0,−30,0)处建立一个 marker 点。

(2)单击主工具箱中的转动副 图标，然后单击新建的 marker 点，则建立一个转动副 Joint_1。

(3)单击主工具箱中的转动驱动 图标，出现如图 5.38 所示对话框，将旋转速度改为 360.0，单击 Joint_1 在此处添加了一个转动驱动 Motion_1。

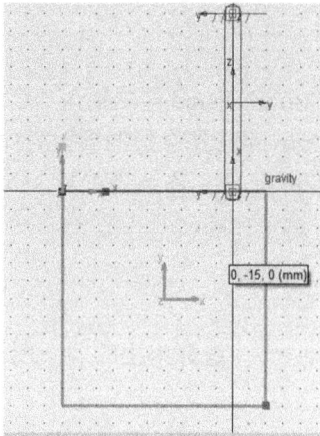

图 5.37　建立凸轮

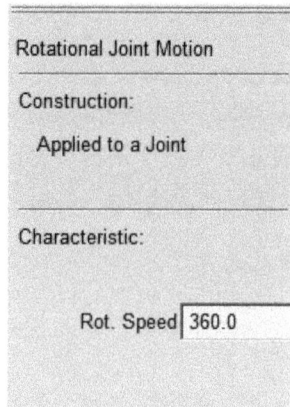

图 5.38　添加转动驱动

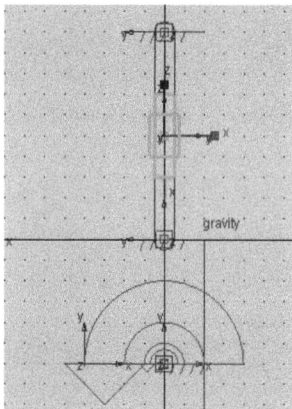

图 5.39　添加建立移动副

(4)在主工具栏中选择移动副 图标，在从动件 follower 的质心点 marker.cm 处单击鼠标左键，并向 y 方向将光标上移直到出现向上箭头，再单击鼠标左键，出现移动铰链 Joint_2，即为从动件建立移动副，如图 5.39 所示。

(5)单击主工具箱中的移动驱动图标 ，再单击刚建立的移动铰链 Joint_2，在此处添加了一个移动驱动 Motion_2。

5. 修改驱动，使从动件满足所要求的运动规律

(1)在主工具栏中选择设定变量 图标并单击，出现如图 5.40 所示对话框。在 Name 文本框中的变量名改为.CAM.a，在 Standard Value 文本框中写入该变量的值为(4.0*10/(60/360)**2)。

(2)右键单击从动件上的移动驱动 Motion_2，单击 Modify，出现如图 5.41 所示对话框。

单击 Function(time)右侧的按钮，出现如图 5.42 对话框。

在最上方一栏中写入从动件应遵循的运动规律，即本例中要求的等加速、等减速运动规律，所以本题中函数可写为

IF(time-1/12：a,a,IF(time-1/6：-a,-a,IF(time-1/2：0,0,IF(time-7/12：-a,-a,IF(time-2/3：a,a,0)))))

说明：IF 函数的意义详见 5.14 节，在本例中此函数式表示(t 为仿真时间，δ 为凸轮转角)：

当 $t \leqslant 1/12$(即 $\delta \leqslant 360° \times 1/12$)时，从动件等加速运动(加速度为 a)；

当 $1/12 < t \leqslant 1/6$(即 $360° \times 1/12 \leqslant \delta \leqslant 360° \times 1/6$)时，从动件等减速运动(加速度为 $-a$)；

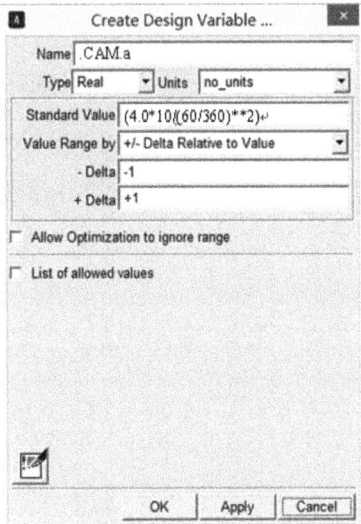

图 5.40　定义设计变量

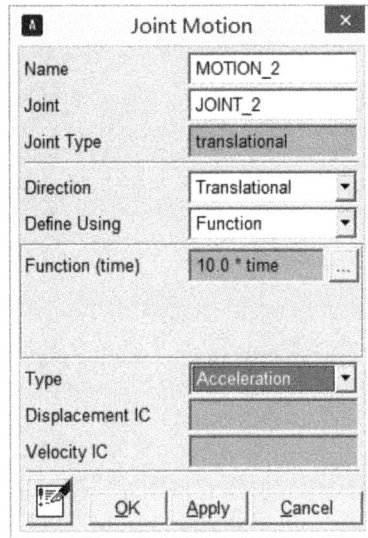

图 5.41　修改驱动

当 $1/6 < t \leqslant 1/2$（即 $360° \times 1/6 < \delta \leqslant 360° \times 1/2$）时，从动件休止；

当 $1/2 < t \leqslant 7/12$（即 $360° \times 1/2 < \delta \leqslant 360° \times 7/12$）时，从动件等减速运动（加速度为$-a$）；

当 $7/12 < t \leqslant 2/3$（即 $360° \times 7/12 < \delta \leqslant 360° \times 2/3$）时，从动件等加速运动（加速度为$a$）；

当 $2/3 < t \leqslant 1$（即 $360° \times 2/3 < \delta \leqslant 360°$）时，从动件休止。

(3) 单击此对话框右下角 Verify 按钮，校核函数的正确性。单击 OK 按钮返回到主窗口。

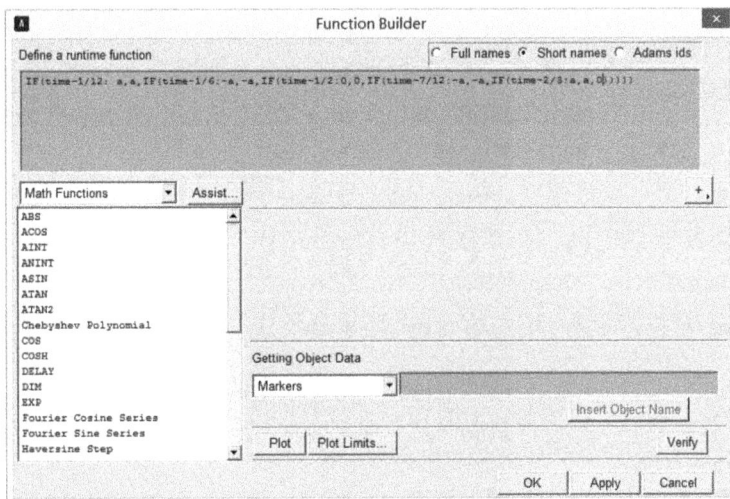

图 5.42　编写从动件运动规律的函数

6. 生成凸轮轮廓曲线

(1) 在主工具栏中选择仿真 图标并单击，设置仿真结束时间为 1，输出步数为 200，单击仿真开始 ▶ 按钮。仿真结束，单击 ◀◀ 按钮返回模型的初始状态。

(2) 生成轮廓曲线，单击主工具栏"Results"的"Review"图框中的 图标，然后在主窗口中单击从动件最下端的 Marker 点，再单击凸轮 cam，立即生成一条样条曲线 Curve_1，即为凸轮的轮廓曲线，如图 5.43 所示。

7. 添加高副形成凸轮机构

（1）在主工具栏 Connectors 的 Special 图框中选择图标 ，然后先单击从动件最下端的 Marker 点，单击刚生成的样条曲线 Curve_1，出现一点线接触的高副 Point_ Curve，如图 5.44 所示。

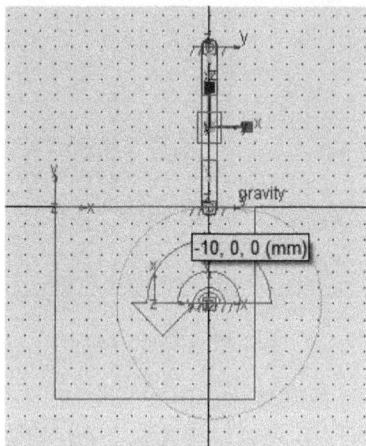

图 5.43　生成凸轮轮廓曲线

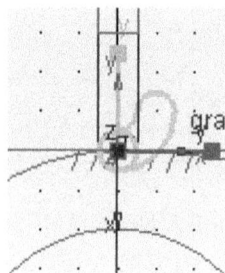

图 5.44　凸轮高副

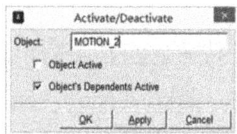

图 5.45　取消或激活驱动

（2）去掉从动件的移动驱动，即右键单击 Motion_2，选择弹出菜单中的 Delete。（注意：若执行此操作后，再进行仿真，就无法恢复 Motion_2，即无法查看 Motion_2 中的函数关系式的建立情况，所以通常先不进行此操作，而是用下列操作代替：右键单击 Motion_2，选择（de）active，出现如图 5.45 所示的对话框。选中 Object Dependents Active 复选框，单击 OK 按钮。此时 Motion_2 的颜色变暗，说明它已不起作用，但仍可以查看其中的有关信息，若想恢复该驱动，再依次选择 Motion_2→（de）active→Object Active，即激活对象）

（3）删掉 Box 箱体，右键单击凸轮 cam，选择 Box_1，单击 Delete。

（4）模型运动仿真，单击仿真 图标，进行时间为 1s，50 步的仿真。

（5）拉伸凸轮使其具有一定厚度，在 Tools 菜单中选择 Command Navigator，出现如图 5.46 所示的对话框。按图 5.46 所示，依次选择 Geometry→Create→Shape→Extrusion 出现如图 5.47 所示的对话框。

（6）右键单击 Reference Marker 右侧文本框，选择 Pick，然后用鼠标单击主窗口中凸轮上的 Marker 点（被拉伸的点）；再回到拉伸对话框中，右键单击 Profile Curve 以同样的操作选择被拉伸的凸轮轮廓曲线；再回到拉伸

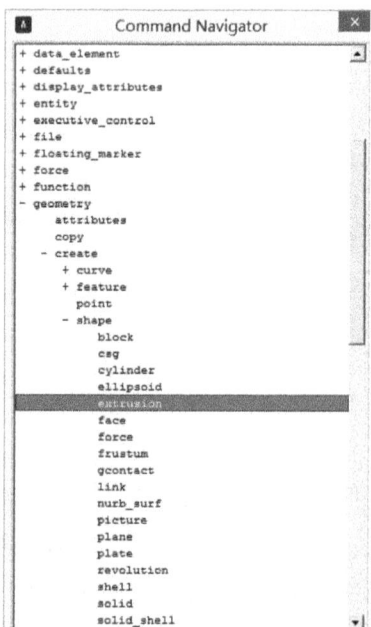

图 5.46　命令导航

对话框中，单击 Path Curve 栏中小三角按钮，选择 Length Along Z Axis，即将其沿着 Z 轴方向拉伸，在其右侧栏输入拉伸厚度 5，单击 OK 按钮，得到如图 5.48 所示的模型。

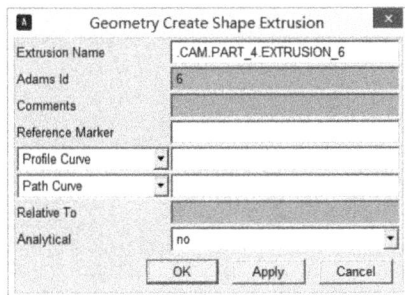

图 5.47　拉伸几何图形

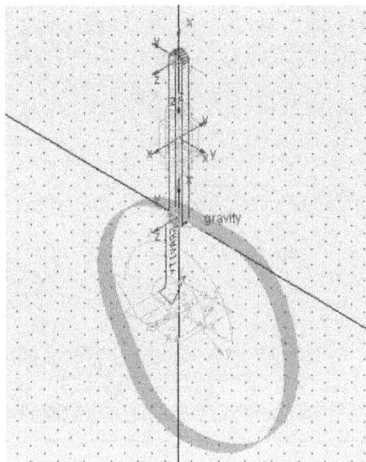

图 5.48　直动尖顶从动件盘形凸轮机构的几何模型

实验二：基于自编软件的凸轮机构建模与仿真

打开自编软件的网页进入凸轮机构设计首页，软件提供了四种类型的平面凸轮机构的设计方法，有直动滚子从动件、直动平底从动件、摆动滚子从动件、摆动平底从动件，单击"直动滚子从动件"按钮，进入设计页面，如图 5.49 所示。

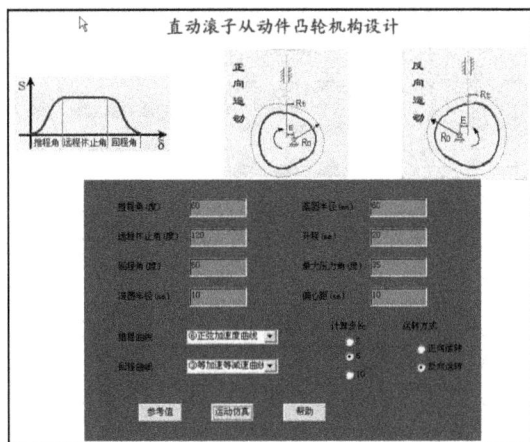

图 5.49　直动滚子从动件凸轮机构设计首页

软件给出一组参数的默认值，用户根据设计要求重新输入各参数，按 Enter 键确认。若设计尖顶从动件凸轮机构，只需将滚子半径设为 0 即可。

软件提供 8 种典型的凸轮机构从动件运动规律，可在"推程曲线"和"回车曲线"的下拉列表框中选择。若要了解各种运动规律的特点，单击窗口左上角的 s-δ 线图，便可进入从动件运动规律页面查看。

单击"继续"按钮，弹出"凸轮运动仿真"窗口，如图 5.50 所示。该窗口以图形的方式显示设计结果，给出了推程和回程中从动件的类速度、类加速度及压力角的最大值。单击"连续运转"按钮，机构进行运动仿真，单击"计算结果"按钮，弹出数据窗口，以选择的步长显示凸轮转角、理论廓线、设计廓线、曲率半径和压力角的值，如图 5.51 所示。

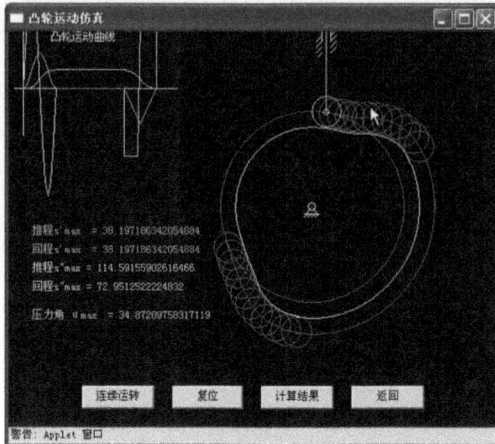

图 5.50　凸轮机构运动仿真窗口

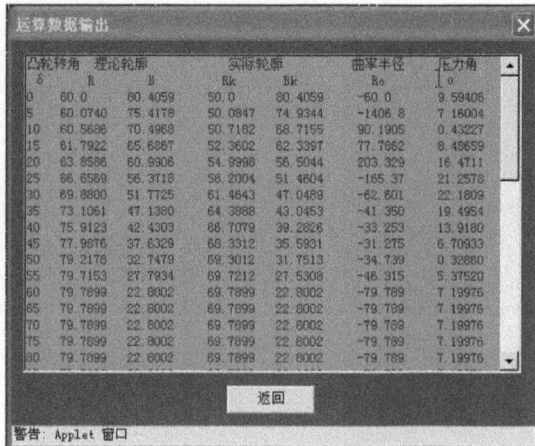

图 5.51　凸轮机构设计结果

如果设计结果不满足某些约束条件，可返回到首页修改各参数。单击"参考值"按钮，恢复程序设置的默认值。

5.2.5　思考题

(1)利用 ADAMS 进行凸轮机构虚拟样机设计与仿真的一般流程是什么？

(2)利用 ADAMS 进行凸轮机构建模时从动件的运动规律是如何输入的？

(3)如何利用凸轮机构设计软件设计尖端从动件盘形凸轮机构？

(4)用计算机辅助机构设计软件进行凸轮机构建模时 $\alpha_{\max}$ 与哪些参数有关，这些参数是如何影响 $\alpha_{\max}$ 的？

5.3　组合机构虚拟设计与仿真

通常所说的组合机构，指的是用一种机构去约束和影响另一个多自由度机构所形成的封闭式机构系统。组合机构可以是同类基本机构的组合(如封闭式差动轮系)，也可以是不同类型基本机构的组合。通常，由不同类型的基本机构所组成的组合机构用得最多，因为它更有利于充分发挥各基本机构的特长和克服各基本机构固有的局限性。

5.3.1　实验目的

(1)掌握各种机构的特点与设计的相关知识。

(2)掌握应用工程软件 ADAMS 建立组合机构虚拟样机及进行仿真分析的方法。

(3)通过利用自编软件进行组合机构虚拟设计，了解不同机构组合后的新特性。

5.3.2　实验设备和软件

(1)ADAMS2010(或以上版本)软件，及其安装运行所需的操作系统(Windows XP 或以上版本)。

(2)计算机辅助机构设计软件(自编软件)。

(3)计算机：要求用户的浏览器需要有支持 Java 的功能。

5.3.3 实验内容

(1)基于 ADAMS 软件的齿轮-连杆组合机构建模与仿真。

(2)基于自编软件的凸轮-连杆组合机构建模与仿真。

5.3.4 实验步骤

实验一：基于 ADAMS 软件的齿轮-连杆组合机构建模与仿真

用一对定轴齿轮机构封闭双自由度的五杆机构而形成的齿轮-连杆机构，可以满足复杂的轨迹要求。

1. 设置工作环境

(1)启动 ADAMS/View 并建立一个新的数据文件。在 Model Name 栏中键入 Gear-link，单击"OK"按钮。

(2)在 Setting 菜单中选择 Working Grid，弹出工作栅格设置的对话框，将工作栅格尺寸设为 50，格距为 1。单击"OK"按钮。

(3)在 Setting 菜单中选择 Icons 对话框，将 Model Icons 的所有默认尺寸改为 2，单击 OK 按钮。

(4)单击🔍图标，将工作栅格适当放大。

2. 建立齿轮机构

(1)画出两个相切的圆。在主界面工具栏 Bodies 的 Construction 图框中单击⌒图标，在下端出现如图 5.52 所示对话框。选中 Radius 复选框，填入齿轮 1 的分度圆半径。选中 Circle 复选框，在主窗口中的适当位置画出分度圆 1，并将其改名为 GEAR1。再将 Radius 值改为与其相啮合的另一分度圆半径，画出分度圆 2，改名为 GEAR2。

(2)在两圆心点之间建立一根连杆。单击✏图标，在主窗口中的圆心 1 和圆心 2 之间建立一连杆 PART_4，它是虚拟的(因为它在齿轮-连杆机构中不起作用，只是在建立齿轮副时需要)，将其改名为 Carrierpart。

(3)把圆和虚拟铰链铰接在一起。单击约束库中的转动副🔩图标，在下端的主对话框中，把建造模式(Construction)改为 2Bod-1Loc。单击圆 1，再单击虚拟杆，在圆心 1 处建铰链 JOINT_1。单击🔩图标，单击圆 2，再单击虚拟杆，在圆心 2 处建铰链 JOINT_2。

(4)在两圆切点处建立矢量点。右键打开零件库，单击🔨图标，在其下端的 Coordinate System 中选择 Add to Part，在主窗口中先单击虚拟杆，再单击两圆的切点，则在该点上建立一矢量点，若该点不好捕捉，在虚拟杆上任意位置建立一 marker 点。右键单击该 marker 点，选择该 maker 中的 Modify，出现如图 5.53 所示的对话框。在 Location 文本框中输入切点的坐标值，在 Orientation 栏中输入矢量点的方向角，即使其 Z 轴为两圆的切线方向。Orientation 栏中的三个值分别表示绕 Z,X,Y 旋转的角度(本例中是将 Z 轴绕 X 轴转 90°)。然后单击 OK 按钮。

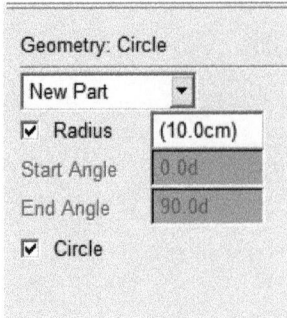

图 5.52　圆弧尺寸设计

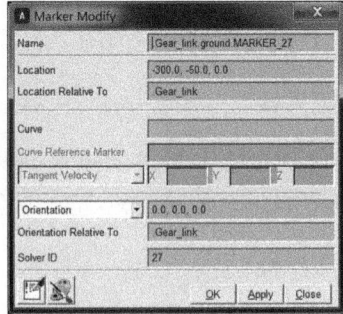

图 5.53　修改矢量点

(5)将齿轮与机架连接。单击约束库中的转动铰链，并把建造模式改为 2Bod-1Loc。然后在主窗口中分别单击齿轮 1 和 ground，则在齿轮中心出现一转动铰链 JOINT_3；用同样的方法在齿轮 2 中心也添加一个与机架相连的转动铰链 JOINT_4。

图 5.54　建齿轮副

(6)建立齿轮副。在主工具栏 Connectors 的 Couplers 图框中选择齿轮约束 图标并单击，出现如图 5.54 所示的对话框。在 Joint Name 文本框中，单击右键，从弹出的快捷菜单中选择 Pick，然后在主窗口单击 JOINT_1，再重复这一操作并选择主窗口中的 JOINT_2（即在该文本框中填入齿轮与虚拟杆相连的两个约束名）。在 Common Velocity Marker 文本框中，单击右键，在弹出的快捷菜单中选择 Marker→Pick，在主窗口中拾取 Marker，单击 OK 按钮。

(7)测试齿轮模型。选择驱动库中的转动驱动 图标，单击 JOINT_3，在此处加了一个转动驱动 MOTION_1，即完成了齿轮模型的建立，如图 5.55 所示。然后单击仿真 图标，进行仿真模拟。

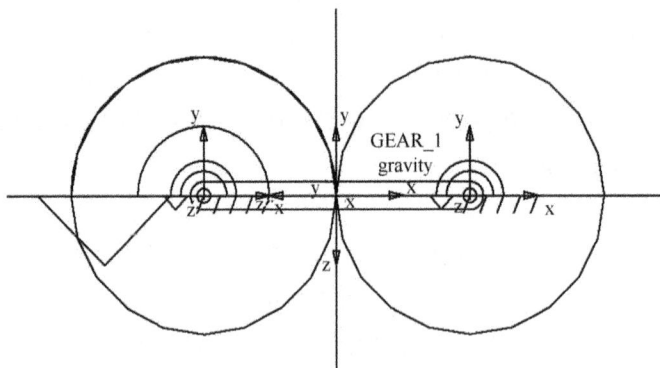

图 5.55　齿轮机构模型

3. 建立连杆机构

(1)单击工具栏中的 图标，在齿轮 1 上的一点和齿轮外一点之间建立一所需长度的杆 PART_5，改名为 Link1。

(2)再单击✎图标，在齿轮 2 上一点和齿轮外一点之间建立一所需长度的杆 PART_6，改名为 Link2。

(3)单击转动副🞉图标，将其建造模式改为 2Bod-1Loc。在齿轮 gear1 和杆 Link1 连接点处建一转动铰链 JOINT_5，在 Link1 和 Link2 连接点处建 JOINT_6，在齿轮 gear2 和杆 Link2 连接点处建 JOINT_7。

4. 运动仿真及生成轨迹线

(1)单击仿真▦图标，进行运动仿真。然后按 Reset 键返回模型初始状态。

(2)单击工具箱中的▦图标，出现如图 5.56 所示的对话框：在 Trace Marker 栏下面的空白栏内单击右键，在弹出的快捷菜单中选择 Marker→Pick，然后在主窗口中单击所需要的描迹点（若该描迹点不是 marker 点，则在此步骤之前，在描迹点处加一 marker 点），而且可以在此栏中连续拾取多个描迹点，同时生成多条轨迹线。若选中此对话框下端的 Superimpose 复选框，则生成机构运动各个位置的轨迹线；若选中 Icons 复选框，则仿真过程中图标不会消失。图 5.57 就是带有轨迹线的齿轮-连杆机构模型。

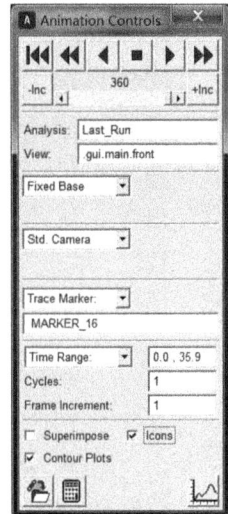

图 5.56　动画回放控制器

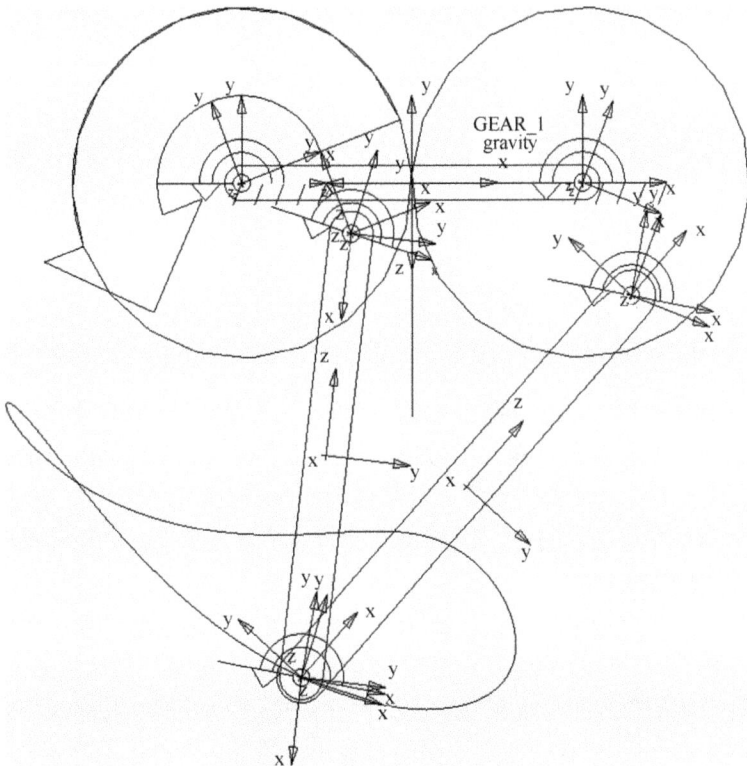

图 5.57　齿轮-连杆机构模型

实验二：基于自编软件的凸轮-连杆组合机构建模与仿真

1. 软件内容与功能

组合机构中，构件参数的改变对执行构件的运动规律或运动轨迹的影响甚大，软件给出几种常见的组合机构类型，包括齿轮-连杆机构、凸轮-连杆机构、凸轮-齿轮机构等 6 种形式的组合机构。要求机构实现的运动规律或轨迹由使用者提供。构件尺寸的调整可以通过鼠标选取并在屏幕上拖动来实现，也可以在参数框中输入数据来实现。参数的改变应保证机构能够装配。

2. 操作方法

打开网页进入"凸轮-连杆机构设计一"的首页如图 5.58 所示。

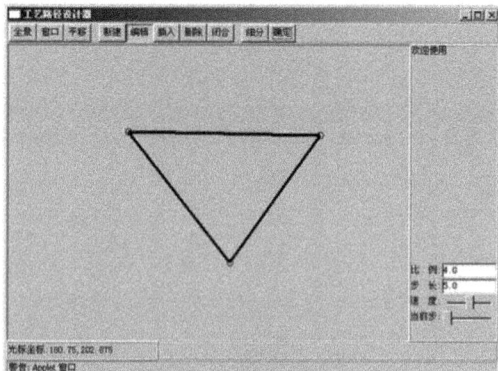

单击"路径"按钮弹出"工艺路径设计器"的窗口，如图 5.59 所示。鼠标在窗口中单击，确定路径上的第一点，一直线从此点开始，另一端随鼠标运动，单击鼠标确定路径上的第二点，依次得到第三点……最后单击"闭合"按钮，使路径封闭。

单击"细分"按钮，弹出"输入细分段数"对话框，输入细分的点数后，单击"OK"按钮返回。细分点数与凸轮设计的计算步长有关，点数越多，步长越少，凸轮轮廓越光滑。

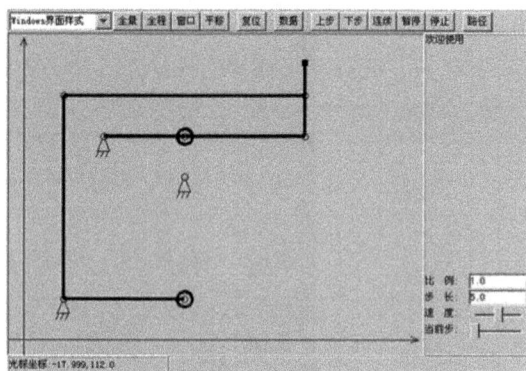

图 5.58　"凸轮-连杆机构设计一"首页　　　　图 5.59　"工艺路径设计器"窗口

如果要改变路径的形状，选择路径中的点(该点呈红色)将其拖到预定位置。如果要改变两点之间的路径情况，单击"插入"按钮，进入插入状态，在预插入点的位置单击完成插入，单击"编辑"按钮进入编辑状态，鼠标拖动插入的点到预定位置，完成路径的修改。也可以用修改文本框中参数的方法，改变点或线段的参数。注意，修改前必须先选择。单击"确定"按钮返回首页。

在首页窗口中单击"连续"按钮，显示出凸轮轮廓并开始运动仿真，如图 5.60 所示。选中机构中任一构件，窗口右侧便显示对应的参数。单击"数据"按钮显示凸轮设计结构。"全景"按钮将当前位置的图形全部显示出来并充满窗口；"全程"按钮保证机构运动的任何位置都容纳在窗口之内。"比例"文本框的参数决定图形在窗口中的显示比例，此参数可以改变；"步长"文本框的参数由路径的细分点数确定。

凸轮连杆机构设计一

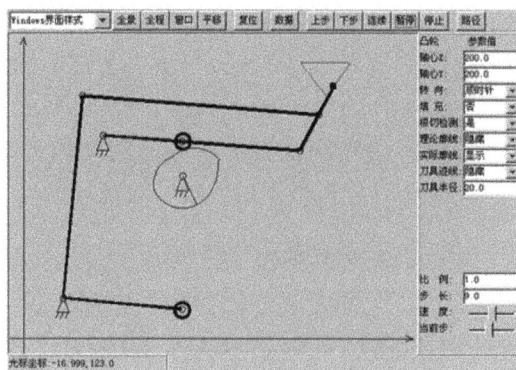

图 5.60　参数修改及运动仿真窗口

如果对设计结果不满意，所有的尺寸参数可以用鼠标拖动构件(杆或凸轮)或构件间的连接点实现，也可以用在数据框中修改参数的方法实现。

"复位"按钮将画面恢复到初始状态。

5.3.5　思考题

(1) 组合机构有哪几种？用 ADAMS 软件可以对哪些组合机构建模？用计算机辅助机构设计软件可以对哪些组合机构建模？

(2) 利用 ADAMS 进行组合机构虚拟样机设计与仿真的一般流程是什么？

(3) 利用 ADAMS 进行齿轮机构建模时虚拟杆的作用是什么？

(4) 利用计算机辅助机构设计软件进行组合机构建模时的首要步骤是什么？

(5) 利用计算机辅助机构设计软件进行组合机构建模时构件尺寸是如何调整的？

5.4　转子平衡虚拟样机仿真分析

5.4.1　实验目的

(1)巩固刚性转子静平衡和动平衡的相关知识。

(2)掌握应用 ADAMS 进行转子平衡的虚拟样机仿真分析与验证方法。

(3)培养应用先进技术解决问题的能力。

5.4.2　实验设备和软件

ADAMS2010(或以上版本)软件及其安装运行所需的操作系统(Windows XP 或以上版本)。

5.4.3　实验内容

(1)基于 ADAMS 软件的刚性转子静平衡的虚拟实验与仿真。

(2)基于 ADAMS 软件的刚性转子动平衡的虚拟实验与仿真。

5.4.4　实验步骤

实验一： 基于 ADAMS 软件的刚性转子静平衡的虚拟实验与仿真

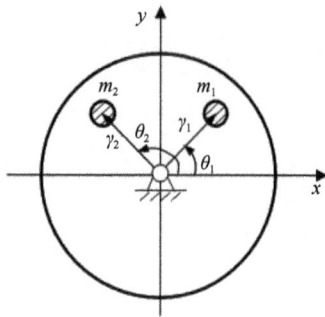

图 5.61　圆盘转子

图 5.61 所示为一圆盘转子，根据其结构特点(如圆盘的质心与回转中心不重合，轮上有凸台等)，可以计算出其具有的偏心质量 m_1=12kg，m_2=7kg,它们的回转半径 r_1=120mm，θ_1=45°；r_2=120mm，θ_2=135°。要求：①建立转子的虚拟样机，仿真测试转子对基座的动压力；②计算平衡质径积；③仿真分析平衡后的转子对基座的动压力。

1. 创建虚拟样机模型

(1)创建转子，如图 5.62 所示。

(2)先画出 r=120mm 的定位圆弧，分别在 θ=45° 和 θ=135° 处添加集中质量块 m_1 和 m_2，然后删除定位圆弧。并将质量块的质量更改为 12kg 和 7kg，如图 5.63 和图 5.64 所示。

(3)将质量块 m_1 和 m_2 与转子固连，在转子与大地(ground)之间建立转动副，在运动副处添加驱动，得到圆盘转子的虚拟样机模型如图 5.65 所示。

2. 仿真与测试模型

(1)仿真模型。设转动的角速度为 2*pi，设置仿真结束时间为 1s，输出步数为 200，单击仿真开始按钮 ▶，如图 5.66 所示。

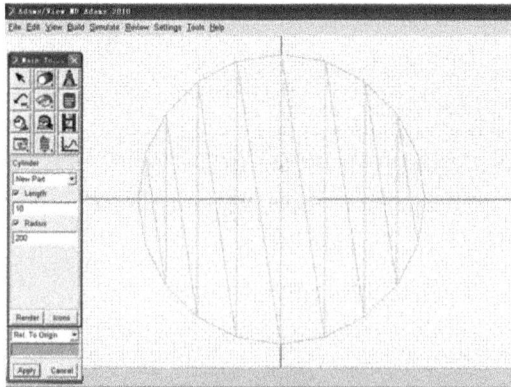

图 5.62　创建转子

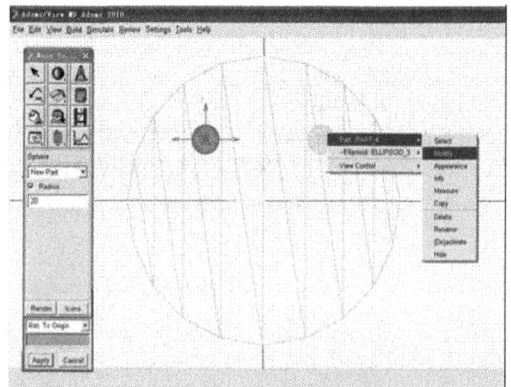

图 5.63　质量块的创建

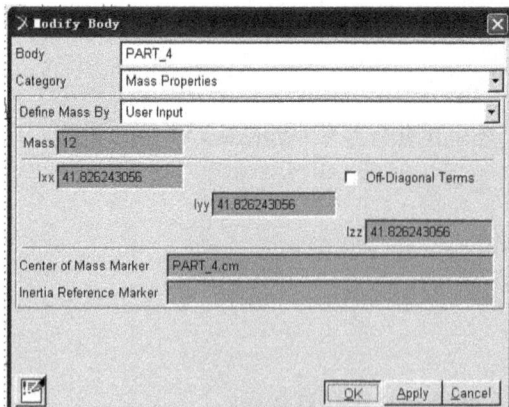

图 5.64　质量块质量的更改

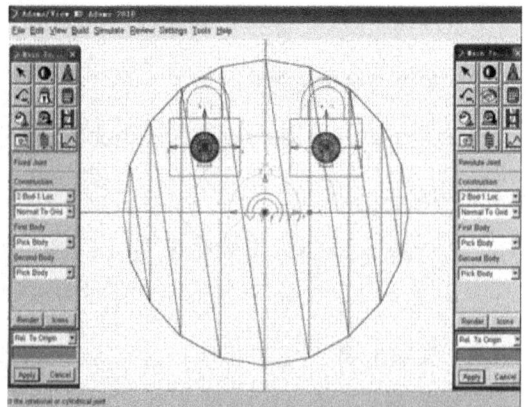

图 5.65　圆盘转子的虚拟样机模型

(2)测试模型。测量转动副处的作用力，右键单击转动副 JOINT_3，在弹出菜单中选择 Measure 出现如图 5.67 所示对话框，测量结果如图 5.68 所示。

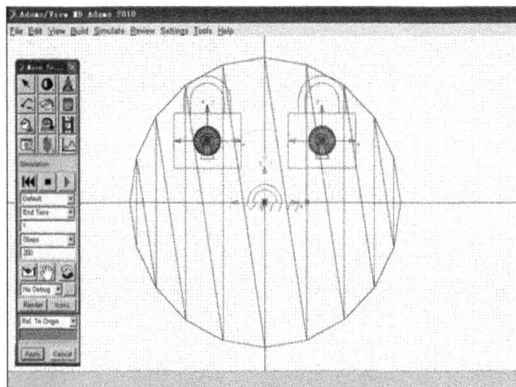

图 5.66　运动仿真设置

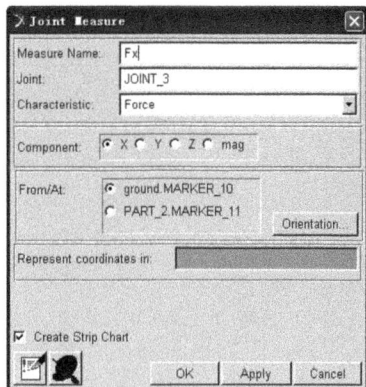

图 5.67　测量转动副处的作用力

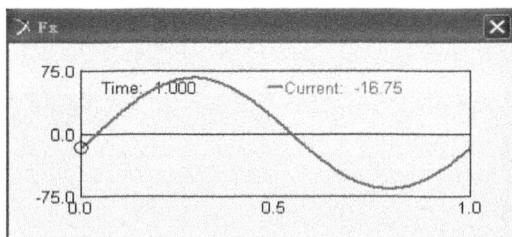

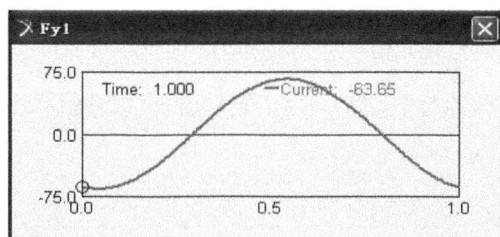

图 5.68　圆盘转子动压力测试测量结果一($\omega=2\pi$rad/s)

从图 5.69 中可以看出，水平方向和铅垂方向的作用力是变化的，即有动压力存在。删除之前在运动副处添加的驱动(角速度为 2πrad/s)，重新在运动副处添加新的角速度为 4πrad/s 的运动，用 200 步仿真 0.5s，仿真结果如图 5.69 所示。将两图合在一起(图 5.70)，比较可以得出，当转子角速度增大 2 倍时，转动副处的动压力成平方倍数增加。

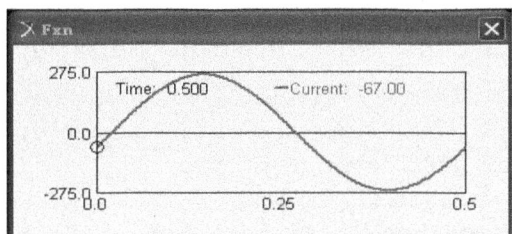

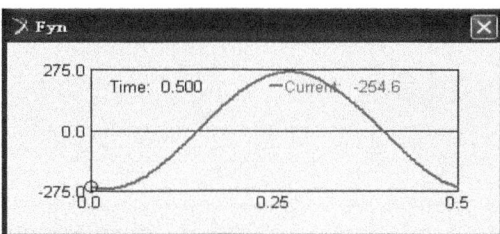

图 5.69　圆盘转子动压力测试测量结果二($\omega=4\pi$ rad/s)

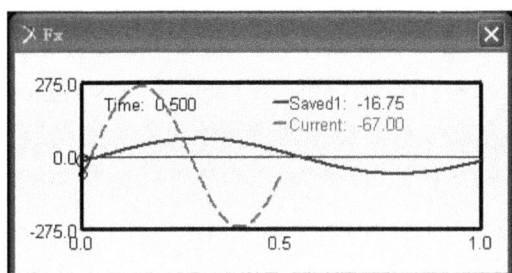

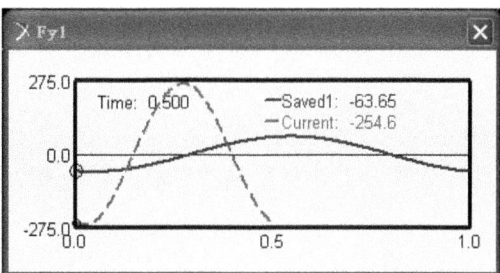

图 5.70　圆盘转子动压力测试测量结果比较

3. 平衡转子的虚拟样机建模

依据转子静平衡的计算方法，可以计算得到配重的质径积为 $m'r'$=1667.093kg•mm，方位角为 θ'=255.26°。当取 r'=120mm 时，得到配重质量为 m'=13.892kg。给转子添加上该配重质量，其虚拟样机模型如图 5.71 所示。

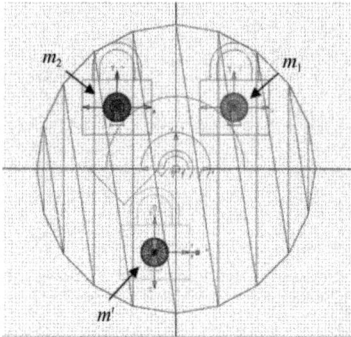

图 5.71　静平衡转子的虚拟样机模型

4. 平衡转子的虚拟样机仿真与测试

以 2πrad/s 的角速度转动转子，测量转动副处的作用力，如图 5.72 中的虚线所示。可以看出在两个方向上的作用力几乎为零，达到了静平衡（之所以不为零，是 $m'r'$ 的计算误差引起的）。同样再将转子的角速度加大到 4πrad/s 时，测量转动副处的作用力，如图 5.73 中虚线所示。从图 5.73 中可以看出，两个方向上作用力还是几乎为零，转子依然是静平衡的。

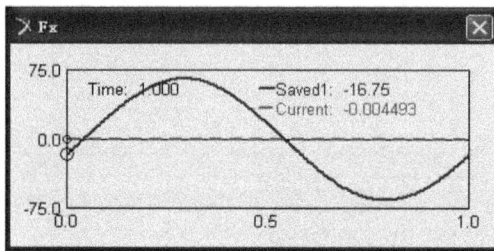

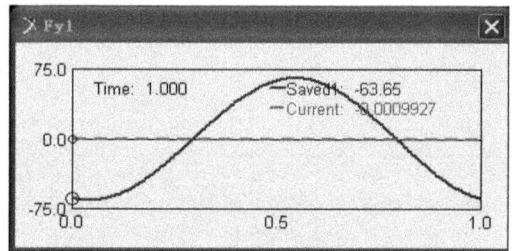

图 5.72　静平衡时动压力测试结果一(ω=2πrad/s)

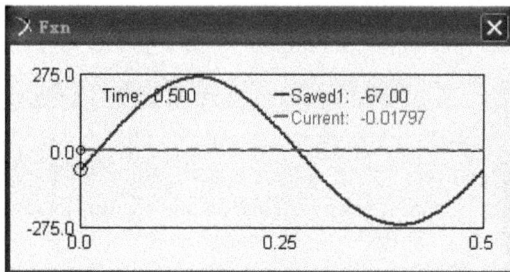

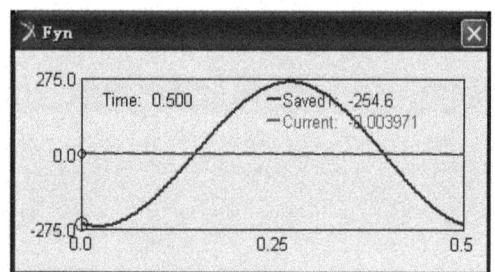

图 5.73　静平衡时动压力测试结果二(ω=4π rad/s)

实验二：基于 ADAMS 软件的刚性转子动平衡的虚拟实验与仿真

图 5.74 所示为一圆柱形转子，三个集中质量分别分布在三个平面 1、2、3 内。$m_1=m_2=m_3$=12kg，$r_1=r_2=r_3$=150mm，θ_1=330°，θ_2=150°，θ_3=60°，l_1=300mm，l_2=200mm，l_3=100mm，L=400mm。要求：①建立转子的虚拟样机，仿真测试转子对机座的动压力和动压力矩。②计算平衡质径积。③仿真分析动平衡后的转子对基座的动压力和动压力矩。

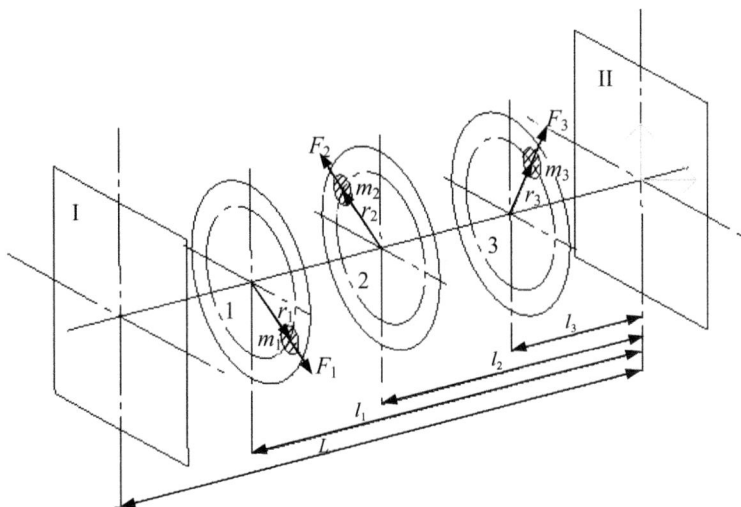

图 5.74　圆柱形转子

1. 创建虚拟样机模型

(1)创建转子，如图 5.75 所示。

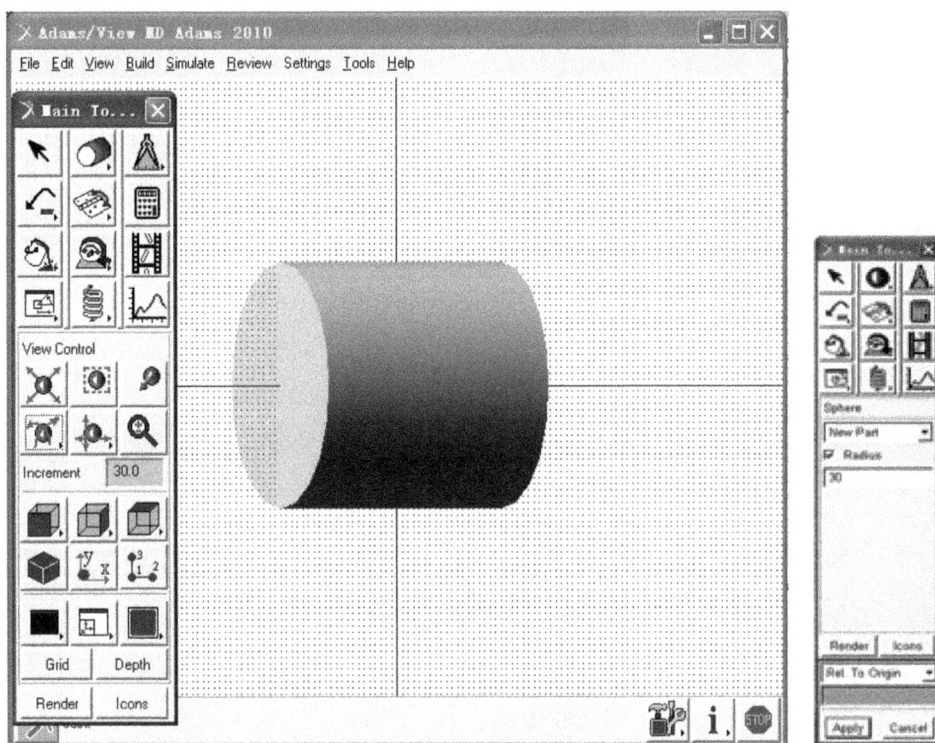

图 5.75　创建转子

(2)添加集中质量块 m_1、m_2 和 m_3，如图 5.76 所示(具体方法见实例 1)。

(3)更改质量块的名字为 mass1、mass2 和 mass3，并更改质量块质量均为 12kg。

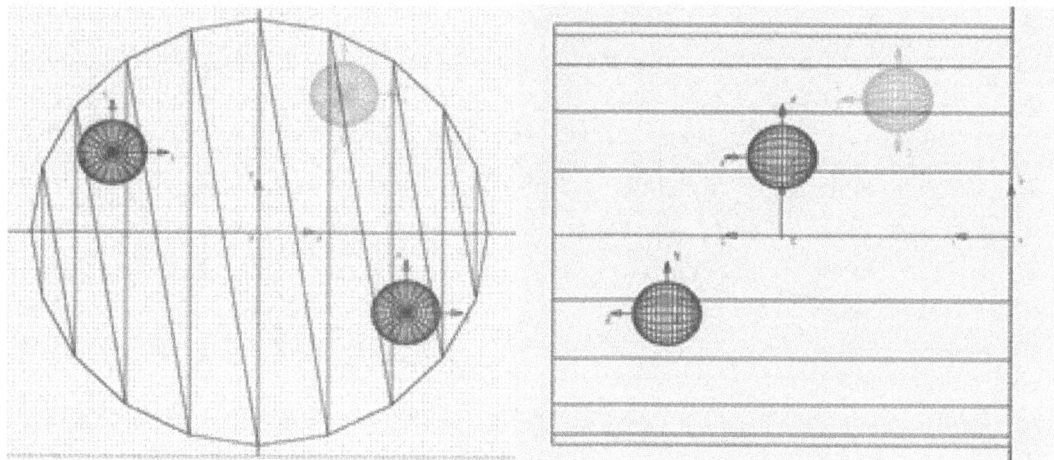

图 5.76　添加集中质量块

（4）将质量块 m_1、m_2 和 m_3 与转子固连，在转子与大地（ground）之间建立转动副，并在运动副处添加驱动，得到圆柱转子的虚拟样机模型，如图 5.77 所示。

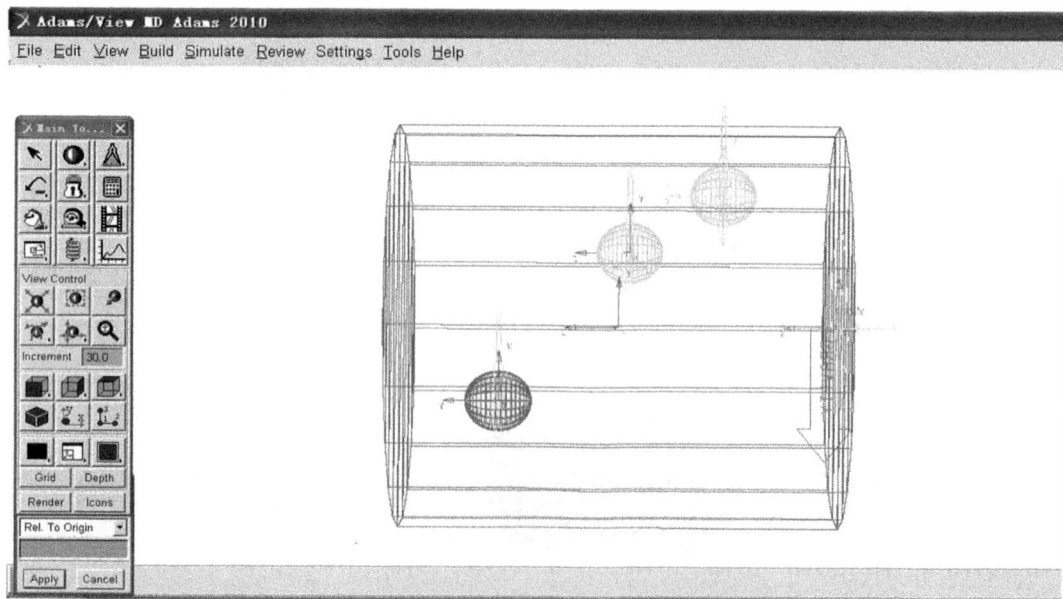

图 5.77　圆柱转子的虚拟样机模型

2. 仿真与测试模型

（1）设转动的角速度为 2*pi，用 200 步仿真 1s。

（2）测量转动副处转子与大地之间的动压力和动压力矩。右键单击转动副 Joint_4，在弹出菜单中选择"Measure"，出现如图 5.78 所示对话框。测量结果如图 5.79 所示。

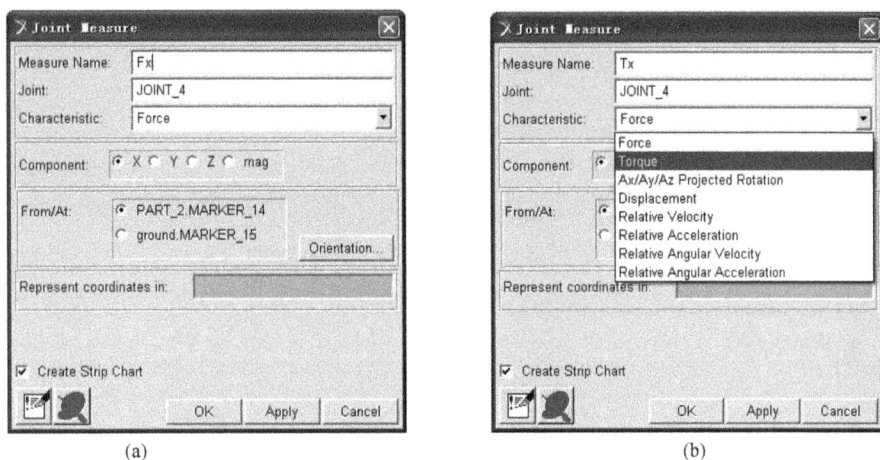

(a)　　　　　　　　　　　　　　　(b)

图 5.78　测量转动副处的动压力和动压力矩的设置

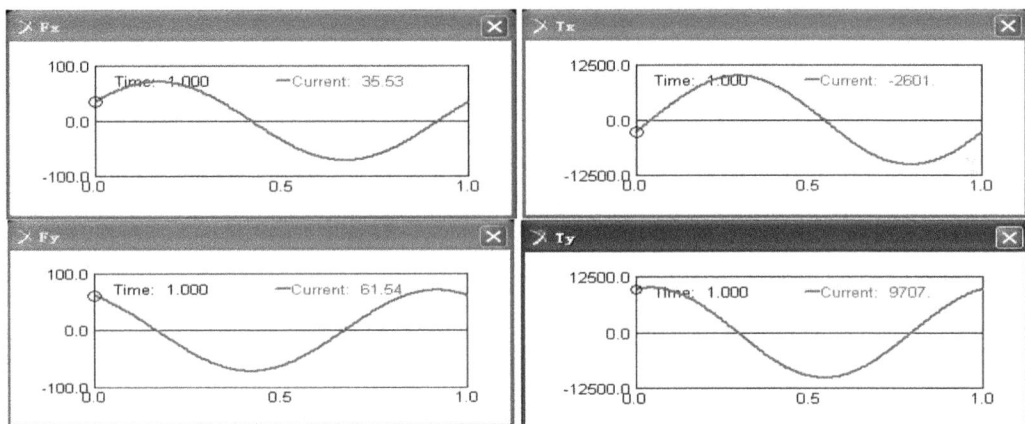

图 5.79　转子与大地间的动压力和动压力矩

3. 平衡转子的虚拟样机建模

依据转子动平衡的计算方法,取 $r'=r''$ =150mm,可以计算得到配重 1 的质量 m' =4.50675kg 和方位角 θ' =192.37°, 配重 2 的质量 m'' =9.48675kg 和方位角 θ'' =259.06°, 如图 5.80 所示。调整平衡质量块至平衡平面,将平衡质量块和转子固连,删除原有的驱动并添加新的驱动,建立平衡转子的虚拟样机模型, 如图 5.81 所示。

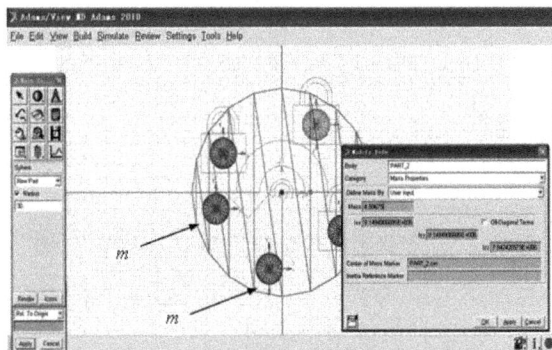

图 5.80　添加平衡质量块并更改质量

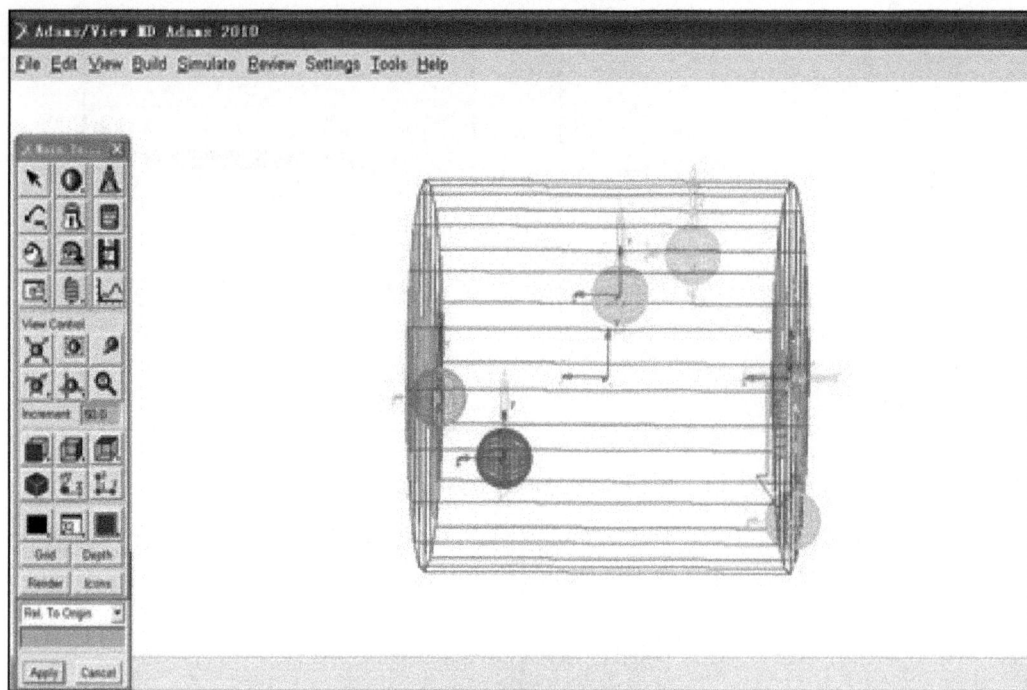

图 5.81　平衡转子的虚拟样机模型

4. 仿真与测试模型

设转动的角速度为 2*pi，用 200 步仿真 1s。再测试转动副处的转子与大地之间的动压力和动压力矩，如图 5.82 中虚线所示。

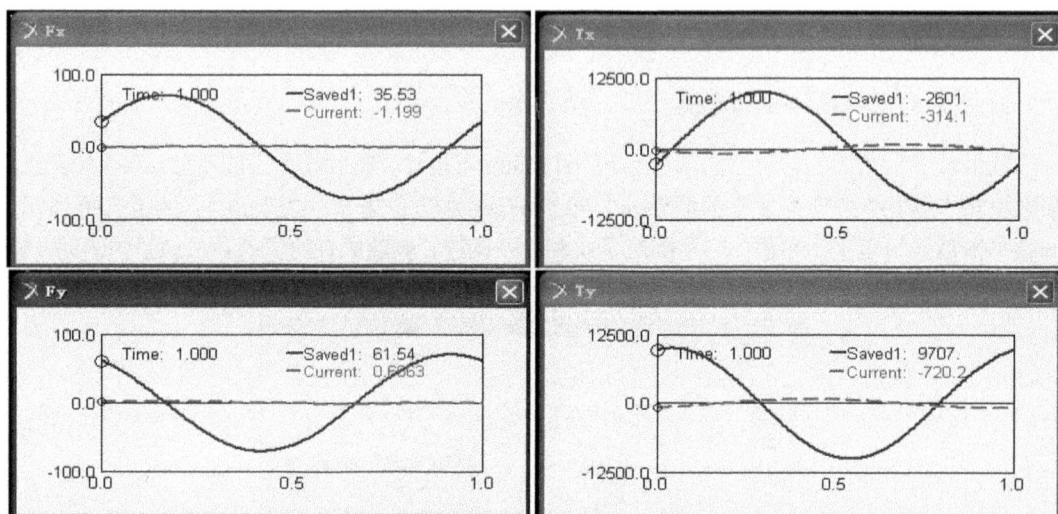

图 5.82　平衡转子与大地之间的动压力和动压力矩

可以看出，动压力和动压力矩几乎为零(图中虚线的仿真结果)，说明转子达到了动平衡，动平衡计算所得配重的质量和方位是正确的。

5.4.5　思考题

(1)利用 ADAMS 进行转子平衡虚拟样机仿真分析的一般流程是什么?

(2)在对平衡转子进行虚拟测试时,为什么转动副在两个方向上的作用力都不能达到零?

(3)针对短转子和长转子的平衡方法有什么不同?

第6章 科技创新实践

科技创新实践是根据实验条件及工程应用结合，开展创新研究的一部分内容，对于实验项目采用的管理方法为：①面向正在学习机械原理和机械设计的机械类专业三、四年级学生。②学生本人提出书面申请，申请内容包括：拟作的实践项目、研究内容及应用场合等。科技实践领导小组讨论，确定项目，并配备指导教师。③学生在实验室工作期间必须遵守学校实验室的管理规定，服从管理人员的安排。④符合毕业设计要求的研究项目经审查可以作为毕业设计题目。⑤学生在实验室完成的项目及其成果归学校所有。

6.1 摩擦、磨损、润滑实验研究

摩擦学研究的内容包括摩擦、磨损和润滑等领域。具体研究两相对运动表面在摩擦与磨损过程中表面之间的相互作用、变化及其有关理论与实践。它涉及应用数学、物理、化学、流体力学、弹塑性力学、流变学、机械学、材料学、传热学、工艺学等学科。

摩擦在大多数情况下是有害的，主要是造成能量损失和机械零件磨损。磨损不仅是机械零件损坏，更重要的是零件间配合间隙扩大，破坏了机械零件的正常工作状态，造成机械精度和效率下降，产生冲击和振动，甚至使机械失去工作能力。润滑是减少摩擦、降低磨损，节省原材料，节省能源的有力措施。因此，控制摩擦，减少磨损，改善润滑技术，已成为当今节约能源和原材料、缩短停机及维修时间的重要手段。

在润滑的研究领域主要分为：流体润滑、弹性流体润滑(薄膜润滑)、混合润滑、边界润滑和固体润滑。在机械设备中，大多数运动副的润滑状态主要是混合润滑和边界润滑。在机械设备中，摩擦学对设备的可靠性、使用寿命以及经济性起着非常重要的作用。

6.1.1 实验目的

(1)了解润滑剂的调配方式和评定指标，润滑剂的性能测试方法。
(2)了解润滑油添加剂对润滑剂性能的影响。
(3)熟悉材料摩擦磨损性能的常用测试和分析方法。
(4)掌握典型材料摩擦副的磨损机理及分析方法。

6.1.2 实验内容

(1)测定润滑油的运动黏度(GB/T 265-1988)和分析温度对润滑油运动黏度的影响。掌握润滑油运动黏度的测定方法；通过实验加深对流体黏度物理意义的理解；通过实验了解温度对润滑油黏度的影响。

(2)通过滑动轴承试验机进行流体动压润滑实验。观察流体动压润滑现象；了解润滑油黏度对动压油膜形成的影响；测定摩擦系数，绘制 f-$\eta n/P_{\mathrm{m}}$ 摩擦特性曲线；测定油膜压力分布曲线，求油膜承载能力。

(3)润滑剂承载能力测定实验(GB/T 12583—1998)。测定不同润滑剂的最大无卡咬负荷

P_B 和烧结负荷 P_D；测定润滑剂的摩擦系数 f 和磨痕直径 D；了解润滑剂运动黏度对摩擦系数的影响；观察磨痕并进行机理分析。

(4)摩擦磨损实验。测试不同材料摩擦副的磨损情况；测试润滑剂、线速度、载荷及环境温度等因素对摩擦副摩擦磨损性能的影响；掌握磨损量(率)的测试方法；观察摩擦表面的形貌，进行机理分析。

6.1.3　实验条件

1. 实验仪器设备

(1)BF-03A 运动黏度测定器。

(2)HZ-1 型、HZ-2 型滑动轴承试验机。

(3)MS-800A 四球摩擦试验机。

(4)SQ-III 四球试验机。

(5)MPX-2000 型盘销式摩擦磨损试验机。

(6)HT-1000 型高温摩擦磨损试验机。

(7)HSR-2M 高速往复摩擦磨损试验机。

(8)MMW-1 型立式万能摩擦磨损试验机。

(9)79-3 型磁力加热搅拌器。

(10)TG328A 型电光分析天平。

(11)SD-2000 超声波清洗机。

(12)SMZ-10 立体显微镜。

(13)15J 型测量显微镜。

(14)吹风机、镊子、秒表、清洗器皿等工具。

2. 实验用试件及润滑剂

(1)实验钢球直径 12.7mm，材料 GCr15。

(2)盘销试件：45 钢、锡青铜、GCr15 轴承钢、球墨铸铁等。

(3)润滑剂：基础油、工业齿轮油、车辆齿轮油、液压油、蜗轮蜗杆油、内燃机油、钙基润滑脂、锂基润滑脂、脲基润滑脂等。

(4)常用添加剂：清净分散剂、抗氧抗磨剂、极压抗磨剂、油性剂、抗氧剂、增黏剂、防锈剂、抗泡剂和固体润滑剂(石墨、二硫化钼)等。

(5)清洗剂：石油醚 60～90℃分析纯、95%乙醇化学纯。

6.1.4　实验设备

1. BF-03A 运动黏度测定器

1)BF-03A 运动黏度测定器主要特点

BF-03A 运动黏度测定器适用于按照 GB/T-265—1988 测定液体润滑油产品的运动黏度，其主要特点为：①恒温浴为圆形玻璃缸，外层为有机玻璃保温罩，浴内温度分布均匀，控制效果好；②仪器采用精密数字温控仪控制温度，执行元件采用固态继电器，具有无触点，无噪声，无火花，寿命长；③辅助加热自动开关，使用方便、可靠；④毛细管黏度计采用三点垂直式，操作灵活方便；⑤照明系统采用 H 形日光灯，透视性好，使用中无闪动，无噪声，寿命长；⑥仪器具有两组数字秒表，计时准确，操作方便。

2) 主要技术参数

(1) 控温点设置：0～100℃连续设定。

(2) 一次可装夹毛细管数量：4 支。

(3) 恒温精度：±0.1℃。

(4) 加热器功率：辅助加热 1kW，主加热 0.8kW。

(5) 搅拌调速：0～4000r/min，10 级可调。

(6) 辅助加热自动关断点：约为设定点–1℃。

(7) 秒表计时范围：0～999.9s。

(8) 工作电源：(1±10%)220V，50Hz。

(9) 毛细管黏度计：内径为 0.8mm，1.0mm，1.2mm，1.5mm，2.0mm，2.5mm。

(10) 温度计：配有 5 只温度计，18～22℃，38～42℃，48～52℃，78～92℃，98～102℃。

3) 结构及工作原理

BF-03A 运动黏度测定器主要由电器控制箱，恒温浴缸(双层)，电动搅拌器，电加热器，导流管，品氏毛细管黏度计及温度计等组成，如图 6.1 所示，控制电路采用精密数字温度控制仪，控制精度高，显示准确。

图 6.1　BF-03A 运动黏度测定器

数控表的使用：仪器接通电源后，接好传感器插头，仪表 PV 显示窗口有数据显示，当设定开关拨在"设定"位置时，PV 窗口显示的是预期控温点的温度；当设定开关拨在"测量"位置时，PV 窗口显示当前温度传感器所在的恒温浴的温度。实测温度低于设定温度时，仪表绿指示灯亮，加热器开始加热；实测温度接近设定温度时，红绿灯开始交替闪亮，使控温浴槽内的实际温度逐渐接近设定温度点；实际温度超过设定温度时，绿灯灭，红灯亮，加热器停止加热，浴槽温度开始下降。经过几个周期后，恒温浴的温度达到实验标准要求。

4) 使用方法

(1) 实验前检查设备，保证恒温浴缸上盖呈现水平状态，根据测试需要，将相应介质加入浴缸内(表 6.1)，并保持液面距缸沿 20mm。

表 6.1　不同温度使用的恒温浴液体

测定温度/℃	恒温浴液体
50～100	透明矿物油、丙三醇(甘油)或 25%硝酸铵水溶液
20～50	水
0～20	水与冰的混合物，或乙醇与干冰(固体二氧化碳)的混合物
−50～0	乙醇与干冰混合物，在无乙醇的情况下，可用无铅汽油代替

(2)开启电源开关，电源指示及日光灯亮。

(3)按下设定按钮，调节设定电位器，将设定温度调至预期恒温点上，松开设定按钮，温控仪显示恒温浴实际温度，控制加热系统自动进入工作状态。

(4)调整调速旋钮，根据浴中介质，拨至 3～6 挡，控制合理的转速。

(5)升温时，主加热和辅助加热同时工作，浴温升至接近设定温度约 1℃时，辅助加热器断开，主加热器继续工作，当达到设定温度时，自动进入恒温状态，红灯与绿灯交替闪烁。

(6)测试油样施装。将橡皮管套在支管 7 上，并用手指堵住管身 6 管口，倒置黏度计，然后将管身 1 插入装有试样的容器中，利用橡皮球、水流泵或其他真空泵将液体吸到标线 b，同时注意不要使管身 1、扩张部分 2 和 3 中的液体发生气泡或裂隙。当液面达到标线 b 时，从容器里提起黏度计，并迅速恢复其正常状态，擦去管身外壁黏着的多余试样，并从支管 7 取下橡皮管套在管身 1 上(图 6.2)。

(7)将黏度计调整成垂直状态，利用铅垂线从两个互相垂直的方向去检查毛细管的垂直情况。将装好试样的黏度计浸在恒温浴缸并固定于支架上，必须保证毛细管黏度计的扩张部分 2 浸入 1/2。固定好温度计，使水银球位置接近毛细管中央点的水平面，使温度计上要测温的刻度位于恒温浴的液面上 10mm 处，恒温保持规定的时间(表 6.2)。

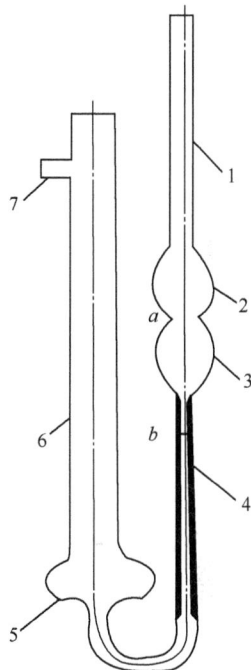

图 6.2　毛细管黏度计

1,6-管身；2,3,5-扩张部分；4-毛细管；7-支管；a,b-标线

表 6.2　黏度计在恒温浴中的恒温时间

实验温度/℃	恒温时间/min	实验温度/℃	恒温时间/min
80，100	20	20	10
40，50	15	−50～0	15

(8)利用毛细管黏度计管身 1 管口套着的橡皮管将试样吸入扩张部分 3，使试样液面稍高于标线 a，要保证毛细管和扩张部分 3 的液体不能产生气泡或裂隙。

(9)观察试样在管身中的流动情况，液面正好达到标线 a 时，开动秒表，液面正好达到标线 b 时，停止秒表。试样液面在扩张部分 3 中流动时，注意恒温浴中正在搅拌的液体要保持恒温，而且扩张部分不应出现气泡。

(10)用秒表记录下来的流动时间，重复测定 4～6 次，且各次流动时间与其算术平均值的差数应符合要求，具体为：在 100～–15℃测定黏度时，差数不能超过算术平均值的±0.5%；在低于–30℃～–15 测定黏度时，差数不能超过算术平均值的±1.5%；在低于–30℃测定黏度时，差数不能超过算术平均值的±2.5%。

(11)取不少于 3 次的流动时间所得的算术平均值，作为试样的平均流动时间。在温度 t 时，试样的运动黏度计算式为

$$\nu_t = c \cdot \tau_t \tag{6.1}$$

式中，ν_t 为运动黏度，mm^2/s；c 为黏度计常数，mm^2/s^2；τ_t 为试样的平均流动时间，s。

2. MS-800A 四球摩擦试验机

1)试验机主要用途

本机适用于润滑剂的极压承载能力的测定，也可用于润滑剂抗磨损性能的评定。试验机采用四个等径钢球作为试验件，方法为：试验机主轴端固定着一个钢球，对着下面浸没在试样(润滑剂)中并紧固在油盒内的三个静止的钢球，在规定的负荷下，以选定的转速旋转滑磨，控制试样的温度和运行的时间(或转数)，进行一系列试验。然后测取油盒内钢球的磨痕直径等，并据此对试样的极压性能或抗磨损性能等进行评价。试验方法标准有：①GB/T 12583 润滑剂承载能力测定法；②GB/T 3142 润滑剂承载能力测定法；③SH/T 0189 滑油抗磨损性能测定法。

2)试验机的主要技术规格

(1)轴向加载负荷范围为 0.078～8kN。

(2)主轴转速为 600～3000r/min。

(3)主轴启动和停止的控制方式：手控、时控(0～100h)、计转数控制(0～999999 r)和限摩擦力矩控制(0～20 N·m)。

(4)油杯加热范围为室温～250℃。

图 6.3　四球摩擦试验机

(5)摩擦力矩测定范围：配用 20N 传感器时，范围为 0.15～1.5N·m，配用 300N 传感器时，范围为 1.5～20N·m。

(6)计算机系统模数转换分辨度为 10 位。

(7)主轴锥孔锥度为 1∶8。

(8)标准试验钢球为 ϕ12.7 的专用钢球。

(9)杠杆加载力增大倍数为 10 倍、20 倍。

(10)专用测量显微镜放大倍数为 20 倍。

3)试验机主要结构

试验机由主机和机座组成，主机包括主轴驱动系统、油杯和摩擦力矩测定系统，以及杠杆加载系统，机座为主机的支架主体，如图 6.3 所示。

(1)主轴驱动系统。

主轴是功率为 1.1kW 的电动机直接驱动，由 5.5 kW 变频器供电并实现 0～3000 r/m 变频调速。在主轴上端圆螺母上连接一个有 60 齿的孔盘，配合 GK102 光断续器将主轴转速信号送至计算机系统进行测速和转速显示。主轴下端锥孔锥度为 1∶8，与钢球夹头配合可将试验钢球上球夹紧。

(2)油杯及测力系统。

油杯组件由油杯、球垫、压紧环、带有左旋螺纹的油杯螺母及测力臂等组成。旋紧油杯螺母可将三个试验钢球水平紧定在球垫和压紧环中，油杯可容纳 10ml 左右的试样(油样)，外部套有环状加热器，并通过装在油杯中的镍铬镍铝热电偶，将测温信号送往温度显示控制仪，实现加热闭环控制。油杯下方配有带隔热垫片的托块,托块是为了方便在机上装取油杯而设置的,同时托块由推力轴承与下部加载系统分开，使油杯组件既能承受轴向试验加载又能在负荷状态下灵活地跟着主轴旋转。

摩擦力矩测量装置由测力杠杆、荷重传感器和底板等组成，安装于主机右侧与油杯测力臂等高的位置上。试验时，用装好接头的钢带套入测力臂的沟槽上，试验过程产生的摩擦力矩通过钢带拉动测力杠杆(杠杆比 1∶2)使荷重传感器受力产生相应电压信号送至计算机系统，由数据显示器进行数据显示，试验结束后由绘图仪将有关参数和摩擦系数纪录曲线一起打印出来。

(3)杠杆加载系统。

本机采用杠杆-砝码加载方式。加力杠杆由双刀刃支撑在支承上，在杠杆右端(10 或 20 倍处)挂上砝码盘组件及砝码,此时试验负荷(即所加砝码和砝码盘总重力与杠杆比的乘积)由刀刃传递给顶部有推力轴承的导向柱实现向试件加载。导向柱与导向套间装有滚动轴承套，保证导向柱滑动轻快自如。加力杠杆左端装有配重装置以保证杠杆在不加载时能保持平衡状态，主机体左侧设有支架和顶杆，顶杆不工作时自然处于水平位置。在取油杯或不加载时，需将加力杠杆右端抬起，转动顶杆呈铅垂方向，顶住加力杠杆，使之保持上抬状态。

(4)机座。

机座是全机支架主体，主机安装在台面右边；控制柜安装在台面左后方；油杯钢球装卸支座装在主机前方台面上，装卸钢球时，将油杯底部沟槽对准支座中两 φ8 销柱，卡住后用扳手放松油杯即可更换钢球；测力架标定座装在主机前方台面上。

4)试验机测控系统的工作原理

试验机的电测电控系统安装在控制柜内，主要由 8098 单片微型计算机及其外围电路组成。主电机运行由计算机控制变频器的通断来实现，而主机转速摩擦力矩的测量分别由速度传感器和荷重传感器把转速信号和摩擦力矩信号送入运算放大板隔离放大后进入计算机，由面板显示器将数值显示出来。温控系统采用自整定智能 PID 温度显示控制仪和热电偶实现温度闭环控制。

5)试验机操作系统

(1)控制柜面板介绍。

①面板右上方为两组数字显示器，最上一组为试验数据显示器，由四位数码管和三个指示灯组成，第二组为设定值显示器，由六位数码管和五个指示灯组成。面板右下方由 5×4 个按键组成操作键盘，从右至左第一竖行四个键均为主轴运转控制键，由上而下为：

启动：启动主轴电机。

定时：控制主轴按所设定的时间进行试验。

定数：控制主轴按所设定的圈数进行试验。

停止：停止主轴电机。

第二竖行为四个功能键，由上而下为：

显示：每按一下，状态改变一次，以指示灯指示，数据显示器分别显示三种测试数据的数值，分别为主轴转速、摩擦系数、传感力值。

设定：以指示灯指示，设定值显示器分别显示五种参数的数值，分别为日期、转数、时间、编号、传感器。

AD：数据显示器显示此时 AD 口的数值，该数值在调整零点时作为校正数值，现规定以调定 0.020 为测量零点。

打印：每次试验后，若需要重新打印，则可直接按下"打印"键进行重新打印。若在试验后才发现输入的负荷值有误，则可输入正确的数值，然后按下"打印"键进行打印，即可恢复试验数据，当然，若由于试验时输入的负荷值偏小导致计算机自动判断为烧结负载 P_D 而终止试验，则该次试验数据无法恢复。

第三竖行最下一键是"复位"键，计算机系统初始化，复位后显示器显示 800A 和 HELLO，且所有指示灯呈熄灭状态。

第四竖行最下一键为"清零"键，该键对设定值显示器数据清零，在进行试验参数设定时或输入负荷、温度时生效。其余键为 0～9 十个数字键。

②面板左上方为温度显示控制仪，下方为仪表电源开关、变频调速旋钮、传感器转换按钮，以及测力放大倍数微调和零点微调孔。温度显示控制仪；仪表电源开关；变频调速旋钮，调速范围 0～3000r/min；传感器选择按钮，低位时选配 20N 传感器，高位时选配 300N 传感器；测力放大倍数微调孔，从左至右分别为：Ⅰ 为 20N 传感器通道放大倍数微调孔，Ⅱ 为 300N 传感器通道放大倍数微调孔，另一个为运放零点调整孔。

③控制柜右侧下方设有：加热电源开关，用来开通温控仪和加热器电源；加热器电源插座孔；热电偶插座孔。

(2)操作程序。

①系统的预热与复位。先装好纪录纸，并拉出一段。开启仪表电源开关，使控制系统通电预热，按下面板上的复位键，并延长一定时间后松开，正常情况下数码管应显示"800A""HELLO"，且所有指示灯均呈熄灭状态。

②传感器力值的标定。

预热：开启仪表电源开关，使控制系统通电预热半小时。

调零：将装好荷重传感器的测力架卸下，水平固定在台面的标定座上，再将测力杠杆抬起，使传感器处于不受力状态，按下"AD"键，使数据显示器显示 AD 值，在面板的调零孔中用小螺丝刀旋动微调，使之稳定显示"0.020"，此时按下显示键，显示传感力值为 0。

标定：以 300N 传感器为例，轻轻放下测力杠杆，显示传感力值，将质量为 1kg 的砝码盘挂上，并每次逐次增加 1kg 的砝码(至 14kg 为止)，数据显示器应当显示相应的传感力值，如不符合，在面板上的 300N 的微调孔中用小螺丝刀旋动微调，使之显示相应的传感力值。若采用 20N 的传感器时，逐次增加的砝码为 100g，最大至 900g 为止。

将标定好的测力架在主机上安装好，由于传感器状态的改变，因而需要再一次调零校验，仍然使之稳定显示 0.020。

③电机转速的调整。在试验前，若需改变先前调定的电机转速，操作如下，按"显示"键，使转速指示灯亮，此时，数据显示器进入显示转速状态；移开油杯，按下"启动"键，让电机空转，调整面板上的"转速旋钮"，数据显示器所示数值即为当前转速，调整至所需转速并待稳定后，按"停止"键，让电机停转。

④试验参数的设定。在每次试验前，首先应先对试验参数进行设定，具体为：按下"设定"键，依照各指示灯指示，进入各设定状态，依次有日期、定数、定时、编号、传感器，然后自动转入负荷输入状态。

日期：设定值显示器分别代表年、月、日，复位后不消失。

定数：该值为定圈数运行时由操作者所设定的电机运转圈数。默认设定为 250，必须注意的是定圈数运行的时间不得少于 5s。

定时：该值为定时运行的时间，设定值显示器分别代表小时(h)、分钟(min)、秒(s)，如输入 102530，即代表 10h25min30s，余者类推。默认设定为 10s。

编号：编号位数为六，任由试验者分类，以示试验分组或油样区别。编号与日期、转速、试验方式(定时、定数)将作为题头并由打印机打印出来，一旦状态改变，计算机将自动打印出题头，复位后不消失。

传感器：设定值显示器仅显示一位，分别为"0""1"。"0"代表 20N 传感器；"1"代表 300N 传感器，操作者可按动"0"或"1"键对其进行修改，选择"0"时传感器指示灯发光。默认设置为 1，即 300N 传感器，复位后为 1。

温度：温度的输入状态与其他设定状态不同，设定值显示器第四位空，第五位与第六位显示"℃"字样，从第一位起到第三位才为温度输入值，极易识别。数值范围 0~250，默认值设置为 20。

负荷：负荷的输入状态与其他设定状态不同，设定值显示器第一位显示"P"字样，第二位空，从第三位起到第六位才为负荷输入值，该值为实际试验负荷，即所加砝码和砝码盘总重力与杠杆比的乘积，单位 N，数值范围 0~8000。每次试验前均需输入相应的负荷值后，才能启动电机进行试验。

⑤油杯加热。当需要进行对油温有要求的试验时，油杯必须加热至一定温度时方可进行试验，具体操作为：接好油杯插头线，将插头插入控制箱右下侧的专用插座，将于电热偶连接的插头与插头座连接好，打开加热电源开关，并按所要求的温度对温控显示仪进行设置，将油杯置于试验位置上，待油温进入控制状态即可进行试验。

⑥试验过程。按要求安装好钢球，紧固，确认无误后即可进行试验。试验方式有两种(定时/定数)，选择其中一种进行试验，在键入本次试验负荷后只需按下"定时"键或"定数"键便可进行试验，由计算机自动启动电机和自动停止电机。在试验过程中，数据显示器自动显示摩擦系数，此时也可由操作者按动"显示"键，选择观察转速或传感力值；按动"AD"键显示"AD"值；设定值显示器采取倒计时(定时试验)或倒计数(定数试验)显示。试验结束后，计算机自动绘出本次试验摩擦系数变化曲线并进行数据处理，曲线上方打印出此次试验所加负荷 P，平均传感力值 F_{cp}，最大传感力值 F_{max}，平均摩擦系数 μ_{cp} 和最大摩擦系数 μ_{max}。若操作者选择的运行方式是定数执行，将增加一项打印内容——电机由启动到完全停止实际所转圈数。打印机处于工作状态时，显示器应显示"CPU""8098"及

"CALL"等字样，并在描绘曲线时滚动显示一串号码，打印结束后，显示器应显示"800A""P 0000"。

计算机在打印结束后自动转到"负荷"输入方式。此时负荷值自动清零。若试验条件没有变化，操作者只需键入本次试验负荷数值(N)，待油杯装好后再按"定时"键或"定数"键即可进行试验。若有其他试验条件改变，则操作者须按"设定"键进行相应的参数变动，之后按"定时执行"或"定数执行"键，可直接进入负荷输入状态。

⑦试验注意。计算机系统工作前应先通电预热半小时。系统只需初次复位一次，复位后须重新检查所设定的各试验参数。试验时，如果发生烧结，计算机自动判断为 P_D，并自动命令电机停转，起到保护传感器和变频器的作用。当更换传感器时，一定要检查面板上传感器选择按钮的状态以及计算机系统传感器设定值，应和所使用的传感器规格相对应，以免造成失准和不必要的损坏。

做完烧结试验后，应在移走油杯后启动电机一次，若无法启动，则极可能变频器在刚才的试验中进行了过流保护，此时，须检查变频指示处，显示非"0"时，必须将总电源关掉，再重新接通，所有状态须重新设定一次。

(3)试验结果报告。

试验结果报告由打印机在每次试验结束后自动打印，格式如下。

①题头：包括试验日期 DATE、设定运行的时间 TIME(或设定运行的圈数 NUMBLE)、试验的实际转速 SPEED(r/min)、样品的编号 CODE、试验温度 TEMPERATURE。

②数据：包括所加负荷 P、平均传感力值 F_{cp}、最大传感力值 F_{max}、平均摩擦系数 μ_{cp}、最大摩擦系数 μ_{max}、磨痕直径 d(由试验操作者自己填写)。

③摩擦系数变化曲线：纵坐标为摩擦系数 μ 坐标轴，以 0.1 为一个单位(每单位实际高度为 10mm)。

6)注意事项

(1)试验前，主轴要空载运行一分钟，在未安装试验钢球的情况下，应先卸下偏心杆，以免飞出伤人，同时检查加载杠杆应灵活。

(2)试验钢球、油杯、压紧块、夹头等在使用前，应按试验方法标准的规定清洗干净并吹干。

(3)做高负荷、尤其是做烧结试验时，要确保钢球夹牢。此时，应将销轴穿入主轴和夹头的孔中，把主轴上的螺母用钩头扳手拧紧，对夹头施加预紧力，以免钢球因烧结力矩增大，导致打滑，损坏夹头。卸下夹头时，应先将螺母放松，将销轴从孔中抽出，再旋动偏心杆将夹头顶下。做低负荷试验时只需将钢球压入夹头，然后装入主轴，用小锤轻敲一下即可。

(4)使用扭力扳手上紧油杯固定钢球时，锁紧力矩应控制在 68±7N·m，可提高试验重复性精度。

(5)在主机上装卸油杯的操作：油杯在装卸支座上装好试验钢球并锁紧后，注入试样，将油杯套入主轴并上提靠紧后，再把托块(平端向下)塞入油杯和导向柱之间，将托块上定位块套入油杯底孔中，对正后放下，再放下加力杠杆即可进行挂砝码操作。

(6)装好砝码后，加载时要十分缓慢、平稳，应避免冲击负荷，以免影响试验结果。

(7)经常保持滑动件及刀口轴承各处的润滑，以防磨损和锈蚀。

7) 四球摩擦副的力学运动学分析和计算

(1) 受力分析。四球摩擦副受力的力多边形是以四个球的球心 A，B，C，D 为顶点，构成的正三棱锥体，如图 6.4 所示。B'，C'，D' 分别为上球 A 与下三球的三个切点。三条棱边 AB，AC，AD 分别为上球与下三球接触面间正压力 N_B，N_C，N_D 的方向线，其合力 P_0（大小等于试验负荷 P 而方向相反）的方向即在正三棱锥体的中轴线 AO 上，与负荷 P 在同一轴上，所以有

$$P = P_0 = 3N\cos\varphi \tag{6.2}$$

式中，$\cos\varphi = \dfrac{\sqrt{6}}{3}$

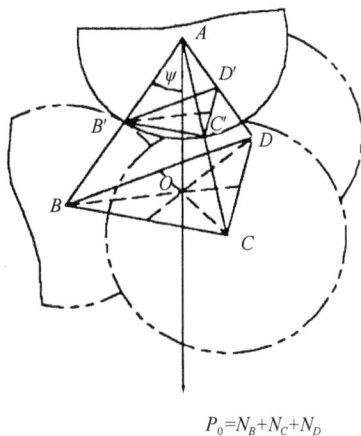

$$P_0 = N_B + N_C + N_D$$

图 6.4 力分析图

$$N = P_0 \frac{1}{3\cos\varphi} = \frac{\sqrt{6}}{6}P = 0.40825P \tag{6.3}$$

式中，N 为上球对下球的正压力 P 为试验负荷。

(2) 摩擦系数 μ、接触面间摩擦力 f 的计算

由 B'，C'，D' 三点构成的圆环，半径为

$$r = R\sin\varphi \tag{6.4}$$

式中，R 是钢球半径为 6.35 mm，$\sin\varphi = \dfrac{\sqrt{3}}{3}$ 则可得 $r = 3.6667\text{mm}$

该接触点处于摩擦力为 f_i；其摩擦系数 μ，其作用力为 N，则有

$$f_i = N\mu \tag{6.5}$$

三个接触点即有

$$f = 3f_i = 3N\mu \tag{6.6}$$

由于本机在测量摩擦力矩时，采用荷重传感器来测量由油杯手柄（中心长 $L=152.65\text{mm}$）传递的力 F（定义为"传感力值"），其力矩为 $F\cdot L$，此力矩与四球接触点的摩擦力矩 $f\cdot r$ 相平衡，则有

$$F\cdot L = f\cdot r \tag{6.7}$$

$$f = \frac{F\cdot L}{r} = 41.64F \tag{6.8}$$

$$f = 3N\cdot\mu = \frac{F\cdot L}{r} \tag{6.9}$$

$$\mu = \frac{F\cdot L}{3N\cdot r} \tag{6.10}$$

式中，$N=0.40825P$ N；$L=152.65$ mm；$r=3.666$ mm

代入后得

$$\mu = 34F/P \tag{6.11}$$

(3) 摩擦面滑动线速度。已知切点处半径 r 为 3.6667mm，主轴转数为 n，r/min，即

$$V = 2\pi rn/(60\times100) = 0.0003839\times n \tag{6.12}$$

即当 n=600 时，V=0.23m/s；n=1500 时，V=0.58m/s

(4)钢球接触应力计算。两球形体接触，在外力 N 的作用下，由于表面局部弹性形变，形成一个半径为 D_h 的圆形接触面积，由 Hertz 公式有

$$D_h = \sqrt[3]{6N \frac{\dfrac{1-\mu_1^2}{E_1} + \dfrac{1-\mu_2^2}{E_2}}{\dfrac{1}{R_1} + \dfrac{1}{R_2}}} \tag{6.13}$$

由于四球同材质，等半径，式(6.13)可简化为

$$D_h = \sqrt[3]{6N(1-\mu^2)R/E} \tag{6.14}$$

式中，N=0.40825 P；μ 为材料泊松比为 0.3；E 为材料的弹性模量，2.085×10^5 MPa；R 为钢球半径，6.35 mm。代入式(6.14)，则得

$$D_h = 4.08 \times 10^{-2} \sqrt[3]{P} \, (\text{mm}) \tag{6.15}$$

接触应力为

$$\tau = N/S = 312.26\sqrt[3]{P} \, (\text{MPa}) \tag{6.16}$$

8)砝码规格

砝码规格如表 6.3 所示。砝码盘组件：质量为 1kg。

表 6.3　砝码规格

砝码重量/N	砝码质量/kg	数量	砝码重量/N	砝码质量/kg	数量
49.03	5.0	7	1.961	0.2	2
19.61	2.0	2	0.981	0.1	1
9.806	1.0	1	0.490	0.05	1
4.903	0.5	1			

3. HT-1000 型高温摩擦磨损试验机

1)主要用途

极端条件下(超高温、超低温、重载荷、高真空)摩擦学的研究在军工、民用、航空航天等领域具有广泛的应用前景，是摩擦学领域研究的前沿。极端条件下摩擦学问题的应用对象主要涉及球轴承、各种齿轮、太阳能电池阵及卫星天线的驱动、展开和收缩机构、小卫星的特殊摩擦学部件、火箭的涡轮、齿轮和气动机叶片及抗烧蚀轴承，在磁场或电场作用下信息装置的摩擦件和材料等；从机理上涉及摩擦对偶面的力学、物理和化学状态的极端变化对摩擦学参数的影响。本装置针对我国空间站、卫星、火箭、航空等计划和信息技术中所遇到的多种苛刻工况下的摩擦学问题，拟建立具有高温的摩擦试验系统，为开展极端条件下聚合物、金属及陶瓷材料的摩擦磨损与润滑失效机理研究创造条件。试验机如图 6.5 所示。

图 6.5　高温摩擦磨损试验机

2) 主要技术参数

(1) 摩擦副主轴转速：200～2800r/min。

(2) 高温炉加热温度：室温～1000℃，控制精度为 0.2%F.S.。

(3) 载荷范围：1～20N。

(4) 摩擦系数：0.001～2.00，显示精度：0.2%F.S.。

3) 仪器操作

(1) 准备工作。

① 检查仪器是否良好接地。

② 仪器、控制箱电压均为 220V/50Hz 交流电。

③ 检查仪器高温炉、电机变频器、仪器主控制箱信号线连接是否正确，接触良好。

④ 机架平台要平稳牢靠。

⑤ 将所测样品清洗干净，安装到样品台上，样品一定要用夹具安装牢固。

⑥ 做 100℃以上的试验必须打开水循环电源，水桶里的水要超过潜水泵。

(2) 开机运行。

检查整机接线准确无误后，依次打开计算机、仪器控制箱和仪器主机电源。此时控制箱、主机电源灯亮，预热 15min 后，进入 Windows 资源管理器窗口，双击"高温摩擦磨损试验机"应用程序，进入仪器运行程序，屏幕显示主控窗体。

(3) 试验参数设定。

① 用鼠标箭头指向文本框，单击左键，光标在文本框中闪动，用键盘输入修改值。只输入数值，不输入单位。

② 试验时间：仪器控制的试验运行时间，单位为 min。

③ 试验载荷：试验中对被测样品的加载量，输入参数范围：100～2000，单位为 kg。

④ 测试材料：输入被测样品的材料型号。

⑤ 对磨材料：安装在上试样夹具杆中的球或栓的材料型号。

⑥ 电机频率：输入的是频率值，电机频率应与计算机主控窗口输入的电机频率设定一

致。如换算成试验的转速，转速=56×频率值，单位为 r/min。

⑦摩擦系数极限值：超过设定最大值，系统将自动停机，对试验起到保护作用。

⑧摩擦系数坐标幅度：根据被测样品摩擦系数的大小选择，摩擦系数坐标值"1"或"2"，其余各参数用户根据实际情况输入。

(4)工具条的功能。

①设置：按此键，重新填写初始参数。

②调图：以图形方式显示已存储的试验数据文件。鼠标单击该按钮，弹出文件对话框，输入要调用的文件名，单击"打开"按钮。调用的文件以图形方式显示在屏幕上。

③保存：测试结束后，单击该按钮弹出文件对话框，输入要存储的文件名，单击"存储"按钮，以文本文件的形式保存试验结果。(用户可建立自己的试验数据文件夹保存数据)

④启动：调整好样品位置和载荷零点，正确输入各参数，温度已达到试验所需的温度；电机频率与计算机主控窗口电机频率设定一致；单击此按钮，试验开始。

⑤终止：停止正在进行的试验。

⑥打印：单击此按钮，系统进入 Microsoft Excel, 用户可以重新作图。

4)试验流程

(1)依次打开计算机、仪器控制箱和仪器主机电源，此时控制箱、主机电源灯亮，预热15min。双击"高温摩擦磨损试验机"，进入仪器应用程序，屏幕显示主控窗体。

(2)将被测样品用螺丝和压板固定在样品台上，将上试样(球或栓)安装到加载杆中，再把加载杆放入横梁圆孔中使上下摩擦对偶接触。转动滑动导轨的调整旋钮，使摩擦对偶面处于设定的半径位置。取出加载杆，盖好样品台密封盖，再放入加载杆调整密封盖上的小盖板，使加载杆穿过小盖板中心孔但不接触小盖板，取出加载杆，固定小盖板。(注意：调整半径旋钮时，标尺向左对齐。)

(3)按照温度控制仪使用说明书操作温控仪。

(4)按照电机变频器控制使用说明书，设定电机频率。变频器显示的是频率值。(注意：试验转速=频率×56；始终保持样品盘逆时针旋转。)

(5)打开水循环电源，使水泵工作。设定试验参数(试验时间应设为温控仪升温时间+20min)，在屏幕主控窗口单击"启动"，运行程序并启动主动电机。启动温控仪，将样品加热到设定温度值。(注意：此时不放加载杆，常温试验无需运行此项。)

(6)调整摩擦力零点：温度上升到设定的试验温度值后，调整仪器控制箱摩擦力零点旋钮，使屏幕主控窗口下方"初始调零"文本框中数值显示为"0.**"。(注意：此时不放加载杆，在调整摩擦力零点时程序及主动电机必须为运行状态。)

(7)单击屏幕主控窗口中"停止"，将试验所需的砝码安装到加载杆上，并将加载杆放入横梁圆孔中，使加载杆接触到样品。(注意：夹具杆放入横梁圆孔后，不能再调整摩擦力零点。)

(8)在屏幕主控窗口重新设定试验时间，单击"启动"，试验开始，同时检查样品盘是否转动。屏幕主控窗口即时显示试验温度和摩擦系数曲线。

(9)试验结束后，单击屏幕主控窗口中"保存"，保存试验数据。常温试验结束后，依次取下加载杆、砝码、样品、压板及样品固定螺丝。高温试验结束后，取下加载杆、砝码，如果温控仪没有停止工作，按温控仪操作说明书停止温控仪工作。继续运行并启动程序，使样品盘继续转动，不能关闭循环水电源，否则会损坏仪器。等仪器温度为 100℃ 左右时，便可结束。(注意：高温试验的样品固定螺丝只能使用一次，第二次高温试验应换新的固定螺丝，否则会损坏固定螺孔。)

5) 关机操作

(1) 用鼠标单击"退出"按钮，退出控制程序。

(2) 先关闭主机控制箱、主机电源，再关闭计算机电源。

(3) 高温试验结束后，不能马上关闭循环水电源，一定要等到炉温降到常温后才可以关闭电源，否则会损坏仪器主轴。

6) 注意事项

(1) 仪器使用的计算机为专用控制机。严禁更改操作系统、删除文件等影响计算机安全的操作。

(2) 仪器使用完毕后，必须关闭主控制箱电源，以免主机电机长期通电烧毁。

(3) 定期向仪器运动部件如滑轨、加载丝杠、平台移动丝杆、轴承、齿轮等加注润滑脂。本仪器应存放在干燥，温差小的室内，保持仪器表面干燥，一个月应在仪器表面涂少许润滑油，防止生锈。

4. HSR-2M 高速往复摩擦磨损试验机

1) 主要用途

本设备可以对不同种类材料或涂层、固态或液态的润滑介质、陶瓷、轴承和齿轮等进行多种性能的测量。所有被测参数包括摩擦系数、摩擦力、材料耐磨性、载荷和转矩、材料表面轮廓、涂层磨损深度等，并以数据、图形和图像的方式同步显示。该设备可广泛应用于材料表面加工工艺的研究、材料的失效与可靠性的评价、工业产品质量检验及控制。可以完成往复摩擦测试和表面轮廓测量，试验机如图 6.6 所示。

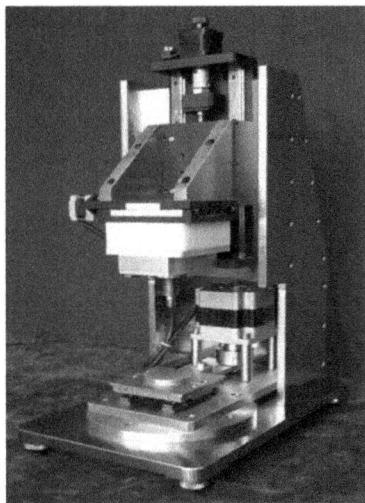

图 6.6　高速往复摩擦磨损试验机

2) 主要技术参数

(1) 往复摩擦方式。

① 加载范围：0.1~200N，自动连续加荷。

② 往复频率：3~50Hz。

③ 运行长度：0.5~25mm。

④ 样品台升降高度：0~100mm。

⑤ 下试样尺寸：厚度 0.5~30mm、半径 2~30mm。

⑥ 上试样尺寸：ϕ3~6mm 钢珠或 ϕ3~5mm 圆柱。

(2) 表面轮廓测量。

① 加载载荷：10g。

② 表面粗糙度分辨率：0.1μm。

3) 仪器操作

(1) 准备工作。

①检查仪器是否良好接地。

②各接线插头是否正确，接触良好。

③机架平台放置要平稳、牢靠。

④将被测样品清洗干净。

（2）开机。

①检查整机接线准确无误后，打开计算机电源。进入 Windows xp 资源管理器窗口，在桌面上单击"试验测试"图标进入仪器运行程序。

②依次打开计算机、仪器控制箱电源，此时控制箱电源灯亮，预热 15min 后开始做试验。（注：先开电脑再开控制箱，关机时先关控制箱再关电脑）

（3）主控窗体各功能键使用说明。主控窗体如图 6.7 所示。

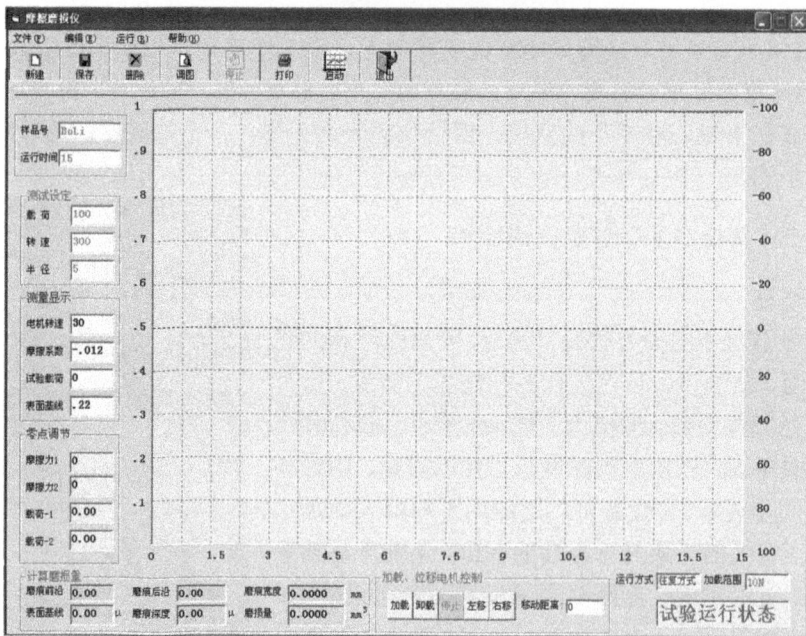

图 6.7　主控页面

①新建按钮：用鼠标左键单击"新建"按钮，弹出参数设定窗口如图 6.8 所示。

试验参数输入操作及要求。每次打开参数输入窗口，将显示上一次输入的参数。如要重新输入或修改参数，用鼠标箭头指向要修改的文本框，单击左键，光标在文本框中闪动，用键盘输入修改值。只输入参数数值，不输入参数的单位。试验参数输入完成后，用鼠标单击"确定"按钮，返回程序窗口。

样品编号：输入试验样品号。

加载载荷：指用户试验时所需的加载重量，单位为 N 或 g。选择并使用 200N 力传感器时，单位为 N，设定输入的参数最好为整数值。选择并使用 1000g 或 100g 传感器时，单位为 g。

试验时间：试验的运行时间，单位为 min。

运行速度：往复摩擦测量方式时指样品台的往复次数，单位为次/分。

往复长度：往复摩擦方式下，试样的滑动距离。该参数根据往复长度调整机构的实际调整值输入。

摩擦系数上限：指样品在往复摩擦试验中，所测摩擦系数的上限，即在摩擦试验过程中，一旦摩擦系数超过过设定值，仪器便会自动停止摩擦试验。一般设定为 1 或 2。

采样频率：指用户自定义试验过程中采集试验原始数据的频率，即在试验过程中自定义 1s 的采样次数，单位为 Hz。一般采集频率为 1、2、3、4、5、6、12、15、20、30Hz。最慢为 1s 1 次，最快每秒 30 次，最大数据容量 2500 万个。在设定采样频率时应考虑与试验运行时间相对应。一般情况下，试验运行时间长，采样频率应选择较低。试验运行时间短，采样频率可高些。采样数据量=试验运行时间(s)×采样频率。

力传感器的规格：用户根据试验要求单击选择框，选择传感器规格，同时必须更换与试验相应规格的传感器。

摩擦系数量程：指在程序主界面中左边纵坐标显示值设定。

磨痕深度测量范围：指在程序主界面中右边纵坐标显示值设定。

②调图和存储按钮：以图形方式显示已存储的试验数

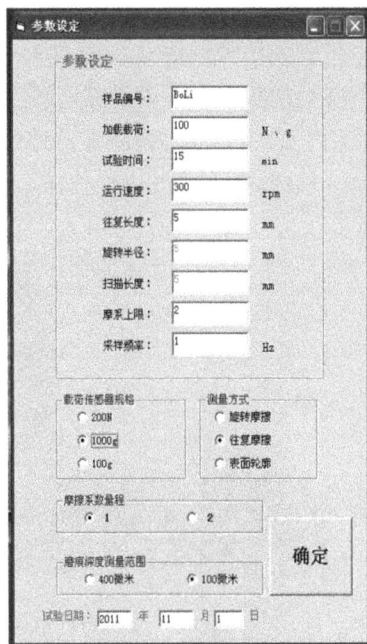

图 6.8　参数设定

据文件。鼠标单击该按钮，弹出文件对话框，找到或输入要调用的文件名，单击"打开"按钮。调用的文件以图形方式显示在屏幕上。试验数据以文本形式保存。测试结束后，单击该按钮弹出存储对话框，输入要存储的文件名，单击 "存储"按钮，弹出是否保存原始数据对话框，选择否，则保存的数据为程序自定义采样频率的原始数据；选择是，则又一次弹出存储对话框，此时保存的数据为用户自定义采样频率的原始数据。

③启动和停止按钮：调整好样品位置和载荷零点、摩擦力零点，正确输入各参数后单击此按钮，开始测试。在启动运行程序后，鼠标单击"停止"键，可终止当前测试程序的运行。

④退出按钮：退出试验程序，返回 Windows 窗口。

⑤测试设定框：显示用户设定的载荷、转速等参数。

⑥测量显示框。

电机转速：在往复摩擦测试中，显示电机往复次数。

摩擦系数：在往复摩擦测试中，显示所检测到的摩擦系数值。注意：在使用 1000g、100g 传感器进行测试前，观察此文本框中的值调整 1000g、100g 传感器的零点。

⑦试验载荷：此文本框用于 200N 传感器测试时，显示传感器的载荷值。由于 1000g、100g 传感器在测试时，用砝码加载，所以无需检测载荷值，此时此框为无效。

⑧零点调节框。

摩擦力 1：观察文本框中的值调整 200N 传感器摩擦力 1 的零点。

摩擦力 2：观察文本框中的值调整 200N 传感器摩擦力 2 的零点。

载荷-1：观察文本框中的值调整 200N 传感器载荷 1 的零点。

载荷-2：观察文本框中的值调整 200N 传感器载荷 2 的零点。

⑨磨痕深度文本框：按磨损量测量方法操作，显示磨痕宽度、磨痕深度和磨损量。

⑩加载、位移电机控制框：在"移动距离"文本框中输入要移动的位移量，单位为 mm。也可输入小数。如 0.1、0.003、0.0001 等。用鼠标单击加载或卸载按钮，可使 z 轴方向上、下移动加载平台，调整载荷压头位置。用鼠标单击左移或右移按钮。可 x 轴方向左或向右移动上试样平台，调整上试样的位置。注意：左、右移动时输入最大值为 10。

(4)测量方式的操作方法。

①往复摩擦方式操作方法。

往复摩擦组件结构如图 6.9 所示。

组件安装：将往复组件安装到主机平台上，拧紧固定螺丝(4 只 M6 的内六螺丝)。把试样平稳地放在样品台上，用夹具或压板将试样固定。

传感器安装：选择试验所需的传感器安装在设备上。200N 传感器安装前，选择与试验相匹配的弹簧大小、夹具芯、相对应的销或钢球夹具。1000g、100g 传感器则需安装相应的加载杆及钢球夹具。

图 6.9　摩擦组件结构
1-样品台；2-底座，3-往复长度调整块

调整加载机构：用自动或手动方法调整加载平台升降，使上试样刚要触及下试样表面，但不能接触上，再用自动或手动方法向左或向右移动上试样平台，调整往复位置。注意：调整好后，用手转动往复长度调整块，观察上试样与下试样接触的轨迹，确定上试样夹具没有与压板边缘或螺丝等接触。

设定参数：单击程序界面的"新建"按钮，设定参数并选择相应的传感器及摩擦方式。注意：1000g、100g 传感器的加载载荷等于实际加载砝码质量+20g(加载杆自重)。

200N 传感器测试：主控箱预热后，检查上试样是否离开下试样，力传感器应在空载状态。旋转仪器控制箱前面板载荷Ⅰ、Ⅱ调零旋钮，使屏幕程序窗口左下方，"调节零点"框中的"载荷 1"、"载荷 2"文本框中数值显示为"0.00"，然后检查"测量显示"框中"试验载荷"文本框数值显示为"0.00"。旋转仪器控制箱前面板摩擦力Ⅰ、Ⅱ调零旋钮，使屏幕程序窗口左下方，"调节零点"框中的"摩擦力 1"、"摩擦力 2"文本框中数值显示为"0.00"，然后检查"测量显示"框中"摩擦系数"文本框数值显示为"0.00"。载荷 1、载荷 2、摩擦力 1、摩擦力 2 零点调整结束后，单击程序界面的"启动"按钮，开始测试。仪器将按照试验设定参数，自动加载、并绘制数据图形，试验结束后自动停机。

1000g、100g 传感器测试：在使用 1000g 或 100g 力传感器时，因使用标准砝码加载，所以不需要载荷调零，只需调整摩擦力零点。用仪器控制箱前面板 1000g、100g 调零旋钮调节，使程序窗口"测量显示"框中"摩擦系数"文本框数值显示为"0.00"即可。调整结束后，用手动方法调整加载平台下降，使上试样与下试样表面接触，并将加载杆顶起 2～3mm，加载试验所需的砝码到加载杆上，单击程序界面的"启动"按钮，开始测试。仪器将按照试验设定参数，自动绘制出数据图形，试验结束后自动停机。

保存：测试结束后，单击"存储"按钮弹出存储对话框，输入要存储的文件名，单击

"存储"按钮，弹出是否保存原始数据对话框，选择否，则保存的数据为程序自定义采样频率的原始数据；选择是，则又一次弹出存储对话框，此时保存的数据为用户自定义采样频率的原始数据(用户可建立自己的文件夹保存数据)。注意：保存的数据格式为.txt 格式，打开后，第一列为运行时间，第二列为摩擦系数，第三列与第四列为无效值。用户可选择第一、二列进行数据的绘图。

往复长度的调整：根据试验要求如需调整往复长度，应先松开调整块上三个固定螺钉，将固定螺钉后面的长方块拉出或推入改变旋转曲轴半径，就可改变往复长度，调整好后，先轻轻拧紧调整块上三个固定螺钉。用手拨动往复长度调整块，再用卡尺测量样品台的实际往复距离，根据试验要求调整好往复长度后，必须将调整块固定螺钉拧紧。

②磨损量测量方式操作方法。磨损量测量组件结构如图 6.10 所示。

磨损量测量组件的安装及样品安装：将磨损量测量组件安装到加载平台的右侧，将信号线接入控制箱后面的位移输入接口。被测样品放置在样品台上、固定。松开固定手柄，将传感器支架旋转至样品上方合适的位置，拧紧固定手柄。用手动或自动调整加载平台升降、左、右移平移台向左或向右移动，观察左、右移平台向左移动的空间是否大于将要设定的扫描长度，如果小于则需重新将样品向右移动，并向右移动左、右移平台，使左、右移平台向左移动的空间大于设定的扫描长度，使位移传感器处于样品所测磨痕的右侧。

参数设定：单击程序界面的"新建"按钮，设定各参数。注意：设定扫描长度时，根据所测磨痕的宽度而设定，一般设定为3～5mm，环块磨痕及销对磨的磨痕较宽一些，为 5～10mm。往复长度参数必须与所测磨痕的实际一致，否则所计算出的磨损量结果将有误。

磨损量测量方式的位移传感器零点调节：确定好位置后，在程序窗口"加载、位移电机控制框"内的"移动距离"文本框中输入"1"，单击"加载、位移电机控制框"中的加载按钮，观察

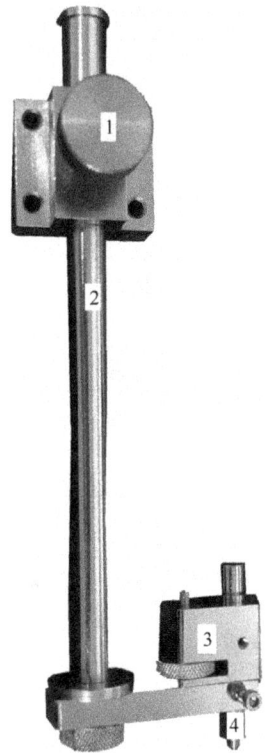

图 6.10　磨损量测量组件
1-固定手柄；2-升降杆；3-传感器
支架；4-位移传感器

程序窗口"测量显示"框中的"磨痕深度"文本框数值，显示为"±*.**"其值最大为+455，最小为–455。如果仍为+455，则继续单击程序窗口"加载、位移电机控制框"中的加载按钮，直到程序窗口"测量显示"框中的"磨痕深度"文本框数值变化，根据程序窗口"测量显示"框中的"磨痕深度"文本框数值大小，改变"加载、位移电机控制框"内的"移动距离"文本框中的值，依次为"0.1、0.01、0.001、0.0001"，连续单击"加载、位移电机控制框"中的加载、卸载按钮，直至程序窗口"测量显示"框中的"磨痕深度"文本框数值为"0"。

注意：如果程序窗口"测量显示"框中的"磨痕深度"文本框数值为正，则单击"加载、位移电机控制框"中的加载按钮，如果程序窗口"测量显示"框中的"磨痕深度"文本框数值为负，则单击"加载、位移电机控制框"中的卸载按钮。

开始测试：单击程序窗口的"启动"按钮，开始测试，仪器将自动运行并显示曲线。

磨痕深度测量计算结果如图 6.11 所示。测试样品表面平行时磨损量的测量方法如图 6.12(a)所示，样品表面不平行时磨损量测量方法如图 6.12(b)所示。箭头所指处为鼠标滚轮单击处，其中，1 表示磨痕前沿，2 表示磨痕后沿。

磨损量的计算：如图 6.11 所示先用鼠标中轴滚轮单击磨痕左上沿(1)处，再用鼠标中轴滚轮单击磨痕右上沿(2)处，磨痕宽度显示在程序窗口"磨痕宽度"文本框内。选择所测磨痕截面往复摩擦。计算机自动计算出磨损量，显示在"磨损量"文本框内。

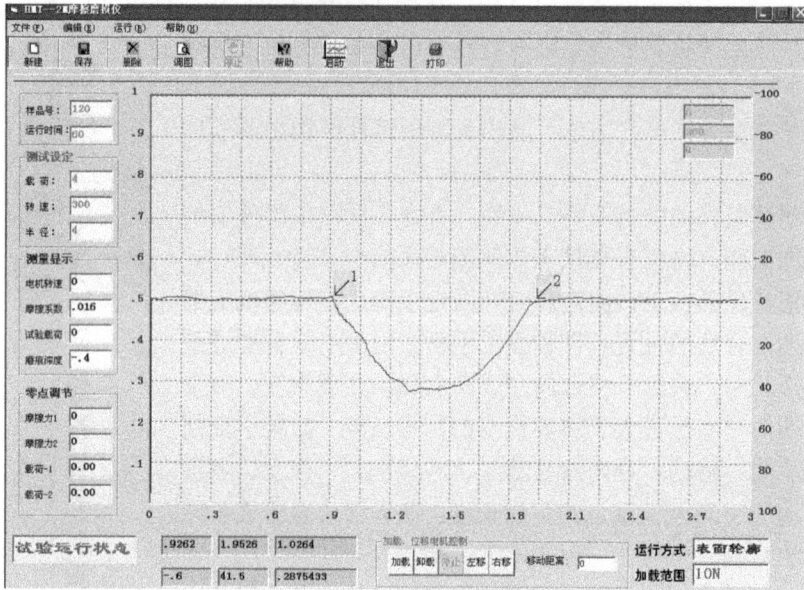

图 6.11　磨痕深度测量

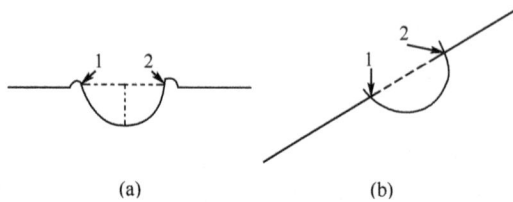

(a)　　　　　　　　　　　　　(b)

图 6.12　磨痕深度测量

注意：测量时要在磨痕上选择不同的 3~5 个测量点，每个测量点检测 3 次，将这些数据平均，即为该磨痕的磨损量。

保存：测试结束后，单击"存储"按钮弹出存储对话框，输入要存储的文件名，单击"存储"按钮，弹出是否保存原始数据对话框，选择否，则保存好数据。注意：保存的数据格式为.txt 格式，打开后，第一列与第二列为无效值，第三列为扫描长度，第四列为磨痕深度。用户可选择第三、四列进行数据的绘图。

4) 测试数据的图表制作

测试数据以文本文件的格式存储。测量数据文件的参数和数据存储顺序为：

1~20 行为试验条件输入参数，样品编号、加载载荷、运行速度、旋转半径、长度、扫描长度、试验日期等。

21～1020 行开始共分四列：

第一列，运行时间。

第二列，摩擦系数测量值。

第三列，扫描长度值。

第四列，磨痕深度测量值。

数据文件可以***.txt 文本文件方式打开。也可用 Microsoft Excel 电子表格工具软件打开，进行绘图并转换为电子图表文件存储格式。

数据文件的图形制作的操作方法如下。

①打开 Excel 电子图表工具软件，进入操作界面。

②选择文件菜单中的打开选项，出现打开对话框，将文件类型改为 txt 类型，找到并选择所要制图的***.txt 测试数据文件，单击"打开"；出现文本导入向导对话框，设定导入起始行为 18（删除输入的参数），单击"下一步"，选择逗号为分隔符，单击下一步，在列数据格式中选择"文本"，之后单击"完成"。测量数据全部显示在 A1，B1，C1 列上。A1 列为加载载荷，B1 列为声发射信号强度，C1 列为摩擦力。

③选取任意两列或全部列，单击工具栏图表向导，弹出图表向导窗体，选择图表类型中的折线图，并选择第一个子图表类型。鼠标左键单击"下一步"，弹出图表向导窗体，再单击"下一步"，弹出图表向导窗体，在"图表标题：分类（X）轴：数值（Y）轴中"分别填写完成后单击"下一步"，再单击"完成"。图表制作好以后，用户可根据情况修改绘图区或分类轴的刻度等。

5）注意事项

（1）仪器使用的计算机为专用控制机。严禁更改操作系统、删除文件等影响计算机安全的操作。

（2）仪器使用完毕后，必须关闭主控制箱电源，以免主机电机长期通电烧毁。

（3）定期向仪器运动部件如滑轨、加载丝杠、平台移动丝杆、轴承、齿轮等加注润滑脂。本仪器应存放在干燥，温差小的室内，保持仪器表面干燥，一个月应在仪器表面涂少许润滑油，防止生锈。

5. MMW-1 型立式万能摩擦磨损试验机

1）主要用途

MMW-1 型立式万能摩擦磨损试验机是研制开发各种中高档系列液压油、内燃机油、齿轮机油必需的模拟评定测试试验机。试验机在一定的接触压力下，具有滚动、滑动或滑滚复合运动的摩擦形式，具有无级调速系统，可在极低速或高速条件下，用来评定润滑剂、金属、塑料、土层、橡胶、陶瓷等材料的摩擦磨损性能，可完成低速销盘（大、小盘与单、双销）摩擦功能、四球长时抗磨损性能和四球滚动解除疲劳、球-青铜三片润滑性能、止推垫圈、球-盘、泥浆磨损、橡胶密封圈的唇封力矩和黏滑摩擦性能试验。

2）主要技术规格

（1）试验力。

轴向试验力范围：10～1000N。

试验力示值相对误差：±1%。

试验力自动加载速率：400N/min。

(2)摩擦力矩。

测定最大摩擦力矩：2.5N·m。

摩擦力矩示值相对误差：±2%。

摩擦力臂：50mm。

(3)主轴无级变速范围。

单级无级变速：1～2000r/min。

特殊减速系统：0.05～20r/min。

主轴转速误差：±1%。

(4)试验机主轴控制方式有手动控制、时间控制、转速控制和摩擦力矩控制。

(5)试验机时间显示于控制范围：10s～9999min。

(6)试验机转速显示于控制范围：$(1～99)×10^5$。

(7)试验机主电机输出最大力矩：5N·m。

3)试验机主要结构

立式万能摩擦磨损试验机主要由主轴驱动系统、摩擦副专用夹具、摩擦力矩测定系统、弹簧式微机施力系统、摩擦副升降系统、操作面板系统等，试验机如图 6.13 所示。

(1)主轴及驱动系统。

主轴由交流伺服电机和交流伺服调速系统驱动，系统电机的额定力矩为 5N·m，无级调速，高速时精度为 1%。交流伺服电机功率为 1kW，在主轴和交流伺服电机上部分别装有特制的从动和主动圆弧齿形带轮，通过圆弧齿同步带把交流伺服电机传递到主轴上。为了实现主轴具有更低的运动速度，试验机还附带一套 20∶1 减速装置，由梯形齿同步带和两对减速齿轮及一对径向球轴承组成，主轴上部装有一套径向球轴承，其下部装有一对背靠背径向止推轴承，以承受最高可达 2000N 的轴向试验力。

图 6.13　立式万能摩擦磨损试验机

(2)下导向主轴与下摩擦盘及摩擦力矩传感系统。

该系统包括下导向主轴、下摩擦副盘、支线球轴承、径向球轴承、试验力传感器、摩擦力矩传感器、止推球轴承、背紧螺母和滚花螺钉，在更换夹头和装卸各种摩擦副时，必须操作背紧螺母和滚花螺钉，直线球轴承可使下导向主轴上、下运动，摩擦力小，轻便灵活，可使在施加试验力时具有最高的灵敏度，径向轴承可保证传递摩擦力矩时数显准确可靠。

(3)弹簧式微机施力系统。

试验机试验力的施加通过弹簧式施力机构与微机控制步进电机系统自动完成，步进电机通过一对径向止推轴承传递一对减速比为 80∶1 的蜗杆、蜗轮运动副。蜗轮固定着一根丝杠，由一对径向止推滚子轴承使下螺母施力板上、下移动压缩施力弹簧，通过上施压板、荷重传感器把试验力施加到不同的摩擦副上产生接触压力，并按要求进行试验。操作试验力控制按钮，通过微机控制自动加载系统可实现一定速率加载。行程限位开关可在试验结束自动卸载后起限位停机作用。

（4）试验机控制面板系统。

试验机的控制面板有 8 个操作单元组成（图 6.14），可实现对试验力、摩擦力矩、转速、试验周期、时间及温度等参数进行预置、测量、控制、报警和显示操作。

①试验力操作。

试验力工作范围为 0～1000N，当试验力超过最大值的（2～4）％时，试验机将自动保护停机，报警灯亮，并且开始自动卸载，按下试验力测控显示单元的复位键，可解除报警状态。

调零旋钮调整的最佳位置应使试验力显示（+）或（-）号。每次试验前或更换不同的摩擦副后都必须重新调零，调零操作必须在摩擦副接近时进行（注：摩擦副上、下试件间要保留5～10mm 的间距）。

试验力设定拨盘可预置 1～1000N 范围内的整数力值，微机自动加载控制器具有接近预置力时缓冲功能。

试验力控制单元可以实现自动加载和手动加载控制。通过拨盘预设好试验力后，按下"施加"按键，试验机自动加载试验力至预置值。在小范围内调整试验力值时，可通过按"增"或"减"按键来实现增加或降低试验力数值。试验力自动加载控制器采用闭环控制系统，试验过程中可以自动调节并保持试验力数值的恒定。试验结束时，按下"卸除"按键，试验机自动卸除试验力。

②摩擦力矩操作。

摩擦力矩工作范围为 0～2500N·mm，调零旋钮调整的最佳位置应使摩擦力矩显示（+）或（-）号。摩擦力矩设定拨盘可预置 1～2500N·mm 的整数力值，在试验开始时，拨盘可以预置较大的数值，如 500N·mm、1000N·mm、1500N·mm、2000N·mm、2500N·mm。在试验进入正常状态后，可根据实际测量的摩擦力矩数值和试验要求，用拨盘设置报警停车数值。若试验不要求摩擦力矩报警停车，则可将设定值预置在较大的数值上。

当摩擦力矩超过预置数值时，试验机将报警停车，再次启动主轴前，必须按下摩擦力矩测控单元"复位"按键，解除报警状态。

③主轴无级变速系统操作。

试验机主轴无级调速范围为 1～2000r/min，安装上 20∶1 的减速装置后，主轴无级变速范围为 0.05～100r/min，显示精度 0.2～1r/min。根据试验要求，调节"调速"按键，使主轴转速显示达到试验设定值。若在同一转速下重复试验，则时间报警停车后不需要立即解除报警状态，待下次试验时，按下时间测试单元"复位"键，主轴将按调整好的转速开始工作。

④试验转数操作。

试验转数控制范围为 1～9999999，试验转数单元具有超设定值自动停机功能，当试验转数报警停机后，再测启动主轴前必须按下相应的"复位"键，解除报警状态。若试验不要求试验转数自动停机时，可将试验转数设定值设置在较大的数值上。

⑤试验时间操作。

试验时间控制范围为 1s～9999min，时间控制单元具有分/秒切换键，可以选择使用分或秒作定时时间单位，时间控制单元具有超设定值自动停机功能。当试验时间报警停机后，再测启动主轴前必须按下相应的"复位"键，解除报警状态。若试验不要求试验时间自动停机时，可将试验时间设定值设置在较大的数值上。

⑥温度控制操作。

温度控制系统由加热器、温控器及温度传感器等组成。

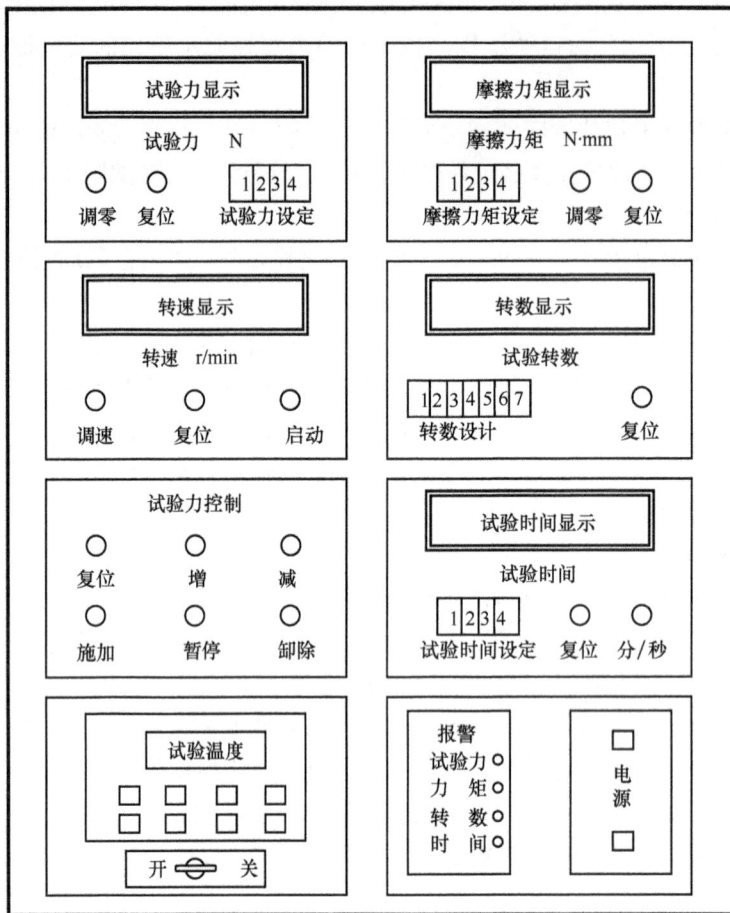

图 6.14　试验机控制面板

4) 试验流程

(1)检查试验机各单元的完整良好性，接线无松动、脱落和计算机接线电源情况。

(2)按下试验机电源启动开关接通电源，各测控显示单元均应显亮，预热 15 分钟，进行试验力、摩擦力矩调零。

(3)打开数据采集计算机，启动测试软件系统。

(4)按下主轴"启动"按钮，调节"调速"按钮，使主轴低速空运转，检查主轴的转向。

(5)主轴在系统报警显示单元有报警信号时不能启动，可以按下相应测控单元的"复位"或"清零"按键，解除报警状态，主轴可以启动。

(6)根据试验设计设定试验力、摩擦力矩、试验转数、试验时间、温度控制单元等，并调整转速旋钮完成转速设定后停机。

(7)将准备好的试验试件装夹好，待温度达到试验温度时，启动试验机，同时启动计算机软件测试系统，开始试验测试，记录相关测试数据。

(8)一次试验测试完成后，试验机将根据预先的设定自动停机，停止软件测试系统，记录相应的测试数据和图形。

(9)试验结束后，关闭计算机及控制电源，整理试验数据和现场。

5)注意事项

(1)仪器使用的计算机为专用控制机。严禁更改操作系统、删除文件等影响计算机安全的操作。

(2)仪器使用完毕后，必须关闭试验机电源。

(3)定期向仪器运动部件加注润滑介质。本仪器应存放在干燥，温差小的室内，保持仪器表面干燥，一个月应在仪器表面涂少许润滑油，防止生锈。

6.1.5　思考题

(1)简述润滑剂的动力黏度、运动黏度，润滑剂运动黏度的物理意义。

(2) P_B、P_D 的含义。

(3)测定温度对润滑剂运动黏度有何影响？

(4)润滑剂运动黏度对流体动压油膜的形成有何影响？

(5)转速对流体动压油膜的形成有何影响？

(6)润滑剂运动黏度对 P_B、P_D 及 D_h 值有何影响？

(7)分析不同润滑剂对摩擦副摩擦磨损的影响。

(8)分析载荷对摩擦副摩擦磨损的影响。

(9)分析滑动速度对摩擦副摩擦磨损的影响。

6.2　"慧鱼"创意设计与制作

　　"慧鱼"机电创意模型产品集机器人和计算机控制技术于一体，是进行机械创意设计的工具。主要包括硬件和软件两部分，硬件部分主要有机械构件，如齿轮、蜗轮、万向联轴节等；动力件，如马达；电器元件，如广空罐、开关、传感器、换向阀等；气动元件，如气缸、活塞等；能够拼装成多种多样的构件基础单元——六面体，利用提供的这些硬件可以根据创意设计组合成机械机构。软件部分是模块化的计算机控制编程语言(LLWIN)，利用 LLWIN 语言可以编写控制程序，并通过一个智能接口板对所设计的机械进行运动控制。通过"慧鱼"创意设计使得机械设计过程形象化，提高工作效率，缩短研究开发周期，最大限度地发挥设计人员的想象力和创造力，在机械设计实践教学中，对培养学生对机械设计和机电一体化技术的学习和应用是一个非常有力的工具。

6.2.1　实验目的

(1)通过对机构的设计及对机械系统整体的布局、机构的装配与调整，以及机、光、电对机械系统的控制等方面的训练，使学生对机械系统有一个整体的认识与了解。

(2)加深对各种机构的组合应用以及机械系统中各执行构件实现运动协调性的理解。

(3)通过学生的自行设计、安装、调试机构，最终实现机电一体化的机械系统，激发学生的创新意识、培养学生的综合设计能力及动手能力。

6.2.2 实验器材

(1)"慧鱼"创意模型基础构件、机械构件、电器元件若干。

(2)"慧鱼"专用电源。

(3)计算机。

(4)"慧鱼"专用智能接口板。

(5) LLWin 软件(编程控制语言)。

(6)电线若干。

(7)"慧鱼"创意模型演示光盘。

(8)"慧鱼"创意设计使用手册。

6.2.3 实验内容

"慧鱼"模型系统结构如图 6.15 所示。学生可以用"慧鱼"模型组合包中各种机械构件、光电元件组成相应的机器，也可以设计组装自己的机构，然后用 LLWin 语言编制程序，实现机构的预期功能，完成完整的机、光、电一体化模型。

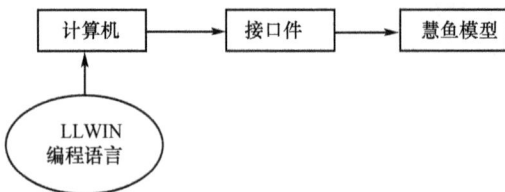

图 6.15　"慧鱼"模型系统结构　　　　图 6.16　基础构件

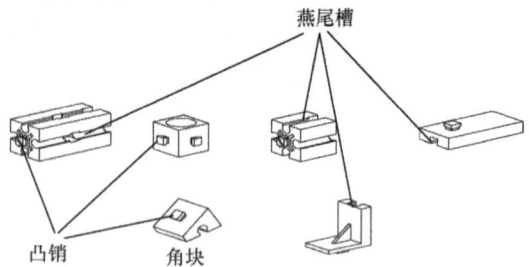

6.2.4 "慧鱼"机电创意模型

1. 硬件介绍

"慧鱼"模型包含有基础构件、机械构件、电气元件、气动元件、智能接口板、电源等。

1)基础构件

基础构件如图 6.16 所示。所有的基础构件，许多面或者有燕尾槽或者有可以插入燕尾槽中的凸销，利用这些基础元件可以随意搭建拼装各种机构。在模型组件中有 4 种不同的角块，可以通过辨认角度加以区分，角度的大小印在每个构件的下方。

2)机械构件

机械构件包含直齿轮、锥齿轮、蜗轮蜗杆、螺旋、齿条、连杆、铰链、万向联轴节等，如图 6.17 所示，可以利用这些构件实现预定的动作。

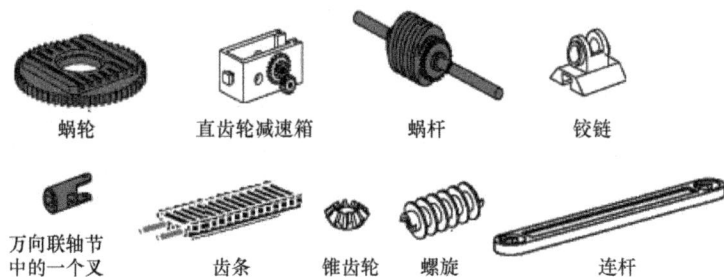

图 6.17　机械构件

3) 电气元件

电气元件中包含马达、接触开关、灯、传感器、接线柱等，如图 6.18 所示。利用这些器件，可以驱动并控制搭建拼装好的模型。接触开关有三个接线柱，如图 6.19 所示。当将 1、3 接线柱连接到接口板的输入插头上时，接触开关被压下，显示值为 1，否则为 0。当将 1、2 接线柱连接到接口板的输入插头上时，接触开关被压下，显示值为 0，否则为 1。注意：不能将 2、3 接线柱连接到接口板的输入插头上，此时开关不起作用。模拟输入的状态显示在表盘中，可直接读取。

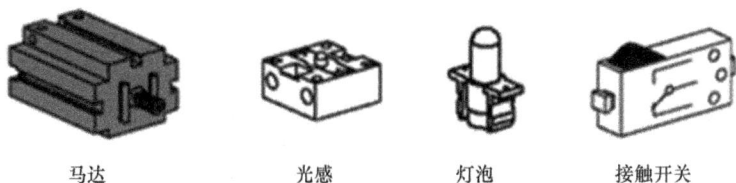

图 6.18　电气元件

马达有三种接法，如图 6.20 所示。但注意两个插头不能连在马达的同一侧，否则将造成短路。马达的旋向由马达绕组的极性决定，若改变两个接线柱与接口板连接的极性，则马达反转。

当光感接收光线时，相当于电路闭合，接口输入为 1，当光感接收不到光线时，电路断开，接口输入为 0。在连线时，注意光感的极性，光感的正极涂有红色。

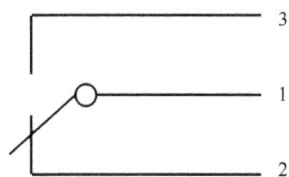

图 6.19　接触开关

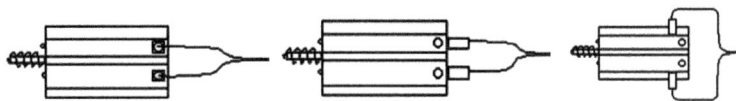

图 6.20　马达接法

4) 气动元件

气动元件包含有气缸、活塞、电磁换向阀、气管等，如图 6.21 所示。这些器件可以驱动、控制所搭建拼接的气动机构。

由"慧鱼"模型的模块可以组装成空气压缩机，如图 6.22 所示，可以将空气压缩，从而为气缸的运动提供动力。由于压缩机可以被每一个模型所使用，所以只要组装一次，即可多次使用。其原理是：压缩器气缸 1 由

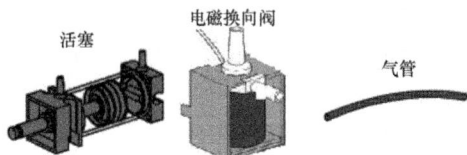

图 6.21　气动元件

"慧鱼"发动机 2 作动力驱动。当直升式活塞向外运动的时候,空气通过单向阀门 3 被吸入。当活塞向内移动的时候,压缩空气,气体被压入储气罐 4。由于单向阀门的存在,可以保证被压缩的空气不能从储气罐中流回,因此,储气罐中总能保证有足够的空气来控制气缸的运动。如果压缩器长期不使用,应该将它的驱动带取下,因为当机器长期停用后,再次运转时会因带伸长而滑动。

使用电磁换向阀的目的是控制通过气缸的空气流动方向以控制气缸活塞的运动方向。其原理如图 6.23 所示,当电流通过线圈 1 时,线圈产生的磁场会将块 2 向下拉,阀门打开,气体从 P 口进入,从 A 口流出,如果气压过小,弹簧 3 会将块 2 向上顶,从而关闭阀门。A 口与通风孔 R 相连,气体可以从通风孔流出气缸。

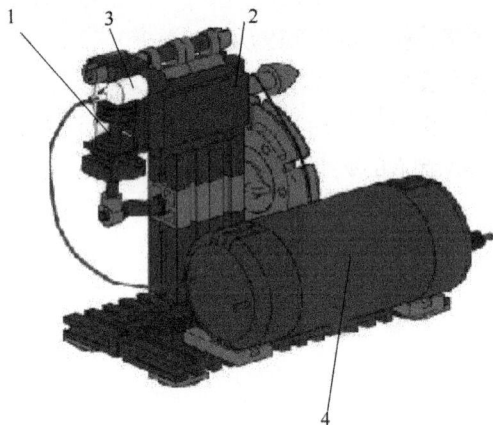

图 6.22　空气压缩机

1-压缩器气缸;2-"慧鱼"发动机;3-单向阀门;4-储气罐

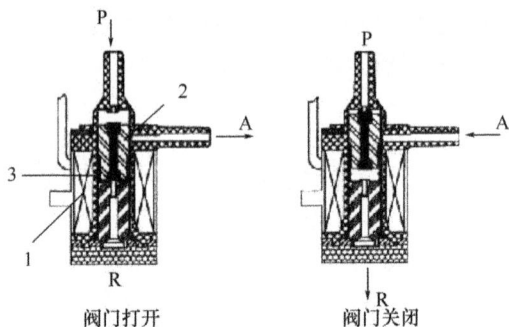

图 6.23　电磁换向阀的工作原理

1-线圈;2-阀门 V1;3-阀门 V2;P-与压缩状态的空气相连;
A-与气缸相连;R-排气孔

为了能保证"慧鱼"气缸能在两个方向都能移动,需要配套元件中两个阀门。阀门 V1 打开(线圈被供电),阀门 V2 关闭(线圈没有被供电),气缸向外移动。阀门 V2 打开,阀门 V1 关闭,气缸向里移动。从图 6.23 上可以非常清楚地看出排气孔"R"的重要作用,如果没有这个排气孔,气缸在活塞两面气压相同的情况下将不能够移动,并且空气也不能够溢出。

5) 智能接口板

智能接口板的作用是使得计算机用户可以通过操作计算机来控制模型,它是模型中的电子元件与计算机之间联系的桥梁。接口可以转换软件指令,以使马达启动、处理来自传感器的信号等,它有四个数字输出以连接马达、灯或电磁铁,八个数字输入以连接传感器件,如接触开关、光感等,还有两个模拟输入以连接热敏电阻。接口板外观如图 6.24 所示。

"慧鱼"智能接口板自带微处理器。通过串口与计算机相连接。在计算机上生成的程序还能够移植到接口的微处理器中,可以离开计算机独立处理程序(在激活模式下)。这样即使没有连接到计算机上的电缆也能使机器人的运动。

用慧鱼公司提供的接口线和计算机 9 针的 RS232 串口相连接。

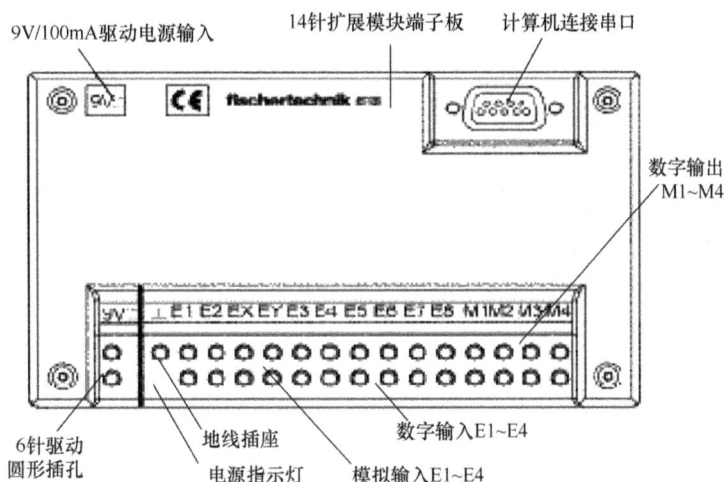

图 6.24　智能接口板

数字输出 M1～M4：可以将四个马达、电磁铁或灯连接到四个数字输出 M1～M4 上。接口输出 250mA 的电流；如遇特殊情况，电流达到 1 A，接口提供短路保护。

数字输入 E1～E8：这些数字输入用来连接传感器(如接触开关、光感)。电压范围：9V(6～12V) 模拟输入 EX 和 EY，可以使用模拟输入来连接分压计或热敏电阻。这些输入端被设计成电阻值 0～5kΩ，连接的电阻负载被转换成 0～1000 的数值。扫描速度为 20ms，并提供 0.2% 的精确度。

数字输入和输出扩延：扩展接口的输入输出口的数目可以加倍。只要将扩展接口的 14 针排线连接到主接口 14 针插口上就可以了。模拟输入口的数不能增加。

微处理器：微处理器是接口的中央控制单元。它执行存储在 RAM 和 EPROM 中的指令。处理器有两种操作模式，即上面提到的被动模式和激活模式。

被动模式：在被动模式中，计算机进行程序的实际处理，即由 CPU 充当接口的处理器。接口电缆不能从计算机上拔下。在每个程序周期内，接口收集来自模拟和数字输入的数值并将其送至计算机，然后计算机将返回值送到接口的数字输出端口，接着接口上的微处理器便按要求切换马达、灯或电磁铁的开关状态。若接口用于被动模式，计算机只能当作输入输出设备使用或者用来显示程序状态。

激活模式：在激活模式中，由接口本身的微处理器处理程序，这时可以拔掉连到计算机上的接口电缆。程序就能移植到接口的 RAM 中。在 LLWIN 中的 RUN 菜单选择 Download，LLWIN 便将程序移植到接口中。一旦程序移植完毕，接口与计算机的连接就终止，这时可以拔掉接口电缆。程序一直保存在接口的 RAM 中。接口板默认设定不带掉电保护功能，切断接口电源，RAM 中的程序消失。可将接口板设定为具有掉电保护功能。方法是将接口板附件中的电阻的两个引角分别插入接口板内的两个接线柱上即可。

接口上的微处理器其计算能力远远不如计算机。因此对于大型程序，微处理器有可能不能计算全部脉冲。这种类型的程序必须在被动模式中处理。为完成激活模式与被动模式的切换，接口电源必须暂时断开。然后将接口上的 E2 和 E3 短接一下，再通电就可以了。这就使安装在接口 EPROM 上的操作软件重新启动，进而切换到被动模式。如果在激活模式中处理的程序在计算机上已经修改过而想把它装回接口微处理器，也必须先切换到被动模式，再将程序移植到接口中。

EPROM：包含微处理器的操作软件。用户不能够修改这个程序。保存在 EPROM 中的任何数据都保持原貌，即使在电源中断的情况下也不丢失。

RAM：在激活模式中，RAM 存储下载到接口板的应用程序。如果没有掉电保护功能，电源断开了，存储在 RAM 中的数据就会丢失。如果具有掉电保护功能，电源断开了，存储在 RAM 中的数据也不会丢失。直到将接口切换回被动模式，数据才被删掉。

注意：在接上或拔下接口时，计算机和接口是应该关着的。

6) 装配模型的步骤、原则

(1) 装配模型步骤。

①组建模型阶段：将基础构件、机械构件、电气元件等按照创意拼接成一定结构以实现预想的功能。可参阅装配说明书，或机中装配文件，在认识构件后进行模型的构思、创意。

②模型连线阶段：连接电器元件与接口板，例如，马达、灯、电磁铁与 M1～M2 相连；接触开关、光感与 E1～E8 相连。

③手动调试阶段：首先调试模型的结构，将齿轮及蜗轮、蜗杆与马达的配合调松，手动转动齿轮或蜗杆调整模型的结构使模型运动顺畅；然后设置电脑端口、调试接口板，如有故障将其排除，再将齿轮及蜗轮、蜗杆与马达的配合调整适当。

④编制程序阶段：熟悉 LLWin 语言，编制程序以实现预期功能。

⑤运行程序阶段：熟悉 LLWin 软件的界面，运行程序。

(2) 装配模型基本原则。

①机械构件装配时要确保构件到位，不滑动。

②电子构件装配时要注意电子元件的正负极性，接线稳定可靠，没有松动。

③气动构件装配时要注意气管各连接处密封可靠，不要有漏气现象。

④整个模型完成后还要考虑模型的美观，布线要合理、规范。

2. 软件介绍

LLWin 语言是"慧鱼"公司提供的一种模块化的编程工具，是用来对"慧鱼"智能接口进行编程的，它是一种可视化的编程工具,它将接口对各个输入输出设备的控制封装成模块，如(马达和开关等)，可以通过鼠标的操作，配合键盘输入进行程序的编制。LLWin 语言简单易学。

1) LLWin 软件的安装

运行"慧鱼"公司提供的 LLWin 光盘中的安装程序即可将 LLWin 安装到系统中，并自动生成图标及建立程序组。把智能接口利用"慧鱼"公司提供的接口线将接口接在 COM1 (或者 COM2) 上，然后接上电源。进入 LLWin：单击"开始"→程序"LLWin3.01"。首先出现 LLWin 的版本信息画面，如图 6.25 所示。紧接着出现 LLWin 的工作界面，如图 6.26 所示。退出 LLWin：选择 Project→Exit 项即可。

图 6.25　LLWin 的版本信息

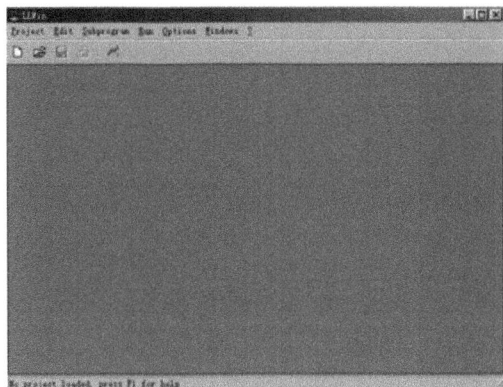

图 6.26　LLWin 的工作界面

2）LLWIN 软件的界面

LLWin 的工作界面有 6 个主菜单：Project、Edit、Subprogram、Run、Option、Windows 和?（Help）。主菜单及其下拉菜单包含了所有操作和控制软件的命令，最主要和常用的命令还被制作成工具条。功能模块可由工具箱拖到工作区，然后用连线命令将各个功能模块连接起来，就组成了一个程序。

（1）Project 菜单。

Project 菜单中含有 New、Open、Save、Save As、Close、Print Page、Exit 子菜单。在没有打开任何项目的情况下，只有 New、Open 及 Exit 是可选用的。

New： 单击 New 或单击工具条上的🗔，会出现一个 New Project 对话框，如图 6.27 所示，其中含有 Empty Project、Mobile Robots 和 Industry Robots 三个选项，第一个选项是建立一个新的项目（程序文件），后两个选项是移动机器人和工业机器人的模板，对话框的 Enter project 栏中默认名为 UNTITLED 00.MDL，可以输入新名字，单击 OK 按钮，生成新项目，其中已经含有 START 功能模块，如图 6.28 所示。

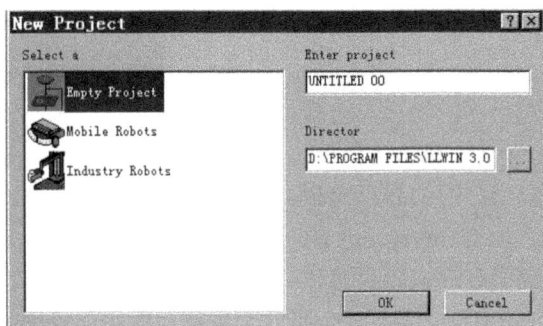

图 6.27　新建工程对话框

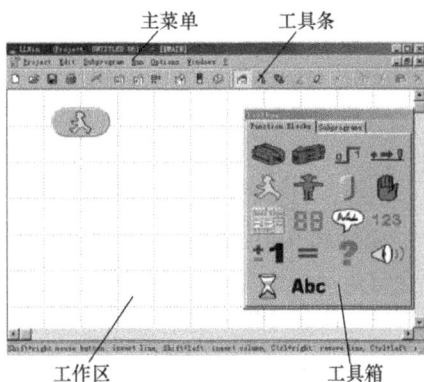

图 6.28　新建工程工作界面

Open： 打开已经保存在硬盘上的项目，执行此命令，系统会弹出 Open LLWin Project 对话框，如图 6.29 所示，项目的扩展名均为.MDL，选中项目，单击即可打开。已存项目就会出现在工作区。

Save： 保存当前工作区的项目，也可以通过快捷键 F10 保存。如果当前工作区的项目是由 New 命令产生的，系统会弹出 SaveLLWin Project 对话框，如图 6.30 所示，要求输入文件名。输入名字后，工作区的内容被保存起来，系统会自动加上 MDL 扩展名。

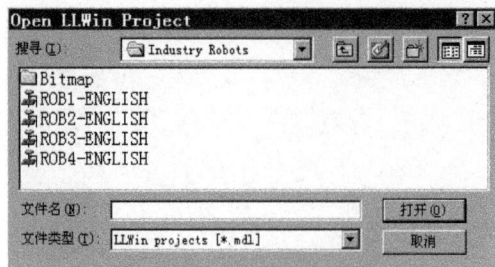

图 6.29　打开工程对话框

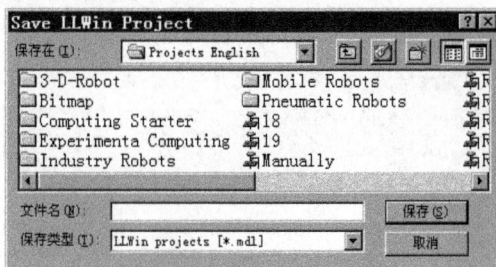

图 6.30　存储工程对话框

Save As：将当前工作区的项目另存为其他名字。当执行 Save As 命令时，系统会出现 Save 对话窗口，如图 6.31 所示，可以选择已经存在的项目名称，也可以输入新文件名。

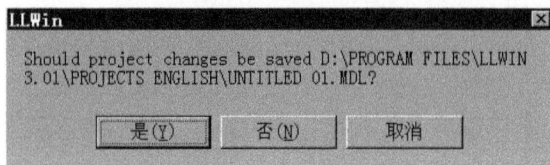

图 6.31　退出提示

系统会自动加上.MDL 扩展名。如果定义别的扩展名，在下次调用时，系统无法识别这个项目。如果选择了已经存在的项目名称，系统会提示是否覆盖已有的项目。

Close：关闭已经打开的项目。如果对这个项目进行了修改，系统会提示是否保存修改了的项目，如图 6.31 所示。

Print Page：打印当前工作区的项目。

Exit：退出 LLWin 环境，如果对这个项目进行了修改，系统也会提示是否保存修改了的项目，如图 6.31 所示。

（2）Edit 菜单。

Edit 菜单中含有 Main、Subprogram、Insert Block、Delete Block、Replace Block、Draw Lines、Delete Lines 、Undo、Select All、Undo Selection、Cut、Copy、Paste、Delete 等子菜单。

Main：编辑或修改主程序模式，是打开项目的默认状态。

Subprogram：编辑或修改子程序模式。新建项目中自动会有一个 UP1 的子程序，其中含有入口和出口。执行该命令，系统会弹出 Subprogram 的对话框，如图 6.32 所示，输入名字，单击 OK 按钮，就会产生一个新的子程序。

Insert Block：加入功能模块。生成新项目时，系统自动弹出工具箱，鼠标左键选中模块，如选中 Input 模块，如图 6.33 所示，按住鼠标左键将其拖入工作区，此时出现 Input 对话框，如图 6.34 所示，可以修改参数，确定单击 OK 按钮。工作区出现 Input 模块的图标 ，右键单击加入模块的图标对话框会再次出现。将鼠标放在模块上，变为十字花，单击左键拖动鼠标可移动模块。

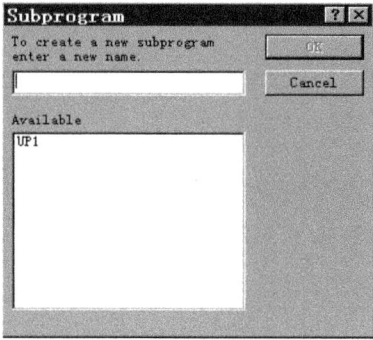

图 6.32　生成子程序对话窗

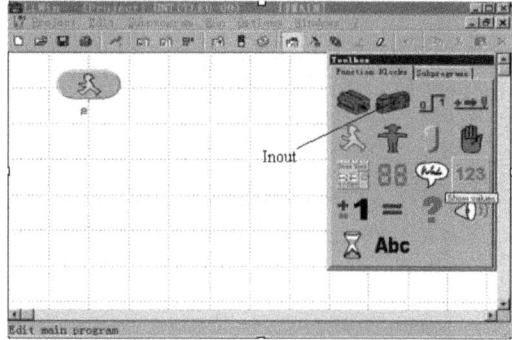

图 6.33　添加功能模块

在 Subprogram 的编辑状态下，可以加入 Input 和 Output 模块，如图 6.35 所示，为子程序建立进出口，以备能够被调用。

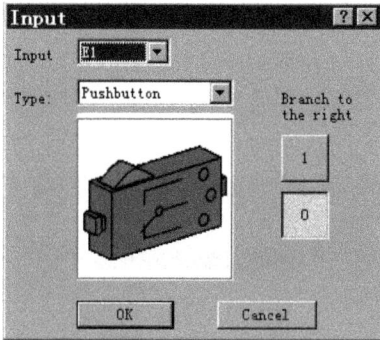

图 6.34　Input 模块窗口

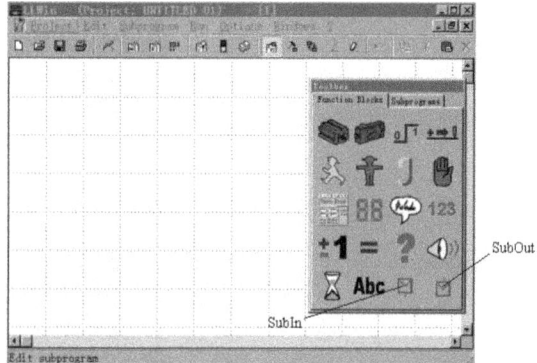

图 6.35　Subprogram 的编辑状态下的工具箱

Delete Block：删除模块。这个命令会改变光标的形状，将光标的箭头改变成锤头状，用锤头单击某个模块，这个模块就会被删除。删除操作不能恢复。

Replace Block：替换模块。单击此命令后，在工具箱中选中模块，按住鼠标左键将它拖到要被替换的模块上，就会实现新的模块替换旧的模块。必须返回到 Insert Blocks 模式下，才能进一步编制程序。

Draw Lines：画线命令。单击此命令后，光标变成铅笔状，在第一个模块的出口处单击，在第二个模块的入口处再次单击，第一个模块的出口和第二个模块的入口间就画上线了。在 Insert Block 模式下把鼠标放到线上，光标会变成双箭头，拖动鼠标就会拖动线，以改变线的位置。

Delete Lines：删除线命令。修改程序顺序时，必须先删除相关的连线。方法是单击此命令后，鼠标变成橡皮状，将鼠标放到要删除的连线上，单击鼠标，选中的连线被删掉；右键单击鼠标与选中的连线，相关的所有连线均被删掉。

必须返回到 Insert Blocks 模式下，才能进一步编制程序。

Undo：取消命令。恢复到前一状态，只对移动操作有效。

Select All：选中主程序或子程序中的所有模块。将鼠标放在要选择的某个模块上按鼠标左键同时按 Ctrl 键可选择单个的模块。将鼠标放在要选择的某段模块的第一个模块上按鼠标左键同时按 Shift 键，再将鼠标放在要选择的某段模块的最后一个模块上按鼠标左键同时按 Shift，可选择若干个模块，被选上的模块用虚线方框框起来。

Undo Selection：取消选择。

Cut：将选中的模块包括全部过程剪掉，并粘在剪贴板上。

Copy：将选中的模块包括全部过程复制到剪贴板上。

Paste：将剪贴板上的内容粘贴到工作区。

Delete：删除所选内容。

Cut、Copy、Paste、Delete 命令均需在 Insert Blocks 模式下进行。

（3）Subprogram 菜单。

Subprogram 菜单中有 Copy、Design、Delete、Rename 子菜单。

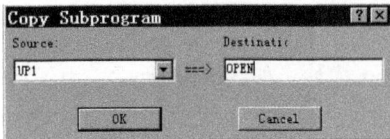

图 6.36　复制窗口

Copy：在同一个项目中将已经存在的子程序复制到新的子程序中。执行此命令，会弹出如图 6.36 所示的对话框，在 Source 栏中选择已经存在的子程序，在 Destinati 栏中输入新的子程序名，单击 OK 按钮，就会产生一个与原来子程序内容完全相同的子程序。

因为用 New 命令产生的新项目，会产生一个具有入口和出口的子程序 UP1。而选择 Edit→Subprogram 命令产生的子程序没有入口和出口。若用此命令复制 UP1，就会生成具有进出口的子程序，所以这种方法很方便。

Design：改变主程序、子程序的外观。执行此命令会出现 Subprogram Design 的对话框，如图 6.37 所示，在 Available 窗口中不但有子程序的名字，还有主程序 $MAIN。单击 OK，进入 Design 窗口，如图 6.38 所示，UP1 子程序，具有进出口 In、Out（圆圈表示）。但用 Subprogram 命令建立的子程序，就没有进出口 In、Out(无圆圈)，如图 6.39 所示。如果在编辑子程序时加入 SubIn 和 SubOut 模块后，就会有进出口，但这时表示出进口的圆圈不在子程序的框架上，而是在表中，如图 6.40 所示，所以也不能被主程序和其他子程序调用，

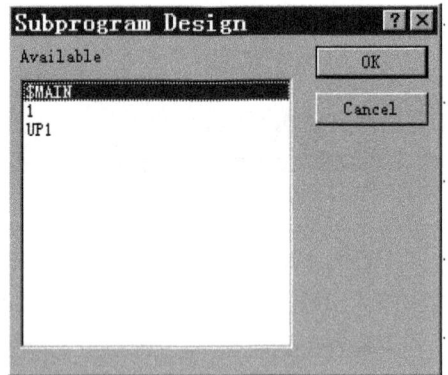

图 6.37　Subprogram Design 对话框

必须将表示进出口的圆圈拖到子程序模块的框架上，如图 6.41 所示。这时，子程序才能被调用。方法是将鼠标放在圆圈上,按住鼠标左键，将圆圈拖到子程序模块的框架上。

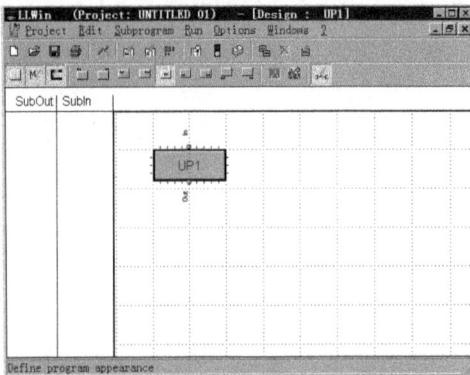

图 6.38　子程序 UP1 的 Design 窗口

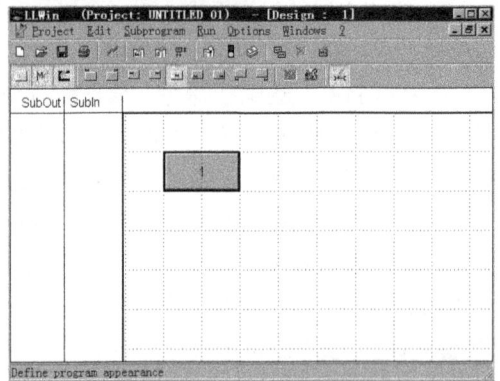

图 6.39　建立的子程序 1 的 Design 窗口

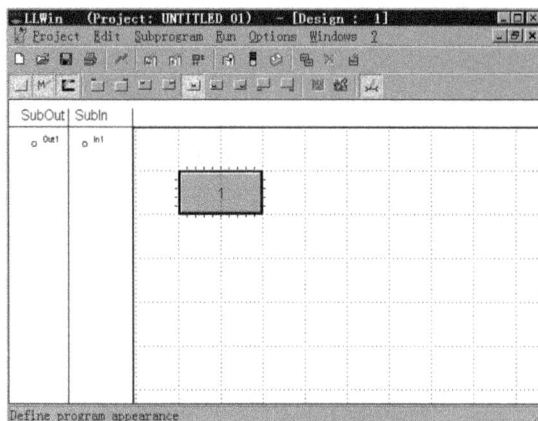

图 6.40　加入 SubIn 和 SubOut
子程序 1 的 Design 窗口

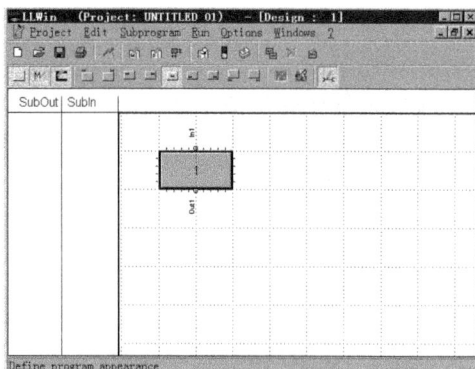

图 6.41　正确设置进出口
子程序 1 的 Design 窗口

Design 窗口比编辑窗口多了一个工具条，其中有 15 个按钮，如图 6.42 所示。

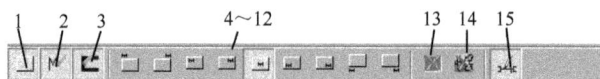

图 6.42　Design 窗口中的工具条

工具条中各按钮功能如下。

1：设置子程序框背景为灰色和白色的按钮。

2：设置子程序名称显示与否的按钮。

3：设置子程序框架显示与否的按钮。

4～12：设置子程序名称显示位置的按钮。

13：设置子程序框内图案的按钮。将第一个按钮设置为白色，再单击此按钮会出现 Symbol Bitmap 的对话框，如图 6.43 所示，可以选用图中 Bitmap 栏中（文件位置显示在 Director 栏中）出现的图案，也可以单击 Import 按钮输入所喜爱的图片，如果从其他目录中选择了图形文件，这个文件将被复制到 Director 栏中显示的子目录。设置结果是子程序框内图案如图 6.44 所示。

图 6.43　设置子程序框内图案的对话窗

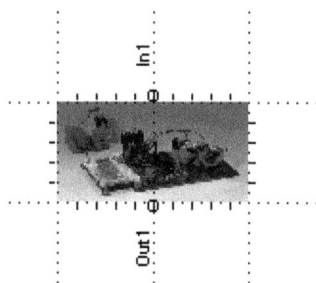

图 6.44　子程序框内图案

14：设置主程序、子程序背景图案的按钮。单击此按钮会出现 Background Bitmap 的对话框，如图 6.45 所示，同样可以选用图中 Bitmap 栏中（文件位置显示在 Director 栏中）出现的图案，也可以单击 Import 按钮输入所喜爱的图片，如果从其他目录中选择了图形文件，这个文件将被复制到 Director 栏中显示的子目录中。

15：显示与关闭连接线按钮。如果单击此按钮使之成叉状，系统进入初始化状态时不再显示连接线。

设置主程序$MAIN 外观时，只有 14 项设置背景图案的 Background Picture 和 15 项显示与关闭连接线的 Switching off the Display of the Connection Lines 按钮可用。

Delete： 删除子程序。必须首先执行 Windows 中的 Close All，然后执行此命令，会出现一个 Delete Subprogram 对话窗，如图 6.46 所示，在 Available 栏中选中所要删除的子程序，单击 OK 按钮，子程序被删掉。这种方法删除子程序是无法挽回的，若要删除主程序中的子程序模块最好选择 Edit→Delete Blocks 的命令。

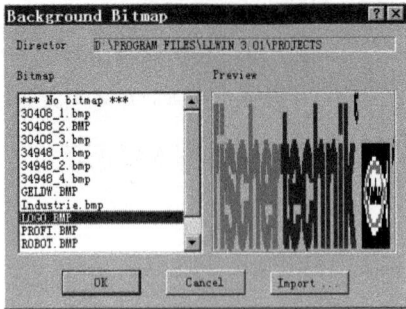

图 6.45　设置主程序、子程序背景图案的对话窗　　　　图 6.46　删除子程序对话窗

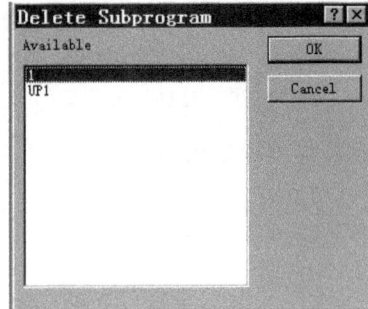

Rename： 改变子程序名称。执行此命令，会弹出一个 Rename Subprogram 对话框，在 Subprogram 栏中选择子程序，在 New Name 栏中输入新的名字，如图 6.47 所示。子程序即被改名。

(4)Run 菜单。Run 菜单中包含 Init、Start、Stop、Download 四个子菜单。

Init： 检查程序。执行此命令，编辑窗口就被关闭，并检查主程序中所有模块是否都互相连接起来了，没有连接的模块显示紫色。若一个含有开放出口模块的项目在执行 Start 命令时，当程序执行到开放出口处时，程序停止。如果主程序中含有子程序，只需单击子程序图标就可进入该模块，以观察其结构。单击右键，回到上一级结构(也可单击 Upwards 按钮)。如果在 Init 模式下再次执行 Init 命令，就会再次打开一个 Init 窗口。可以同时在 Init、Start、Stop、Download 不同模式下，将窗口分别显示主程序或子程序。

Start： 执行程序。此命令可自动检查接口，如果计算机上没有连接接口，将会出现出错信息，如图 6.48 所示，命令终止。

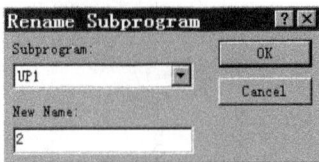

图 6.47　改变子程序名称对话窗　　　　　图 6.48　执行程序提示

如果计算机上连有接口，且接口状态正确，则程序被编译，且被执行。这种工作模式计算机处理程序、执行程序，称为被动模式。在此模式下，接口线不能从计算机上拔下。程序正在执行的模块，显示红色。

Stop：终止程序。

Download：下载程序。执行此命令后，程序被下载到接口板上，计算机与接口的连接自动解除，可拆除接口板与电脑连接的电缆。由接口板处理程序、执行程序。这种工作模式称为激活模式。下载程序后，再由计算机执行 Start 命令，系统将出现没有接口的提示，如图 6.48 所示。中断接口板的电源 3～4s，下载到接口板的 RAM 中的程序就会被删掉，计算机与接口板的连接将重新建立。若要掉电后，接口板的 RAM 中的程序不被删掉，就要设定接口板的掉电保护功能。由于接口板的微处理器的能力有限，接口板只能处理较小的程序，所以激活模式一般只用于移动机器人。

(5)Option 菜单。

Option 菜单中包含 Toolbar、Status Line、Toolbox、Language、Work Sheet、Labels、Smart Pointer、Autorouting、Check Interface、Setup Interface 十个子菜单。

Toolbar：开关工具栏。选择此命令，Toolbar 前打"√"，则主菜单下出现工具条，如图 6.49 所示。

图 6.49　工具栏

此工具栏会使编制和调试程序更加方便快速。

Status Line：开关状态提示栏。选择此命令，Status Line 前打"√"，则窗口下出现状态提示栏，如图 6.50 所示，系统将给予适时提示。

Enable or disable autorouting

图 6.50　状态提示栏

Toolbox：开关工具箱。选择此命令，Toolbox 前打"√"，则窗口下出现工具箱，如图 6.35 所示。

Language：开关语言。安装时，已经确定此栏目只有英语。

Work Sheet：设置工作区域及性质窗口，执行此命令，会出现 Work Sheet Setup 窗口，如图 6.51 所示，在此窗口可以设置工作区域的大小、形状及程序显示刷新率等。在 Format 栏中有设置工作区域大小、形状的 6 种形式以供选择，在执行 Project 菜单中的 Print Page 命令时，只有在编辑模式下黑框中的程序可被打印出来。可减小工作区域的大小，以便编辑模式下的黑框都在打印设置时的纸张大小之内。使用 Zoom 钮

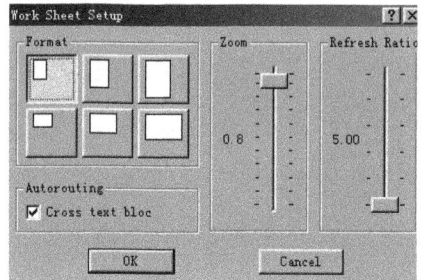

图 6.51　设置工作区域及性质窗口

可设置窗口中功能块的大小，拖动 Zoom 钮可设置其值在 0.3～10。还可以使用数字键盘的"+"和"−"键放大或缩小所显示的功能块。按"+"键窗口放大 20%，按"−"键窗口缩小 20%。使用 Refresh Ratio 钮可设置循环刷新率。被动模式下，变量、参数的值是变化的，利用此命令可设置 50ms～5s 作为刷新周期。在 Autorouting 栏中的选择 Cross Text Bloc，框中出现对号，允许所画连线与文字交叉，否则不允许所画连线与文字交叉。所有栏目设置后，单击 OK 按钮，LLWin 存储这些设置。

Labels: 开关显示输入输出标签。

Smart Pointer: 修改光标形状。选择此命令，Smart Pointer 前打"√"，光标呈现当操作类型的形状，如画线模式下，光标呈笔状，删除画线模式下，光标呈橡皮状，否则光标为箭头形状。

Autorouting: 开关自动连线功能。选择此命令，Autorouting 前打"√"，在添加模块时，结构简单的连线会自动画出。

Check Interface: 检查接口板。执行此命令后，弹出 Check Interface 窗口，如图 6.52 所示。也可以不进入 LLWin 而直接由"开始"→"程序"→"LLWin3.01"→"Check Interface"，进入 Check Interface 窗口。若接口板没有与计算机连接或接口板没有接通电源，则窗口底部的提示条呈红色，且有提示 No Connection to Interface。若将接口板计算机连接且接通电源，则提示条变成绿色，且提示 Connection to Interface OK。数字输入的状态显示在小圆圈中。模拟输入的状态显示在表盘中，可直接读取。马达输出用旋转钮控制，单击鼠标左键，马达逆时针旋转，单击鼠标右键，马达顺时针旋转，松开鼠标，马达停止。如果按住 Ctrl 键，再单击鼠标左键，马达持续逆时针旋转，直到再次单击鼠标(左右键均可)；如果按住 Ctrl 键，再单击鼠标右键，马达持续顺时针旋转，直到再次单击鼠标(左右键均可)。搭建模型后，利用此方法可在编制程序之前调试模型。

Setup Interface: 执行此命令后，弹出 Setup Interface 窗口，如图 6.53 所示。在 Port 栏中可以设定通信端口，默认端口为 COM1。如果使用扩展接口板，则在 Number of 栏中输入 2。在 Cycle Rate [ms]栏中，可以输入 10～100，以给定控制程序运行速度。但在被动模式下，运行速度是恒定的，此值只对激活模式有用。如果将 Minimum Screen Visualization 选项激活，则在被动模式下计算机的负载将减小。若采用串口作为通信口，则会出现 Settings 按钮。单击 Settings 按钮，将出现串口所用的参数。

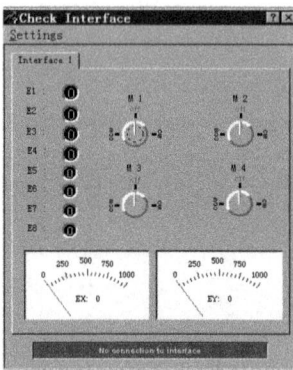

图 6.52　检查接口板窗口　　　　　　　图 6.53　设置接口板性质窗口

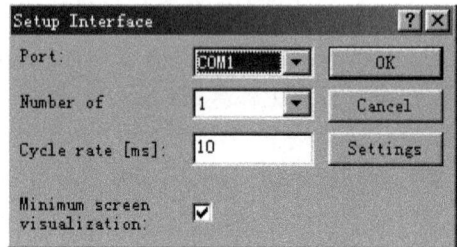

（6）Windows 菜单。

Windows 菜单中，包含 Cascade、Title、Symbols、Close、Close All、Export to Clipboard 六个子菜单。

Cascade: 执行此命令，所有打开窗口的标题可见、窗口重叠显示。

Title: 执行此命令，所有打开窗口的标题可见、窗口平铺显示。

Symbols: 若按最小化窗口按钮将窗口缩小至图标时，执行此命令，可重新排列图标。

Close：关闭当前窗口。

Close All：关闭所有窗口。删除子程序前必须执行此命令。虽然所有窗口都关闭了，但程序名称仍在标题栏上，可以执行 Edit 菜单下的 Main 或 Subprogram 再次打开主程序或子程序窗口。

Export to Clipboard：将当前窗口内容的图像复制到剪贴板上，以被利用。输出的是图像，不能用 Edit 菜单下的粘贴命令粘到程序中。

（7）？（帮助）菜单。

帮助菜单中有 Index、Short Cuts、Commands、Using Help、Abort、Fischertechnik Home-page 6 个子菜单。

Index：索引。

Short Cuts：快捷键。

Commands：菜单命令。

Using Help：调用 Windows 帮助。

Abort：版本信息。

Fischertechnik Home-page：链接"慧鱼"公司主页。

参 考 文 献

费业泰. 2000. 误差理论与数据处理. 北京：机械工业出版社

傅燕鸣. 2014. 机械原理与机械设计课程试验指导. 上海：上海科学技术出版社

郭卫东. 2014. 机械原理试验教程. 北京：科学出版社

贾民平，张洪亭，周剑英. 2001. 测试技术. 北京：高等教育出版社

李树军. 2009. 机械原理. 北京：科学出版社

李小周. 2012. 机械原理与机械设计实验教程. 武汉：华中科技大学出版社

孙志礼，闫玉涛，田万禄. 2015. 机械设计. 2版. 北京：科学出版社

王淑仁，王丹. 2001. 计算机辅助机构设计. 沈阳：东北大学出版社

熊晓航，田万禄，曹必锋，等. 2014. 机械基础实验教程. 2版. 沈阳：东北大学出版社

闫玉涛. 机械设计基础. 沈阳：2013. 东北大学出版社

杨昂岳，毛笠泓，夏宏玉. 2009. 实用机械原理与机械设计实验技术. 长沙：国防科学技术大学出版社

张建民. 2000. 传感器与检测技术. 北京：机械工业出版社

张伟华，陈良玉，孙志礼，等. 2005. 机械基础实验教程. 北京：高等教育出版社

赵又红，谭援强. 2013. 机械基础实验教程. 2版. 湘潭：湘潭大学出版社